电子信息基础系列教材

数字信号处理基础

主　编：周素华

副主编：刘　刚　姬红旭

　　　　孙山林　潘丹青

北京理工大学出版社
BEIJING INSTITUTE OF TECHNOLOGY PRESS

内 容 简 介

　　本书系统地讲解了数字信号处理的基础知识,全书共有8章,论述了数字信号处理的基本概念、离散时间信号与离散系统的时域、频域(包括离散时间傅里叶变换和z变换域)的分析与算法、离散傅里叶变换及其快速算法,IIR和FIR数字滤波器的基本概念、理论、设计方法与实现。本书注重基础,深入浅出,条理清楚,有较多的例题,并配有应用实例,利于加深对理论的理解。

　　本书既可作为应用型本科院校电子信息类专业和相近专业的教材,也可作为从事数字信号处理的工程技术人员的参考资料。

图书在版编目(CIP)数据

数字信号处理基础/周素华主编. —北京:北京理工大学出版社,2017.2(2020.9 重印)
ISBN 978-7-5682-3754-3

Ⅰ.①数…　Ⅱ.①周…　Ⅲ.①数字信号处理　Ⅳ.①TN911.72

中国版本图书馆 CIP 数据核字(2017)第 038355 号

出 版 发 行 / 北京理工大学出版社有限责任公司		
社　　　址 / 北京市海淀区中关村南大街 5 号		
邮　　　编 / 100081		
电　　　话 /(010)68914775(总编室)		
(010)82562903(教材售后服务热线)		
(010)68948351(其他图书服务热线)		
网　　　址 / http://www.bitpress.com.cn		
经　　　销 / 全国各地新华书店		
印　　　刷 / 三河市天利华印刷装订有限公司		
开　　　本 / 787 毫米×1092 毫米　1/16		
印　　　张 / 11.5	责任编辑 / 高　芳	
字　　　数 / 287 千字	文案编辑 / 赵　轩	
版　　　次 / 2017 年 2 月第 1 版　2020 年 9 月第 3 次印刷	责任校对 / 周瑞红	
定　　　价 / 27.60 元	责任印制 / 施胜娟	

图书出现印装质量问题,请拨打售后服务热线,本社负责调换

前　言

自 1965 年快速傅里叶变换算法提出以来，数字信号处理（Digital Signal Processing，DSP）经过多年的发展，已经广泛应用于通信、医学成像和音视频压缩等许多领域，快速形成一个主要的学科领域，并已成为各本科院校电子信息类相关专业的一门重要专业基础必修课。

作为专业基础教材，本书依据"数字信号处理"课程的基本教学要求，主要介绍了数字信号处理的基本概念、理论和方法，重点突出，弱化数学推导，在保证系统的理论性及简洁的推导的基础上，强化物理概念和工程应用；注重数字信号处理的基本概念、基本规律和基本分析方法，精心设置基础例题，讲解细致，有利于读者对较抽象的理论的理解和难点的突破；注重直观性，书中采用大量图片来说明基本原理和应用；注重理论的发展过程，便于学生了解知识的发展过程，书中介绍了数字信号处理发展过程中的里程碑式的人物及重大事件；注重理论联系实际，对重要的理论部分举出其应用场景实例。

本书只介绍数字信号处理的基础理论部分，全书内容安排如下：第 1 章概述性地介绍了数字信号的基本组成、特点和应用场景；第 2 章介绍了离散时间信号与系统的时域分析，包括模拟信号的抽样、抽样定理、典型离散时间序列及其运算和线性移不变系统；第 3 章介绍了离散时间信号与系统的变换域分析，包括离散时间傅里叶变换和 z 变换；第 4 章介绍了离散傅里叶变换（DFT），是在离散时域、离散频域中对信号与系统的分析，是数字信号处理的核心部分；第 5 章介绍了快速傅里叶变换，正是它使得 DFT 在实际应用中得到广泛采用；第 6 章介绍了无限长冲激响应 IIR 数字滤波器的设计方法；第 7 章介绍了有限长冲激响应 FIR 数字滤波器的设计方法；第 8 章介绍了数字滤波器实现时各种基本结构的分析。

本书是作者结合多年教学经验并参考国内外优秀教材编写的，书中配有大量例题，以期帮助读者提高分析问题的能力。本书主编为北京邮电大学世纪学院的周素华，编写了第 2、3、4、5、6、7 章；副主编为北京邮电大学世纪学院的刘刚，对全书的框架和内容提出了宝贵意见。本书第 1、8 章由齐齐哈尔工程学院的姬红旭编写，桂林航天工业学院的孙山林和潘丹青老师也参与了本书的编写。

在编写本书的过程中，我们参考了一些文献（见书末所列"参考文献"），参考或采用了其中的内容、例题和习题，在此向这些文献的作者致以衷心的感谢。

由于编者水平所限，书中不足和疏漏之处在所难免，恳请广大读者给予批评指正。

编　者
2016 年 8 月

目 录

第 1 章

数字信号处理概述

自 1965 年快速傅里叶变换算法提出后,随着大规模集成电路和软件开发引起的计算机学科的飞速发展,数字信号处理(Digital Signal Processing)技术应运而生,并在科学和工程领域得到了迅速发展,这一学科已经应用于几乎所有工程、科学、技术领域,并渗透到人们日常生活和工作的方方面面。本章简要介绍数字信号处理的定义、基本组成,以及数字信号处理的优点、实现方法和应用领域。

1.1 数字信号处理理论简述

信号是信息的物理表现形式,如电、声、光等,信息则是信号的具体内容。信号通常定义为随着时间、空间或其他自变量而变化的物理量,数学上,我们把一个信号描述为一个或几个变量的函数。例如,函数 $x(t) = 2t$ 描述了一个自变量以自变量时间 t 线性变化的信号;函数 $f(x, y) = 3x + 2xy + 8y^2$ 描述了具有两个自变量 x 和 y 的信号,这两个自变量可以表示一个平面上的两个空间坐标;流媒体电视信号是关于自变量 x、y 坐标和时间 t 的多维函数。这些信号都属于一类准确定义的信号,指定了对于自变量的函数依赖关系。本书主要讨论一维的确定信号的处理问题的原理和实现方法,以及一些基本应用。

绝大多数一维信号是时间的函数,按时间(自变量)、幅度(因变量)划分成 4 类信号:

(1)连续时间信号:时间连续、幅度可以是连续的也可以是离散的信号。

(2)模拟信号:时间连续、幅度也连续的信号,这是连续时间信号的特例。

(3)离散时间信号:时间离散、幅度连续的信号。

(4)数字信号:时间离散、幅度也离散的信号。由于幅度是按二进制编码量化的,故数字信号可用有限位二进制编码表示。若采用 3 位比特量化编码,则有 $2^3 = 8$ 个量化层,其取值只能为 7,6,…,1,0。例如,第一个抽样的幅度精确值为 1.8,但是经四舍五入方式的量化后,其幅度数为 2;3 比特编码后的二进制码表示为 010,因此数字信号的输出是二进制码流。

系统为按照人们的要求来处理信号的各种物理设备。实际上,系统是要完成某种运算的,因而可将系统的定义扩展为不仅包括物理设备,还包括对信号操作的软件实现。按所处理的信号种类的不同可将系统分为模拟系统、离散时间系统和数字系统。

数字信号处理是把数字信号(用数字或符号表示的序列)通过计算机或通用(专用)信

号处理设备，采用数值计算的方法对信号进行处理的一门技术，包括滤波、变换、估计、复原、识别、分析等加工处理，以达到提取有用信息、便于应用的目的。数字信号处理应理解为对信号进行数字处理，而不应理解为只对数字信号进行处理，因而它既能对数字信号进行处理，又能对模拟信号进行处理，当然这时要将模拟信号转换成数字信号。

在工程上遇到的大多数信号是自然模拟信号。也就是说，信号是连续变量的函数，这些连续变量（如时间或空间）通常在一个连续的范围内取值。这类信号可直接被合适的模拟系统处理（如滤波器或频谱分析仪），以达到改变信号的特征或提取有用信息的目的。在这种情况下，信号是直接以模拟形式处理的，如图 1-1 所示。输入信号和输出信号均是模拟形式的信号。

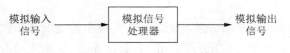

图 1-1　模拟信号处理系统

随着数字信号处理理论及技术的不断成熟和完善，在很多应用场合已逐渐用数字信号处理取代模拟信号处理。典型的数字信号处理系统如图 1-2 所示。

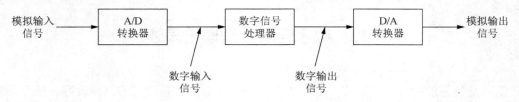

图 1-2　数字信号处理系统

要执行数字处理，需要在模拟信号和数字处理器之间有一个接口，这个接口称为模-数（Analog-Digital，A/D）转换器，它包括了抽样及量化编码两部分。A/D 转换器的输出是数字信号，该信号进入数字信号处理器进行处理和传输。数字处理器可能是一个简单系统，也可能是一个复杂系统。常用的数字处理系统有可编程处理器或大型的数字计算机，也可以是一个对输入信号执行指定操作集的硬连线数字处理器。可编程机器可通过更改软件来灵活地更改信号的处理操作，而纯硬件实现方式很难改变设计参数进行重新配置，因此可编程程器件得到广泛应用。在应用中，数字信号处理器的数字输出通常是以模拟信号形式提交给用户的，如语音信息系统，因此我们必须提供从数字域到模拟域的另一个接口。这种接口称为数-模（Digital –Analog，D/A）转换器。

然而，实际的系统并不一定要包括图 1-2 中的所有框图。有些系统不需要 D/A 变换器，如心音听诊系统，其输出是提取的心音信号特征，为数字信号；另一些系统的输入就是数字形式，因而就不需要 A/D 转换器。纯数字系统则只需要数字信号处理器这一核心部分就行了，不需要 A/D 转换器和 D/A 转换器，如输入和输出都是数字信号的股票报价系统。

数字信号处理与模拟信号处理相比具有以下主要优点

（1）灵活性强。数字系统的性能主要由乘法器的系数决定，而系数是存放在系数存储器中的，因而仅通过更改程序就可灵活性地重新配置数字信号处理系统；而模拟系统的重新配置通常意味着对硬件的重新设计，还要进行测试和校验以观察其是否能正常操作。因此数字信号处理比改变模拟系统方便得多。

（2）精度高且容易控制。模拟电路组件的容错性及加性噪声的影响，使得系统设计者很难控制模拟信号处理系统的精度。然而，数字系统可对精度要求提供很好的控制。这些需求需要依次指定 A/D 转换器和数字信号处理器的精度需求，模拟元器件的精度很难达到 10^{-3} 以上。数字系统中，6 位字长可达到 10^{-5} 精度，而目前在计算机和微处理器中，采用 32 位的存储器已经很普遍了，再配合适当编程或采用浮点算法，可以达到更高的精度。因此，在一些要求高精度的系统中，只能采用数字处理技术。

（3）可靠性强。模拟系统的各元器件都有一定的温度系数，且电平是连续变化的，易受温度、噪声、电磁感应等的影响而产生失真。而数字系统只有两个信号电平"0"和"1"，因此，所受的干扰只要在一定范围以内，就不会产生影响，即数字信号抗干扰能力强。另外，如果用数字信号进行传输，在中继站还可以再生，而且可以进行纠错编码，纠正和检测出传输误码。

（4）便于大规模集成化。数字部件具有高度规范性，易于大规模集成电路实现，保证了系统的一致性，降低了调试的复杂度，产品成品率高，便于大规模生产，降低成本。尤其是对于低频信号，例如，地震波分析需要过滤几赫兹到几十赫兹信号，用模拟网络处理时，电感器、电容器的数值、体积和质量都非常大，性能也不能达到要求，而数字信号处理系统在这个频率却非常优越。

由于这些优点，数字信号处理已经在广泛的学科领域的实际系统中应用，如语音处理、电话信道传输、图像处理和传输、地震学和地球物理学、石油开采、核爆炸的检测、外层空间接收到的信号的处理等。当然，数字实现有它的局限性。一种实际限制是 A/D 转换器和数字信号处理器的运算速度。具有极宽带宽的信号需要快采样率的 A/D 转换器和快速的数字信号处理器，对于一些较大带宽的模拟信号，数字处理方法已经超出数字硬件的技术发展水平。

1.2　数字信号处理的实现和应用

数字信号处理的主要研究对象是数字信号，数字信号是数据序列，其处理实际上就是对数字或符号序列进行加、减、乘及各种逻辑运算等各种数学函数运算，从而达到处理的目的，实现方法有软件实现、硬件实现和软硬件结合实现。

软件实现就是通过软件对所需要的算法进行编程，然后在通用计算机上执行。信号处理软件使用各种计算机语言编写，也可使用个别研究机构推出的软件包。软件处理灵活、方便和可靠，并能做到一机多用。缺点是计算需要时间，对于复杂的算法，一般不能做到实时处理，因为通用计算机的体系结构与大多数信号处理的算法不匹配，不能充分利用计算机复杂的运算系统，造成浪费，因此成本较高。

硬件处理是用加法器、乘法器、延时器、逻辑器等基本的数字硬件及它们的各种组合组成专用处理机或用专用数字信号处理芯片作为数字信号处理器。硬件处理不如软件处理方便灵活，但是能对数字信号进行实时处理。随着现场可编程逻辑器件（FPGA/EPLD）的处理速度和集成度的快速提高，硬件处理也可以现场下载或调动不同的功能模块，从而得到不同的系统功能。因此，硬件处理在高速实时数字信号处理方面得到了更广泛的应用。

　　第三种处理方法是近年来日益广泛采用的各种通用和专用的数字信号处理器芯片，如美国 TI（Texas Instrument）公司的 TMS320 通用系列，AD（Advance Device）公司的 ADSP21系列等，这些处理器是专为数字信号处理设计的芯片，它们有专门的数字信号处理算法的硬件，如乘法累加器、并行流水处理结构、位翻转等；而且有专门的数字信号处理指令，所需要的算法靠特定的编程（如 C 语言、汇编语言等）来实现，可以认为是软硬件处理方式的结合。这种方式既灵活方便又一般能够做到实时处理。

　　综上所述，无论采用哪种方式进行数字信号处理，都是用一些典型的数字电路的组合来对数字信号序列进行所需要的各种运算。

　　由于对信号的所有变换、分析、识别和处理都可以归结为以信号为对象的运算模型，因此数学理论、信号与系统理论是数字信号处理的理论基础；同时，数字信号又是通信理论、最优控制、人工智能、模式识别等学科的理论基础之一。数字信号处理的主要理论和方法已经在越来越多的领域得到广泛应用。下面介绍其中最重要的一些应用领域。

　　（1）语音和音频信号处理领域。这是最早采用数字信号处理技术的应用领域之一。主要包括语音分析、语音编码、语音识别、语音增强等。语音分析是对语音和音频信号的波形特征、统计特性等进行分析、处理和计算；语音编码是将语音和音频信号数字化，在保证语音质量的前提下用尽可能少的二进制码表示数字语音，达到压缩信息的目的；语音识别是采用计算机或专用硬件识别自然语音或说话人；语音增强是从噪声或干扰中提取被掩盖的语音信号。

　　（2）数字通信领域。在现代通信系统中，几乎每一部分都要用到数字信号处理技术。主要包括编码调制、自适应均衡、纠错编解码、数字交换、信道复用、移动电话、调制解调器、数字加密解密、扩频技术、卫星通信、TDMA/CDMA/FDMA/OFDMA、IP 电话、软件无线电等。

　　（3）数字图像处理领域。图像处理是人们从客观世界获取信息的重要来源。数字图像处理包括静止图像和活动图像、二维图像和三维图像、黑白图像和彩色图像，涉及图像信息的获取、存储、传送、显示和利用，主要包括图像压缩、图像增强、图像复原、图像重建、图像变换、图像分割与描绘、模式识别等。

　　（4）工业控制与自动化领域。包括机器人控制、激光打印机控制、自动机、电力线监视器、计算机辅助制造、引擎控制、自适应驾驶控制等。

　　（5）医疗领域。包括健康助理、病人监视、超声仪器、诊断工具、CT 扫描、核磁共振、助听器等。

　　（6）军事领域。包括雷达处理、声呐处理、导航、全球定位系统（GPS）、侦察卫星、航空航天测试、阵列天线信号处理等。

　　随着数字信号处理理论和技术的不断快速发展，数字信号处理的应用领域还将会不断地发展和扩大。

第 2 章

离散时间信号与系统

　　信号是传递信息的函数，离散时间信号可以表示为函数关系式、图形或者序列。这些函数、图形或者序列满足一定的数学运算关系，为我们处理离散时间信号提供了理论基础。离散时间系统是由满足这些运算关系的模块组合而成的，所以掌握离散时间信号的运算对于分析离散时间信号及其系统都是十分重要的。随着内容的深入，线性移不变系统将作为讨论的重点。

2.1　离散时间信号

　　离散时间信号是一组有序的复数或实数，也称为序列，通常用 $x(n)$ 表示，自变量 n 取整数，表示序列中数的先后顺序，变化范围是从 $-\infty$ 到 $+\infty$。在一些应用中，对连续时间信号 $x_a(t)$ 以相等的时间间隔 T 进行周期抽样，可得到离散时间序列 $x(n)$：

$$x(n) = x_a(t)\big|_{t=nT} = x_a(nT), n = \cdots, -2, -1, 0, 1, 2, \cdots \qquad (2.1)$$

　　如图 2-1 所示。式（2.1）中的两个相邻抽样值之间的间隔 T 称为抽样间隔或抽样周期。抽样间隔 T 的倒数称为抽样频率，记为 f，则 $f = 1/T$，抽样频率的单位是周期/秒，或当抽样周期以秒为单位时，抽样率的单位为赫兹（Hz）。

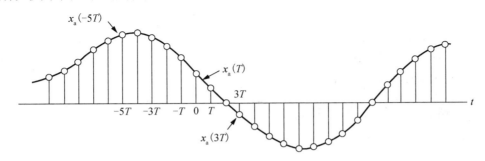

图 2-1　连续时间信号 $x_a(t)$ 通过抽样产生的离散时间信号

有些信号本身就是离散时间信号，如一个时期内某股票每天的价格，这里 n 代表天数。

2.1.1 离散时间信号的时域表示

离散时间信号的时域表示有以下 3 种方法。

（1）函数表示法。例如，

$$x(n) = \begin{cases} n+1, n = -2, -1, 0 \\ 3, \quad n = 1, 2, 3 \end{cases} \text{ 或 } x(n) = a^n u(n)$$

（2）数列表示法。例如，

$$x(n) = \{\cdots, 0.95, -0.2, \underline{2.17}, 1.1, 0.2, -3.67, 2.9, -0.8, 4.1, \cdots\}$$

对于时间序号 $n = 0$ 处的值 $x(0)$ 下面用下划线_表示，右边的值对应于 n 为正值的部分，而左边的值对应于 n 为负值的部分。在这个例子中，$x(-1) = -0.2, x(0) = 2.17, x(1) = 1.1, \cdots$，依此类推。

（3）图形表示法。用 $x(n) \sim n$ 坐标系中的竖直点画线图形表示，图 2-2 表示了一个具体的离散时间信号。这种表示非常直观，在分析问题时常用。

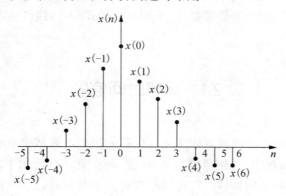

图 2-2 离散时间信号的图形表示

横轴表示时间轴，但只在整数时才有意义，纵轴线段的长短代表各序列值的大小。

若有一个或多个 n，其对应的 $x(n)$ 为复数，则 $x(n)$ 是复序列。若用实部和虚部来表示复数，则可将复序列 $x(n)$ 写为

$$x(n) = \text{Re}[x(n)] + j\text{Im}[x(n)] \tag{2.2}$$

其中，$\text{Re}[x(n)]$ 和 $\text{Im}[x(n)]$ 分别表示 $x(n)$ 的实部和虚部，它们均为实序列。实序列对于所有的 n 都有 $\text{Im}[x(n)] = 0$，而纯虚序列对于所有的 n 都有 $\text{Re}[x(n)] = 0$。$x(n)$ 的复共轭序列通常用 $x^*(n)$ 表示，记为 $x^*(n) = \text{Re}[x(n)] - j\text{Im}[x(n)]$。

2.1.2 离散时间信号的长度

离散时间信号可以是有限长序列也可以是无限长序列。有限长序列只在有限时间段内有定义：

$$N_1 \leqslant n \leqslant N_2 \tag{2.3}$$

其中，$N_1 < -\infty$ 且 $N_2 < +\infty$，并有 $N_1 \leqslant N_2$，上面的有限长序列的长度 N 为

$$N = N_2 - N_1 + 1 \tag{2.4}$$

长度为 N 的离散时间序列包含 N 个样本并且常称为 N 点序列。若把定义范围以外的样本值均设为零，则可将有限长序列看成是无限长序列。这种通过加入零值样本来延长序列的过程称为补零或零填充。

无限长序列有 3 类：右边序列、左边序列和双边序列。右边序列是指当 $n < N_1$ 时 $x(n)$ 的值为零，即

$$x(n) = 0, \ n < N_1 \tag{2.5}$$

其中，N_1 是值为正或负的有限整数。若 $N_1 = 0$，则右边序列通常称为因果序列。同样，左边序列是指当 $n > N_2$ 时 $x(n)$ 的值为零，即

$$x(n) = 0, n > N_2 \tag{2.6}$$

其中，N_2 是值为正或负的有限整数。若 $N_2 \leqslant 0$，则左边序列通常称为非因果序列。双边序列对所有正的和负的 n 值都有定义。图 2-3 说明了上述两种单边序列。

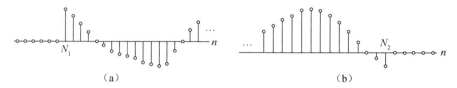

图 2-3　右边序列与左边序列

（a）右边序列；（b）左边序列

2.1.3　离散时间信号的运算

数字信号处理是通过各种运算来完成的，将一些基本运算组合起来，有可能使系统处理信号的能力得以加强。序列的基本运算包括乘法运算、加法运算、移位运算和翻褶运算。数字信号处理中，序列的运算都是通过 3 个基本运算单元—加法器、乘法器和延时单元来实现的。图 2-4 给出了这几种序列基本运算的示意图表示。

1. 乘法运算

设 $x(n)$ 和 $y(n)$ 是两个已知序列。这两个序列的样本值的乘积是指将两个序列的样本值逐点对应相乘，从而得到新序列 $w_1(n)$：

$$w_1(n) = x(n) \cdot y(n) \tag{2.7}$$

在一些应用中提到的"调制"也就是乘法运算。实现调制运算的器件称为调制器，其运算功能的框图如图 2-4（a）所示。

当 $x(n)$ 或 $y(n)$ 是常数 A 时，称为标量乘法。

$$w_2(n) = A \cdot x(n) \tag{2.8}$$

实现标量乘法的器件称为乘法器，其运算功能的框图如图 2-4（b）所示。

2. 加法运算

设 $x(n)$ 和 $y(n)$ 是两个已知序列，这两个序列的样本值的和是指把两个序列 $x(n)$ 和 $y(n)$ 的样本值逐一相加得到新序列 $w_3(n)$：

$$w_3(n) = x(n) + y(n) \tag{2.9}$$

实现加法运算的器件称为加法器，其运算功能的框图如图 2-4（c）所示。若把序列 $y(n)$ 的所有样本值的符号取反，则加法器也可以实现减法运算。

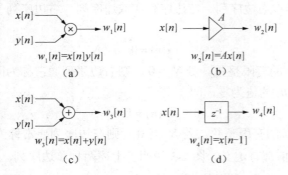

图 2-4　序列基本运算的示意图表示

(a) 调制器；(b) 乘法器；(c) 加法器；(d) 单位延时

3. 移位运算

$x(n)$ 和它的时域移位运算结果 $w_4(n)$ 之间的关系为

$$w_4(n) = x(n-m) \tag{2.10}$$

其中，m 是整数。当 $m > 0$ 时，表示序列 $x(n)$ 逐项依次右移 m 位，此时它是延时运算；而当 $m < 0$ 时，表示序列 $x(n)$ 逐项依次左移 $|m|$ 位，则它是超前运算。当 $N = 1$ 时，输入输出关系为 $w_4(n) = x(n-1)$，像这样实现延时一个样本的器件称为单位延时器。在实际应用中，常用 z^{-1} 表示单位延时，如图 2-4（d）所示。

4. 翻褶运算

如果序列为 $x(n)$，则 $x(-n)$ 是将序列 $x(n)$ 以纵坐标轴 $n = 0$ 为对称轴加以翻褶得到的。例如，当 $x(n) = \{0, 0, 1, \underline{1/2}, 1/4, 1/8 \cdots\}$ 时，

$$x(-n) = \{\cdots 1/8, 1/4, \underline{1/2}, 1, 0, 0\}$$

注意：当序列运算中既有移位又有翻褶时，最好先翻褶后移位。例如，由 $x(n)$ 求得 $x(2-n)$ 时，可先将 $x(n)$ 翻褶得到 $x(-n)$，再向右平移 2 个单位，得到 $x[-(n-2)]$，即 $x(-n+2)$，如图 2-5 所示。推广到一般情况，若由 $x(n)$ 求得 $x(-n+m)$，可先画出翻褶序列 $x(-n)$，然后若 $m > 0$，则将 $x(-n)$ 右移 m 位；若 $m < 0$，则将 $x(-n)$ 左移 $|m|$ 位。

5. 时间尺度变换

（1）抽取。$x_d(n) = x(Dn)$，D 为整数。抽取是为了减小抽样频率。

（2）插值。抽取是为了增加抽样频率。例如，插零值可表示为

$$x_I(n) = \begin{cases} x(n/I), & n = mI, m = 0, \pm 1, \pm 2, \cdots \\ 0, & \text{其他} \end{cases}$$

抽取和插值在时间轴上有压缩或扩展的作用。

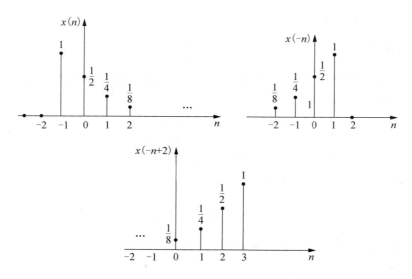

图 2-5　序列 $x(n)$、翻褶序列 $x(-n)$ 及翻褶移位序列 $x(-n+2)$

【例 2.1】已知下面两个定义在 $0 \leqslant n \leqslant 4$ 上且长度为 5 的序列：

$$c(n) = \{3.2, 41, 36, -9.5, 0\}$$
$$d(n) = \{1.7, -0.5, 0, 0.8, 1\}$$

计算 $c(n) \cdot d(n)$、$c(n) + d(n)$ 及 $3.5c(n)$。

$$w_1(n) = c(n) \cdot d(n) = \{5.44, -20.5, 0, -7.6, 0\}$$

解：$w_2(n) = c(n) + d(n) = \{4.9, 40.5, 36, -8.7, 1\}$

$$w_3(n) = 3.5c(n) = \{11.2, 143.5, 126, -33.25, 0\}$$

如例 2.1 所示，若所有的序列具有相同的长度并且时间序号 n 定义在相同的范围内，则可以通过对其中两个或两上以上的序列进行运算产生新序列。然而，参与运算的序列长度不同，这时可以对长度较短的序列插入零值，以便使所有序列都定义在相同的时间序号 n 的范围内。该过程将在例 2.2 中加以说明。

【例 2.2】不等长序列的基本运算。考虑定义在 $0 \leqslant n \leqslant 2$ 上且长度为 3 的序列 $g(n) = \{-21, 1.5, 3\}$，很明显，不能将该序列与例 2.1 中任一个长度为 5 的序列进行运算。然而，对 $g(n)$ 添加两个零值样本后，可使之成为定义在 $0 \leqslant n \leqslant 4$ 上且长度为 5 的序列：

$$g_e(n) = \{-21, 1.5, 3, 0, 0\}$$

$g_e(n)$ 与例 2.1 中的 $c(n)$ 进行运算产生新序列的例子给出如下：

$$w_4(n) = c(n) \cdot g_e(n) = \{-67.2, 61.5, 108, 0, 0\}$$
$$w_5(n) = c(n) + g_e(n) = \{-17.8, 42.5, 39, -9.5, 0\}$$

2.1.4　常用典型序列

下面介绍几种常用的典型序列。一般序列都可以分解若干典型基本序列的线性组合。对应于线性时不变或者移不变系统，可以从典型序列的输入/输出关系推导出一般序列的输入/输出关系。

最常用的典型序列是单位抽样序列、单位阶跃序列、矩形序列。正弦序列和指数序列。

下面将给出这些序列的定义。

1. 单位抽样序列

单位抽样序列是最简单也是用得最多的序列之一，通常也称为离散时间冲激或单位冲激，如图2-6（a）所示，记为$\delta(n)$，其定义如下：

$$\delta(n) = \begin{cases} 1, n = 0 \\ 0, n \neq 0 \end{cases} \tag{2.11}$$

其特点是当且仅当时$n = 0$时取值为1，其他情况下取值均为零。

平移k个样本的单位抽样序列表示为

$$\delta(n-k) = \begin{cases} 1, n = k \\ 0, n \neq k \end{cases}$$

图2-6（b）显示了$\delta(n-2)$的图形。

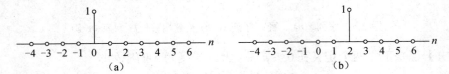

图2-6　平移前后的单位抽样序列

（a）单位抽样序列$\delta(n)$；（b）平移后的单位抽样序列$\delta(n-2)$

任意序列都可以表示成单位抽样序列的移位加权和，即

$$x(n) = \sum_{m=-\infty}^{\infty} x(m)\delta(n-m) \tag{2.12}$$

如图2-7中的$x(n)$就可以表示为

$$x(n) = -2\delta(n+2) + 0.5\delta(n+1) + 2\delta(n) + 1 \cdot \delta(n-1) + 1.5\delta(n-2)$$
$$- \delta(n-4) + 2\delta(n-5) + 1 \cdot \delta(n-6)$$

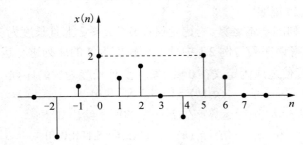

图2-7　任意序列都可以表示成单位抽样序列的移位加权和

2. 单位阶跃序列

单位阶跃序列如图2-8（a）所示，记为$u(n)$，其定义如下：

$$u(n) = \begin{cases} 1, n \geqslant 0 \\ 0, n < 0 \end{cases} \tag{2.13}$$

其特点是：当且仅当 $n \geqslant 0$ 时取值为 1，$n < 0$ 时取值为零。

平移 k 个样本的单位阶跃序列表示为

$$u(n-k) = \begin{cases} 1, n \geqslant k \\ 0, n < k \end{cases}$$

图 2-8（b）显示了 $u(n+2)$ 的图形。

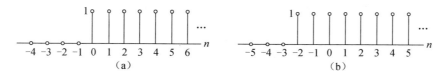

图 2-8　平移前后的单位阶跃序列

（a）单位阶跃序列 $u(n)$；（b）平移后的单位阶跃序列 $u(n+2)$

单位阶跃序列也可用单位抽样序列来表示：

$$u(n) = \sum_{m=0}^{\infty} \delta(n-m) = \delta(n) + \delta(n-1) + \delta(n-2) + \cdots \tag{2.14}$$

反之，单位抽样序列也可以用单位阶跃序列来表示：

$$\delta(n) = u(n) - u(n-1) \tag{2.15}$$

3．矩形序列

$$R_N(n) = \begin{cases} 1, 0 \leqslant n \leqslant N-1 \\ 0, n \text{为其他值时} \end{cases} \tag{2.16}$$

如图 2-9 所示，N 代表矩形序列的长度。矩形序列的特点是只有在 $n=0$ 到 $n=N-1$ 这样一个长度为 N 的窗内才有值，在其他范围取值均为 0，因此它是一个长度为 N 的有限长序列。矩形序列在雷达、通信系统中有非常广泛的应用，而且矩形序列作为一种最基本的窗函数，几乎可应用于任何的信号处理过程中。

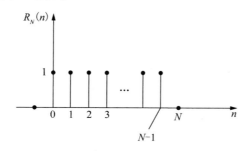

图 2-9　矩形序列

矩形序列 $R_N(n)$ 也可以用 $\delta(n)$ 和 $u(n)$ 来表示：

$$R_N(n) = u(n) - u(n-N) \tag{2.17}$$

$$R_N(n) = \sum_{m=0}^{N-1} \delta(n-m) = \delta(n) + \delta(n-1) + \delta(n-2) + \cdots + \delta(n-(N+1)) \tag{2.18}$$

4. 正弦序列

$$x(n) = A\sin(\omega n + \varphi) \tag{2.19}$$

其中，A 为幅度；ω 为数字角频率；φ 为起始相位。正弦序列可以看做是由模拟正弦信号 $x_a(t) = A\sin(2\pi f t + \varphi)$ 抽样得到，即

$$x(n) = x_a(t)\big|_{t=nT} = A\sin(2\pi fTn + \varphi) = A\sin(\Omega Tn + \varphi)$$

对比式（2.19）可得，数字角频率 ω 和模拟角频率 Ω 之间的关系是 $\omega = \Omega T$。图 2-10 给出了 $\omega = 0.1$，$\varphi = 0$ 时的正弦序列的波形。

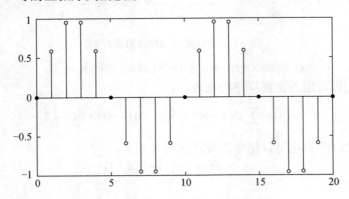

图 2-10　正弦序列 $x(n) = \sin(0.1n)$ 的波形

5. 指数序列

实指数序列：

$$x(n) = a^n, \quad -\infty < n < \infty \tag{2.20}$$

其中，a 为实数。当 $|a| < 1$ 时，序列 $x(n)$ 随着 n 的增加而指数收敛；当 $|a| > 1$ 时，序列 $x(n)$ 随着 n 的增加而指数发散。图 2-11 给出了 $0 < a < 1$ 时的单边实指数序列 $x(n) = a^n u(n)$ 的波形。

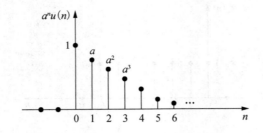

图 2-11　$0 < a < 1$ 时的单边实指数序列 $x(n) = a^n u(n)$

实指数序列可以描述许多物理现象。例如，银行存款的本金利息、原子核的裂变等具有指数增长的特性；而声音在大气中的传播、RC 电路的响应等则是按指数衰减特性发生变换的。

如果 a 为复数，则 a 写成 $a = r\mathrm{e}^{\mathrm{j}\omega}$ 的形式，其中，$r > 0$，$\omega \neq 0, \pi$，这样 $x(n)$ 就变成复指数信号，即

$$x(n) = r^n \mathrm{e}^{\mathrm{j}\omega n} \tag{2.21}$$

利用欧拉恒等式 $\mathrm{e}^{\mathrm{j}\omega n} = \cos(\omega n) + \mathrm{j}\sin(\omega n)$，式（2.21）可写成 $x(n) = r^n \cos(\omega n) + \mathrm{j}r^n \sin(\omega n)$

的形式，可以看出，复指数序列 $x(n)$ 的实部和虚部是以 r^n 为包络的正弦序列。

当 $r=1$ 时就是复正弦序列 $x(n) = \mathrm{e}^{j\omega n}$。

2.1.5　序列的周期性

如果对所有 n 都存在一个最小的正整数 N，满足 $x(n) = x(n+N)$，则称序列 $x(n)$ 是周期性序列，周期为 N。

现在讨论正弦序列的周期性。

正弦信号 $x_a(t) = A\sin(\Omega t + \varphi)$ 一定是周期信号，因为对于任意 t，在实数集总能找到一个正实数 T 使其满足 $x_a(t) = x_a(t+T)$。但是以 T_s 为抽样间隔对 $x_a(t)$ 抽样，得到的正弦序列 $x(n) = A\sin(\omega_0 n + \varphi)$ 并非一定就是周期序列。由于 $x(n) = A\sin(\omega_0 n + \varphi)$，则

$$x(n+N) = A\sin[\omega_0(n+N) + \varphi] = A\sin(\omega_0 n + \omega_0 N + \varphi)$$

如果 $x(n) = x(n+N)$，即

$$A\sin(\omega_0 n + \varphi) = A\sin[\omega_0(n+N) + \varphi] = A\sin(\omega_0 n + \varphi + \omega_0 N)$$

这时正弦序列就是周期性序列，其周期为 $N = (2\pi / \omega_0)k$　（N，k 均取整数）。

正弦序列的周期性与 $2\pi / \omega_0$ 密切相关，下面分析 $2\pi / \omega_0 = 2\pi / \Omega T_s = T / T_s$ 的取值对正弦序列周期性的影响。可分以下几种情况讨论：

（1）当 $2\pi / \omega_0$ 为整数（即 T / T_s 为整数）时，只需取 $k=1$，就能保证 N 为最小正整数，此时正弦序列的周期为 $2\pi / \omega_0$。即若正弦信号的周期是抽样间隔的整数倍，则正弦序列的周期 N 就是正弦信号一个周期内的抽样点数。

（2）当 $2\pi / \omega_0$ 不是整数，而是形如 p/q 的有理数（p，q 是互素的正整数）时，只有 $k=q$ 时，$2\pi k / \omega_0$ 为正整数 p，所以正弦序列的周期为 p。此时，$T / T_s = p / q$，即 $qT = pT_s$，从时间区间上看，q 个正弦信号的周期恰好等于 p 个抽样周期。

（3）当 $2\pi / \omega_0$ 为无理数时，则任何 k 皆不能使 N 为正整数，这时正弦序列不是周期性的。这和连续信号时是不一样的。

结论：连续正弦信号一定是周期信号，而离散正弦序列仅当抽样率满足一定条件时才是周期序列。

【例 2.3】已知下列正弦序列 $x_1(n) = \sin\left(\dfrac{3\pi}{11}n\right)$，$x_2(n) = \sin\left(\dfrac{13}{7}n\right)$，判断它们是否具有周期性，若为周期序列，求其周期。

解：由于 $\omega_0 = \dfrac{3\pi}{11}$，因此有 $2\pi / \omega_0 = 2\pi / (3\pi / 11) = 22 / 3$ 为有理数，所以 $x_1(n)$ 为周期序列，周期为 $N = 22k / 3$，令 $k = 3$ 的周期为 $N = 22$。

由于 $2\pi / \omega_0 = 2\pi / (13 / 7) = 14\pi / 13$ 是无理数因此，$x_2(n)$ 不是周期序列。

2.2　离散时间系统

2.2.1　离散时间系统的定义

离散时间系统的功能是对给定的输入序列进行处理得到输出序列，是一种将输入序列

$x(n)$ 映射成输出序列 $y(n)$ 的唯一性变换或运算，表示为 $y(n) = T[x(n)]$，其中 $T[]$ 表示某种唯一性变换或运算。许多应用都采用单输入、单输出的离散时间系统，如图2-12所示。从某个时间序号 n 开始，随着 n 值逐渐增加，输出序列顺序产生。若开始的时间序号是 n_0，则首先计算输出 $y(n_0)$，接下来计算 $y(n_0 + 1)$，依次类推。实际离散时间系统所处理的所有信号都是数字信号，运算所产生的信号也是数字信号。

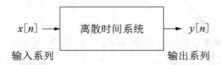

图2-12　离散时间系统的示意图表示

2.1.3 节中的图2-4中所示的基本运算器件都可以看成是基本离散时间系统。图中，调制器和加法器就是双输入、单输出离散时间系统的例子，而其余的器件则是单输入、单输出离散时间系统的例子。更复杂的离散时间系统由两个或两个以上的基本离散时间系统组合得到。下面给出两个稍微复杂的离散时间系统的例子。

【例2.4】累加器。通过下面的输入/输出关系定义：

$$y(n) = \sum_{k=-\infty}^{n} x(k) = \sum_{k=-\infty}^{n-1} x(k) + x(n) = y(n-1) + x(n) \tag{2.23}$$

在 n 时刻的输出 $y(n)$ 是 n 时刻输入样本值 $x(n)$ 与 $n-1$ 时刻输出 $y(n-1)$ 的和，而 $y(n-1)$ 是从 $-\infty$ 到 $n-1$ 时刻所有输入样本值的和。因此，我们说该系统实现了累积相加，即它对 $-\infty$ 到 n 的所有输入样本值求和。

【例2.5】滑动平均滤波器。输入/输出关系为

$$y(n) = \frac{1}{M} \sum_{k=0}^{M-1} x(n-k) \tag{2.24}$$

的系统，将输入序列 n 时刻及其之前共 M 个样值进行算术平均作为 n 时刻的输出。

由上式可以顺序计算出 0，1，2，$\cdots$，n 各个时刻输出序列的值：

$$y(0) = \frac{1}{M}[x(0) + x(-1) + \cdots + x(-M+1)]$$

$$y(1) = \frac{1}{M}[x(1) + x(0) + \cdots + x(1-M+1)]$$

$$\cdots\cdots$$

$$y(n) = \frac{1}{M}[x(n) + x(n-1) + \cdots + x(n-M+1)]$$

参加运算的 M 个输入序列的样本，随着 n 值的改变而改变，依次向右平移，因此这样的系统称为 M 点滑动平均滤波器，常用于数据的平滑处理。

2.2.2　离散时间系统的分类

下面将介绍几种离散时间系统的分类方法，分别为线性系统、移不变系统、因果系统、稳定系统。这些分类都是基于可以表征系统特性的输入/输出关系进行的。

1. 线性系统

线性系统是使用得最广泛的一种离散时间系统，像最常用的信号处理系统——放大器，就是线性系统，其功能是对信号进行放大或者衰减。在线性系统中，对任意输入 $x_1(n)$ 和 $x_2(n)$ 满足叠加原理。也就是说，对于线性离散时间系统，若输入为 $x_1(n)$ 和 $x_2(n)$，系统输出分别为 $y_1(n)$ 和 $y_2(n)$，则当输入为 $x_1(n)$ 和 $x_2(n)$ 的线性组合 $x(n) = \alpha x_1(n) + \beta x_2(n)$ 时，其响应也是 $y_1(n)$ 和 $y_2(n)$ 的线性组合 $y(n) = \alpha y_1(n) + \beta y_2(n)$，其中，$\alpha$ 和 β 为任意常数。

若一个复杂序列可以表示成一些简单序列如单位抽样序列或者复指数序列的加权和，则利用线性系统的这种特性，就可以方便地计算出该复杂序列的输出响应。此时，输出可以用系统对各个简单序列的响应以相同的加权组合表示。

在证明一个系统是线性系统时，必须证明此系统满足叠加原理，而且信号可以是任意序列，包括复序列，比例常数可以是任意数，包括复数。用以下例子来加以说明。

【例 2.6】以下系统是否为线性系统：
$$y(n) = 3x(n) + 4$$

解：假设输入为 $x_1(n)$ 和 $x_2(n)$，系统输出分别为 $y_1(n)$ 和 $y_2(n)$，则
$$y_1(n) = 3x_1(n) + 4, \quad y_2(n) = 3x_2(n) + 4$$

当输入为 $x(n) = \alpha x_1(n) + \beta x_2(n)$ 时，输出 $y(n)$ 为
$$y(n) = 3[\alpha x_1(n) + \beta x_2(n)] + 4 = 3\alpha x_1(n) + 3\beta x_2(n) + 4$$
而
$$\alpha y_1(n) + \beta y_2(n) = 3\alpha x_1(n) + 3\beta x_2(n) + 8$$
所以 $y(n) \neq \alpha y_1(n) + \beta y_2(n)$，此系统不是线性系统。

【例 2.7】证明离散时间累加器 $y(n) = \sum_{k=-\infty}^{n} x(k)$ 是线性系统。

解：假设输入分别为 $x_1(n)$ 和 $x_2(n)$，系统输出分别为 $y_1(n)$ 和 $y_2(n)$，则
$$y_1(n) = \sum_{l=-\infty}^{n} x_1(l), \quad y_2(n) = \sum_{l=-\infty}^{n} x_2(l)$$

当输入为 $x(n) = \alpha x_1(n) + \beta x_2(n)$ 时，输出 $y(n)$ 为
$$y(n) = \sum_{l=-\infty}^{n} [\alpha x_1(l) + \beta x_2(l)] = \alpha \sum_{l=-\infty}^{n} x_1(l) + \beta \sum_{l=-\infty}^{n} x_2(l) = \alpha y_1(n) + \beta y_2(n)$$

因此，离散时间累加器 $y(n) = \sum_{k=-\infty}^{n} x(k)$ 是线性系统。

2. 移不变系统

对于移不变离散时间系统，若 $y(n)$ 是输入 $x(n)$ 的响应，则当输入为 $x(n-n_0)$ 时，对应的响应可以简单地表示为 $y(n-n_0)$，其中，n_0 是任意正整数或负整数。移不变离散时间系统保证对于一个给定的输入信号，系统相应的输出独立于输入信号加入的时刻。

【例 2.8】证明系统 $y(n) = ax(n) + b$ 是移不变系统。

解：设输入为 $x(n)$，系统输出为 $y(n)$，则 $y(n) = ax(n) + b$，当输入为 $x(n-n_0)$ 时，输出

为 $ax(n-n_0)+b=y(n-n_0)$。所以系统 $y(n)=ax(n)+b$ 是移不变系统。

【例 2.9】设 $y(n)=nx(n)$，试讨论此系统是否是移不变系统。

解：设输入为 $x(n)$，系统输出为 $y(n)$，则 $y(n)=nx(n)$，当输入为 $x(n-n_0)$ 时，输出为 $nx(n-n_0)$，而 $y(n-n_0)=(n-n_0)x(n-n_0)$，二者不相等，所以此系统不是移不变系统。

同时具有线性和移不变性的离散时间系统称为线性移不变（Linear Shift Invariant，LSI）离散时间系统，简称 LSI 系统，除非特殊说明，本书都是研究 LSI 系统。

【例 2.10】对信号进行调制是信号处理的基本任务之一，被广泛应用于通信系统中，完成此功能的器件称为调制器。此系统的数学表达式为 $y(n)=x(n)\cos(\omega_0 n)$，试判断调制器是否为线性移不变系统。

解：设输入为 $x(n)$，系统输出为 $y(n)$，则 $y(n)=x(n)\cos(\omega_0 n)$，当输入为 $x(n-n_0)$ 时，输出为 $x(n-n_0)\cos(\omega_0 n)$，而 $y(n-n_0)=x(n-n_0)\cos[\omega_0(n-n_0)]$，二者不相等，所以此系统不是移不变系统。

设输入分别为 $x_1(n)$ 和 $x_2(n)$，系统输出分别为 $y_1(n)$ 和 $y_2(n)$，则
$$y_1(n)=x_1(n)\cos(\omega_0 n), \quad y_2(n)=x_2(n)\cos(\omega_0 n)$$
当输入为 $\alpha x_1(n)+\beta x_2(n)$ 时，输出 $y(n)$ 为
$$y(n)=[\alpha x_1(n)+\beta x_2(n)]\cos(\omega_0 n)$$
而
$$\alpha y_1(n)+\beta y_2(n)=\alpha x_1(n)\cos(\omega_0 n)+\beta x_2(n)\cos(\omega_0 n)=[\alpha x_1(n)+\beta x_2(n)]\cos(\omega_0 n)$$
所以 $y(n)=\alpha y_1(n)+\beta y_2(n)$，即此系统是线性系统。

综上所述，调制器为线性移变系统。

3. 因果系统

因果离散时间系统是指系统在 n_0 时刻的输出 $y(n_0)$ 取决于所有 $n\leqslant n_0$ 的输入，而不依赖于 $n>n_0$ 的输入，即系统 n_0 时刻的输出取决于 n_0 时刻的输入及 n_0 以前时刻系统的输入，与未来的输入无关。因此，在因果系统中，输出的变化并不先于输入的变化。

系统的因果性也可称为系统的可实现性。因果系统是物理上可实现的系统，例如，实时处理系统，输入信号是贯序进入系统的，系统的输出不会超前于输入。通常情况下，非因果系统是物理上不可实现的系统，但是在某些非实时处理的数字系统中，利用系统的数据存储功能将全部数据存储起来待用，那么非因果系统也是可以实现的。这是数字系统优于模拟系统的特点之一。

【例 2.11】请判断如下系统的因果性：

（1）$y(n)=x(n)-x(n-1)$；

（2）$y(n)=x(2n)$；

（3）$y(n)=x(-n)$。

解：由因果性定义可知，输出的变化应不超前于输入的变化。

（1）$y(n)=x(n)-x(n-1)$。输出 $y(n)$ 取决于 n 时刻的输入 $x(n)$ 和 1 个时刻以前的输入 $x(n-1)$，因此该系统为因果系统。

（2）$y(n)=x(2n)$。当 $n=2$ 时，$y(2)=x(4)$，所以，$n=2$ 时刻的输出取决于 $n=4$ 时刻的

输入，即未来的输入，因此，该系统为非因果系统。

（3）$y(n) = x(-n)$。当 $n = -2$，$y(-2) = x(2)$，所以，$n = -2$ 时刻的输出取决于 $n = 2$ 时刻的输入，即未来的输入，因此，该系统为非因果系统。

4. 稳定系统

稳定性是系统能正常工作的先决条件。希望一个系统能够对有限的激励信号产生有限度的响应。若响应是无限大的，则系统可能瞬间消耗无限的能量。对于数字系统，则意味着输出响应序列无法用有限字长来表示。

稳定系统是指对于每一个有界输入 $x(n)$，都产生有界输出 $y(n)$ 的系统。即若对于所有的 n 值，有 $|x(n)| < B_x$，则对于所有的 n 值有 $|y(n)| < B_y$。其中，B_x 和 B_y 都是有限常量。这类稳定性通常称为有界输入有界输出（BIBO）稳定性。

【例 2.12】有两个系统 S_1 和 S_2 分别满足

$$S_1 : y(n) = nx(n)$$

$$S_2 : y(n) = a^{x(n)}，\ a\text{为正整数}$$

请判断这两个系统的稳定性。

解：对于 S_1 系统，可任选一个有界输入函数，例如，$x(n) = 1$，则得 $y(n) = n$，这时 $y(n)$ 显然是无界的，（$y(n)$ 随 n 的增加而增加），因此 S_1 系统是不稳定的。

对于 S_2 系统，要证明它的稳定性，就要考虑所有可能的有界输入下都产生有界输出，令 $x(n)$ 为有界函数，即对任意 n，有 $|x(n)| < B$，即 $-B < |x(n)| < B$，B 为任意正数，则输出满足 $a^{-B} < |y(n)| < a^B$。这说明输入有界由某一正数 B 所界定，则输出一定由 a^B 所界定，因而系统是稳定的。

2.3　线性移不变系统（LSI）

同时具有线性和移不变性的离散时间系统称为线性移不变（linear Shift Invariant，LSI）离散时间系统，简称 LSI 系统。LSI 系统的一个重要特点是它的输入序列和输出序列之间存在线性卷积关系，这种线性卷积关系通过系统的单位冲激响应来联系。

2.3.1　单位冲激响应

单位冲激响应是指输入单位抽样序列 $\delta(n)$ 时离散时间系统的输出，或简称为冲激响应，用 $h(n)$ 表示。即 $h(n) = T[\delta(n)]$。LSI 离散时间系统在时域中可以通过其单位冲激响应完全描述。

【例 2.13】已知一个 LSI 系统的输入/输出关系为

$$y(n) = a_1 x(n) + a_2 x(n-1) + a_3 x(n-2) + a_4 x(n-3)$$

确定这个系统的冲激响应。

解：令 $x(n) = \delta(n)$ 可得其冲激响应 $h(n)$ 为 $h(n) = a_1\delta(n) + a_2\delta(n-1) + a_3\delta(n-2) + a_4\delta(n-3)$，从而可知其冲激响应是长度为 4 的有限长序列 $h(n) = \{a_1, a_2, a_3, a_4\}, 0 \leqslant n \leqslant 3$。

2.3.2　输入与输出关系：线性卷积

设一个 LSI 系统的输入序列为 $x(n)$，输出序列为 $y(n)$，由式（2.12）知，任意序列都可以表示成单位抽样序列的移位加权和，所以

$$x(n) = \sum_{m=-\infty}^{\infty} x(m)\delta(n-m)$$

于是得到系统的输出序列为

$$y(n) = T[x(n)] = T[\sum_{m=-\infty}^{\infty} x(m)\delta(n-m)]$$

由于系统是线性的，所以上式可写成

$$y(n) = T[x(n)] = \sum_{m=-\infty}^{\infty} x(m)T[\delta(n-m)] \qquad (2.25)$$

$T[\delta(n-m)]$ 是系统在 $\delta(n-m)$ 作用下产生的输出。由于系统是移不变的，所以有 $T[\delta(n-m)] = h(n-m)$，将这个结果带入式（2.25），得到

$$y(n) = \sum_{m=-\infty}^{\infty} x(m)h(n-m) \qquad (2.26)$$

通过简单的变量变换，它也可以写为

$$y(n) = \sum_{m=-\infty}^{\infty} h(m)x(n-m) \qquad (2.27)$$

式（2.26）和式（2.27）中的求和式称为序列 $x(n)$ 和 $h(n)$ 的线性卷积，简记为

$$y(n) = x(n) * h(n) \qquad (2.28)$$

因此，LSI 系统的输出 $y(n)$ 等于输入 $x(n)$ 与系统冲激响应 $h(n)$ 的线性卷积，如图 2-13 所示。理论上，只要知道 LSI 系统的冲激响应，就能够通过线性卷积运算求出系统对任何输入的相应。只要冲激响应序列和/或输入序列是有限长度的，线性卷积就可以用来计算任何时刻的输出样本，此时，输出可以表示为一组乘积的有限和。若输入序列和冲激响应序列都是有限长的，则输出序列也是有限长的。

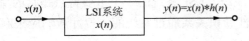

图 2-13　LSI 系统

根据式（2.26），线性卷积计算是一个动态的过程，其步骤如下：

（1）翻褶：先在哑变量坐标轴 m 上画出 $x(m)$ 和 $h(m)$，将 $h(m)$ 以纵坐标为对称轴翻褶成 $h(-m)$。

（2）移位：将 $h(-m)$ 移位 n，得 $h(n-m)$。当 n 为正整数时，右移 n 位；当 n 为负整数时，左移 $|n|$ 位。

（3）相乘：将 $h(n-m)$ 和 $x(m)$ 的相同 m 值的对应点值相乘。

（4）相加：把以上所有对应点的乘积叠加起来，即得 $y(n)$ 值。

依上面的方法，取 $n = \cdots, -2, -1, 0, 1, 2, \cdots$ 各值，即可得全部 $y(n)$ 值。

例如，对于 $n = 0, 1, 2$ ，计算输出 $y(n)$ 的表示式为

$$y(0) = \sum_{m=-\infty}^{\infty} x(m)h(-m)$$

$$y(1) = \sum_{m=-\infty}^{\infty} x(m)h(1-m)$$

$$y(2) = \sum_{m=-\infty}^{\infty} x(m)h(2-m)$$

以下讨论两种常用的线性卷积的计算方法。

1. 图解加上解析的方法

【例 2.14】设 $x(n) = \{n/2, 1 \leqslant n \leqslant 3\}$ ， $h(n) = \{1, 0 \leqslant n \leqslant 2\}$ ，求 $y(n) = x(n) * h(n)$ 。

解：（1）先画出 $x(m)$ 和 $h(m)$ ，将 $h(m)$ 以纵坐标为对称轴翻褶得到 $h(-m)$ 。

（2）将 $h(-m)$ 移位 n ，得 $h(n-m)$ ，将 $h(n-m)$ 和 $x(m)$ 的相同 m 值的对应点值相乘，把以上所有对应点的乘积叠加起来，取 $n = \cdots, -2, -1, 0, 1, 2, \cdots$ 各值，即得全部 $y(n)$ 值，如图 2-14（b）所示。

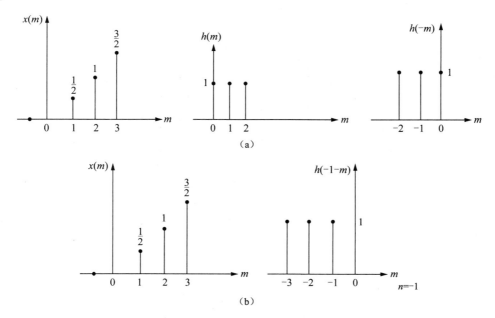

图 2-14　计算两个有限长序列的线性卷积的图解加解析法

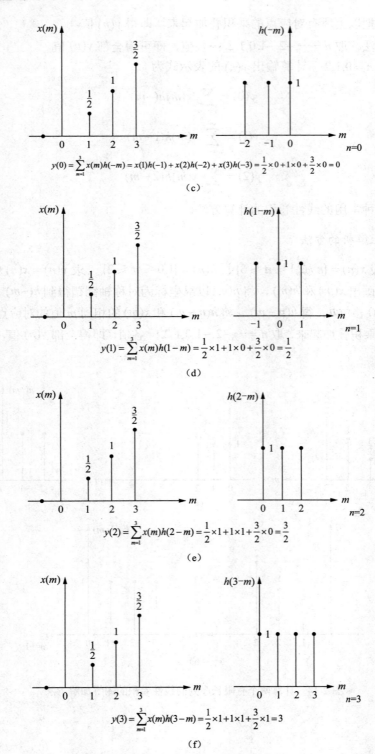

$$y(0) = \sum_{m=1}^{3} x(m)h(-m) = x(1)h(-1) + x(2)h(-2) + x(3)h(-3) = \frac{1}{2} \times 0 + 1 \times 0 + \frac{3}{2} \times 0 = 0$$

（c）

$$y(1) = \sum_{m=1}^{3} x(m)h(1-m) = \frac{1}{2} \times 1 + 1 \times 0 + \frac{3}{2} \times 0 = \frac{1}{2}$$

（d）

$$y(2) = \sum_{m=1}^{3} x(m)h(2-m) = \frac{1}{2} \times 1 + 1 \times 1 + \frac{3}{2} \times 0 = \frac{3}{2}$$

（e）

$$y(3) = \sum_{m=1}^{3} x(m)h(3-m) = \frac{1}{2} \times 1 + 1 \times 1 + \frac{3}{2} \times 1 = 3$$

（f）

图 2-14　计算两个有限长序列的卷积和的图解加解析法（续）

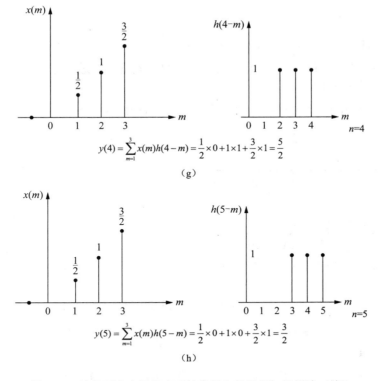

$$y(4) = \sum_{m=1}^{3} x(m)h(4-m) = \frac{1}{2} \times 0 + 1 \times 1 + \frac{3}{2} \times 1 = \frac{5}{2}$$

（g）

$$y(5) = \sum_{m=1}^{3} x(m)h(5-m) = \frac{1}{2} \times 0 + 1 \times 0 + \frac{3}{2} \times 1 = \frac{3}{2}$$

（h）

图 2-14 计算两个有限长序列的卷积和的图解加解析法（续）

分段考虑如下：

当 $n \leqslant 0$ 或 $n \geqslant 6$ 时，$x(m)$ 与 $h(n-m)$ 无交叠，相乘处处为零，即 $y(n) = 0$，$n \leqslant 0$ 或 $n \geqslant 6$。

将图 2-14（d）～（f）的两个图形中对应点的样本值相乘后相加，分别得到

$n = 1,2,3,4,5$ 的 $y(n)$ 的各值，所以

$$y(n) = \left\{ \frac{1}{2}, \frac{3}{2}, 3, \frac{5}{2}, \frac{3}{2} \right\}$$

结论：（1）线性卷积序列中 n 的取值范围。若序列 $x(n)$ 在 $N_1 \leqslant n \leqslant N_2$ 范围内有非零值，序列 $h(n)$ 在 $N_3 \leqslant n \leqslant N_4$ 范围内有非零值，则 $x(n) * h(n)$ 在 $N_1 + N_3 \leqslant n \leqslant N_2 + N_4$ 范围上有非零值。

（2）线性卷积序列的长度。

若序列 $x(n)$ 在 $N_1 \leqslant n \leqslant N_2$ 范围内有非零值，序列 $h(n)$ 在 $N_3 \leqslant n \leqslant N_4$ 范围内有非零值，则 $x(n)$ 为 N 点序列（$N = N_2 - N_1 + 1$），$h(n)$ 为 M 点序列，（$M = N_4 - N_3 + 1$），设 $x(n) * h(n)$ 的序列长度为 L，则

$$L = (N_2 + N_4) - (N_1 + N_3) = (N_2 - N_1 + 1) - (N_4 - N_3 + 1) + 1 = N + M - 1$$

即 $x(n)$ 为 N 点长序列，$h(n)$ 为 M 点长序列，则 $y(n) = x(n) * h(n)$ 的序列长度为 $N + M - 1$。

2. 对位相乘相加法

采用对位相乘相加法计算卷积和，更加便捷。首先，将两序列排成两行，且将各自 n 最大的序列值对齐（即按右端对齐），然后做乘法运算，但是不要进位，最后将同一列的乘积值相加即得到卷积和的结果。

【例 2.15】已知 $x(n)=\{1,2,\underline{4},3\}$，$h(n)=\{\underline{2},3,5\}$，求 $y(n)=x(n)*h(n)$。

解：

```
        (1    2    4    3)
             (2    3    5)
        ─────────────────────
             5   10   20   15
        3    6   12    9
   2    4    8    6
   ─────────────────────────
  (2    7   19   28   29   15)
```

$x(n)$ 的取值为 $-2 \leqslant n \leqslant 1$，$h(n)$ 的取值为 $0 \leqslant n \leqslant 2$，根据例 2.10 结论①知，$-2 \leqslant n \leqslant 3$，所以

$$y(n)=\{2,7,\underline{19},28,29,15\}$$

读者可以采用对位相乘相加法方法重新计算一下例 2.14 的结果。

【例 2.16】计算：

（1）序列 $x(n)$ 与单位抽样序列 $\delta(n)$ 的卷积和 $y(n)=x(n)*\delta(n)$；

（2）$x(n)*\delta(n-n_0)$。

解：（1）
$$y(n)=x(n)*\delta(n)=\sum_{m=-\infty}^{\infty}x(n-m)\delta(m)$$
$$=\sum_{m=-\infty}^{-1}x(n-m)\delta(m)+x(n)\delta(0)+\sum_{m=1}^{\infty}x(n-m)\delta(m)$$

由于 $k \neq 0$ 时有 $\delta(m)=0$ 及 $\delta(0)=1$，所以上式可简化为 $y(n)=x(n)$，换言之，
$$x(n)*\delta(n)=x(n) \tag{2.29}$$

即任一离散序列与单位抽样序列的卷积和等于序列本身。

同理可得（2）的结果：
$$x(n)*\delta(n-n_0)=x(n-n_0) \tag{2.30}$$

即，任一序列与移位的单位抽样序列 $\delta(n-n_0)$ 的卷积和就相当于将序列本身移位 n_0。

线性卷积运算满足交换律、分配律和结合律，分别见式（2.31）～式（2.33）。
$$x(n)*h(n)=h(n)*x(n) \tag{2.31}$$
$$x(n)*[h_1(n)*h_2(n)]=[x(n)*h_1(n)]*h_2(n) \tag{2.32}$$
$$x(n)*[h_1(n)+h_2(n)]=x(n)*h_1(n)+x(n)*h_2(n) \tag{2.33}$$

2.3.3　简单 LSI 离散时间系统的互联

由简单 LSI 离散时间系统构成复杂 LSI 离散时间系统通常采用两种互联方式：级联和并联。

1. 级联

如图 2-15 所示，若一个 LSI 离散时间系统的输出作为第二个 LSI 离散时间系统的输入，则这两个系统是级联的。

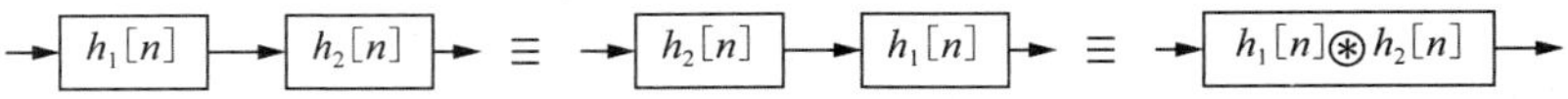

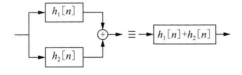

图 2-15　级联

若两个系统的冲激响应分别为 $h_1(n)$ 和 $h_2(n)$，则级联后的系统的冲激响应响应 $h(n)$ 表示为两者的线性卷积，即

$$h(n) = h_1(n) * h_2(n) \tag{2.34}$$

因此，级联系统与冲激响应为 $h_1(n) * h_2(n)$ 的系统等效。级联系统的冲激响应是各个系统的冲激响应的线性卷积。因而级联中的各滤波器的顺序对整个冲激响应没有影响。若有两个以上的系统进行级联，则整个级联系统的冲激响应是各个系统的冲激响应的线性卷积。一般来说，由于卷积运算满足交换律，因而级联中的各个子系统的顺序对整个冲激响应没有影响。

2. 并联

如图 2-16 所示的连接方案称为并联，它是指同样的输入分别经过两个 LSI 离散时间系统，然后把两个输出加起来形成新的输出。并联系统的冲激响应为

$$h(n) = h_1(n) + h_2(n) \tag{2.35}$$

图 2-16　并联

同样地，若有两个以上的 LSI 离散时间系统进行并联，则整个并联系统的冲激响应可表示为各个系统的冲激响应的和。

【例 2.17】包含级联和并联的离散时间系统的分析。

已知如图 2-17 所示的离散时间系统，它由 4 个简单的离散时间系统互连而成，它们对应的冲激响应为

$$h_1(n) = \delta(n) + \frac{1}{2}\delta(n-1)，\quad h_2(n) = \frac{1}{2}\delta(n) - \frac{1}{4}\delta(n-1)$$

$$h_3(n) = 2\delta(n)，\quad h_4(n) = -2\left(\frac{1}{2}\right)^n u(n)$$

求这个离散时间系统的总冲激响应 $h(n)$。

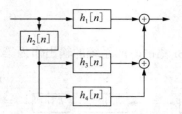

图 2-17　例 2.17 中的离散时间系统

解：系统的总冲激响应 $h(n)$ 为

$$h(n) = h_1(n) + h_2(n) * \left[h_3(n) + h_4(n) \right] = h_1(n) + h_2(n) * h_3(n) + h_2(n) * h_4(n)$$

现在，

$$h_2(n) * h_3(n) = \left[\frac{1}{2}\delta(n) - \frac{1}{4}\delta(n-1) \right] * [2\delta(n)] = \delta(n) - \frac{1}{2}\delta(n-1)$$

$$h_2(n) * h_4(n) = \left[\frac{1}{2}\delta(n) - \frac{1}{4}\delta(n-1) \right] * \left[-2\left(\frac{1}{2}\right)^n u(n) \right]$$

$$= -\left(\frac{1}{2}\right)^n u(n) + \frac{1}{2}\left(\frac{1}{2}\right)^{n-1} u(n-1) = -\left(\frac{1}{2}\right)^n u(n) + \left(\frac{1}{2}\right)^n u(n-1)$$

$$= -\left(\frac{1}{2}\right)^n \delta(n) = -\delta(n)$$

因此有

$$h(n) = \delta(n) + \frac{1}{2}\delta(n-1) + \delta(n) - \frac{1}{2}\delta(n-1) - \delta(n) = \delta(n)$$

2.3.4　LSI 系统因果性和稳定性的条件

1.　因果性

线性移不变系统具有因果性的充要条件是系统的单位冲激响应满足：

$$h(n) = 0, n < 0 \tag{2.36}$$

证明：

充分条件：若 $n<0$ 时，$h(n)=0$，则

$$y(n) = \sum_{m=-\infty}^{n} x(m)h(n-m)$$

因而

$$y(n_0) = \sum_{m=-\infty}^{n_0} x(m)h(n_0 - m)$$

所以，$y(n_0)$ 只和 $m \leqslant n_0$ 时的 $x(m)$ 值有关，因而系统是因果系统。

必要条件：利用反证法来证明。已知为因果系统，如果假设 $n<0$，时 $h(n) \neq 0$，则

$$y(n) = \sum_{m=-\infty}^{n} x(m)h(n-m) + \sum_{m=n+1}^{\infty} x(m)h(n-m)$$

在所设条件下，第二个 Σ 式至少有一项不为零。$y(n)$ 将至少和 $m>n$ 时的一个 $x(m)$ 值有关，这不符合因果性条件，所以假设不成立。因而 $h(n)=0$，$n<0$ 是必要条件。

2. 稳定性

一个线性移不变系统是稳定系统的充分且必要的条件是单位冲激响应绝对可和，即

$$\sum_{n=-\infty}^{\infty}|h(n)|=p<\infty \qquad (2.37)$$

证明：充分条件：若 $\sum_{n=-\infty}^{\infty}|h(n)|=p<\infty$，如果输入信号 $x(n)$ 有界，即对于所有 n，皆有 $x(n)|\leqslant M|$，则

$$|y(n)|=\left|\sum_{m=-\infty}^{\infty}x(m)h(n-m)\right|\leqslant\sum_{m=-\infty}^{\infty}|x(m)|\cdot|h(n-m)|\leqslant M\sum_{m=-\infty}^{\infty}|h(n-m)|=M\sum_{m=-\infty}^{\infty}|h(k)|=MP<\infty$$

即输出信号 $y(n)$ 有界，故原条件是充分条件。

必要条件：利用反证法。已知系统稳定，假设 $\sum_{n=-\infty}^{\infty}|h(n)|=\infty$，我们可以找到一个有界的输入为

$$x(n)=\begin{cases}1, & h(-n)\geqslant 0 \\ -1, & h(-n)<0\end{cases}$$

则

$$y(0)=\sum_{m=-\infty}^{\infty}x(m)h(0-m)=\sum_{m=-\infty}^{\infty}|h(-m)|=\sum_{m=-\infty}^{\infty}|h(m)|=\infty$$

即在 $n=0$ 时输出无界，这不符合稳定性条件，因而假设不成立。所以 $\sum_{n=-\infty}^{\infty}|h(n)|=p<\infty$ 是稳定的必要条件。

综上所述，因果稳定的线性移不变系统的单位抽样响应必须满足以下两个条件：

$$\left.\begin{array}{l}h(n)=0,n<0 \\ \sum_{n=-\infty}^{\infty}|h(n)|=p<\infty\end{array}\right\} \qquad (2.38)$$

【例 2.18】设有某线性移不变系统，其单位冲激响应为 $h(n)=a^nu(n)$，式中 a 是实常数，试分析该系统的因果稳定性。

解：由于 $n<0$ 时，$h(n)=0$，故此系统是因果系统。

$$\sum_{n=-\infty}^{\infty}|h(n)|=\sum_{n=0}^{\infty}|a|^n=\lim_{N\to\infty}\sum_{n=0}^{N-1}|a|^n=\lim_{N\to\infty}\frac{1-|a|^N}{1-|a|}\begin{cases}\dfrac{1}{1-|a|},|a|<1 \\ \infty, & |a|\geqslant 1\end{cases}$$

所以当 $|a|<1$ 时，此系统是稳定系统。

【例 2.19】设某线性时不变系统，其单位冲激响应为 $h(n)=-a^nu(-n-1)$，式中 a 是实常数，试分析该系统的因果稳定性。

解：（1）讨论因果性。由于 $n<0$ 时，$h(n)\neq 0$，故此系统是非因果系统。

（2）讨论稳定性。

$$\sum_{n=-\infty}^{\infty}|h(n)|=\sum_{n=-\infty}^{-1}|a|^{n}=\sum_{n=1}^{\infty}|a|^{-n}$$

$$\sum_{n=1}^{\infty}\frac{1}{|a|^{n}}=\frac{\frac{1}{|a|}}{1-\frac{1}{|a|}}=\begin{cases}\dfrac{1}{|a|-1},&|a|>1\\[2mm]\infty,&|a|\leqslant1\end{cases}$$

所以当$|a|>1$时，此系统是稳定系统。

2.3.5 离散时间系统的差分方程描述及分类

模拟系统通常用微分方程来表示，则离散时间系统是用差分方程来描述的。

若按照差分方程来分类，则离散时间系统可以分为非递归型即有限长冲激响应（Finite Impulse Response，FIR）与递归型即无限长冲激响应（Infinite Impulse Response，IIR）两大类。

1. 非递归型系统（FIR）

非递归型系统是当前时刻的输出值仅仅取决于输入的当前值与输入的过去值。所谓非递归就是输出对输入无反馈。因此，假设在n时刻系统的输入$x(n)$与输出$y(n)$的关系为

$$y(n)=f\{\cdots,x(n-1),x(n),x(n+1),\cdots\}$$

若系统是线性移不变的，则$y(n)$可表示为

$$y(n)=\sum_{i=-\infty}^{\infty}a_{i}x(n-i)，\quad a_{i}为常系数$$

若系统还是因果的，则有$a_{-1}=a_{-2}=a_{-3}=\cdots=0$，从而得到

$$y(n)=\sum_{i=0}^{\infty}a_{i}x(n-i)$$

若$i>N$时，$a_i=0$，则

$$y(n)=\sum_{i=0}^{N}a_{i}x(n-i) \tag{2.39}$$

因此线性、移不变、因果系统的非递归型结构可用N阶线性差分方程来表示，N为系统的阶次。

若输入信号为单位冲激序列$\delta(n)$，此时系统的输出为单位冲激响应$h(n)$。显然，由式（2.37）得$h(n)=\sum_{i=0}^{N}a_{i}\delta(n-i)$，因此$n>N$时，单位冲激响应$h(n)$所有值均为0，即$h(n)$的非零值具有有限个。因此，非递归型系统又被称为有限长冲激响应（FIR）。

2. 递归型系统（IIR）

递归型系统是当前时刻的输出值不仅取决于输入的当前值与输入的过去值，而且还取决于输出的过去值。所谓递归就是输出对输入有反馈。因此，可用假设在n时刻系统的输入$x(n)$

与输出 $y(n)$ 的关系为

$$y(n) = f\{\cdots, x(n-1), x(n), x(n+1), \cdots\} + g\{\cdots, y(n-1), y(n+1), \cdots\}$$

同理，当系统为线性、移不变、因果系统时，可推得

$$y(n) = \sum_{i=0}^{M} a_i x(n-i) + \sum_{i=0}^{N} b_i y(n-i) \tag{2.40}$$

其中，a_i, b_i 为常系数。

由式（2.38）可知，如果输入信号为单位冲激序列 $\delta(n)$，由于 $\delta(n)$ 只在 $n=0$ 处有值 1，其他地方为 0，则输出的单位冲激响应 $h(n)$ 值虽然越来越小，但一般没有降为 0，响应长度为无穷。这一特性通常为递归系统所具有，这种响应又称为无限长冲激响应（IIR）。

2.4　连续时间信号的抽样和重建

要想用数字信号处理技术来处理连续时间信号，就需要将连续时间信号转换成数字序列，首先要进行抽样，其次是对抽样结果进行量化和编码，就可以将其数字化。然后送入计算机或数字滤波器进行处理，最后把数字处理的结果恢复成连续时间信号（重建）。

2.4.1　连续时间信号的理想抽样

将连续信号变成离散信号有各种取样方法，其中最常用的是等间隔周期抽样，抽样函数为周期性的冲激函数，这种抽样称为理想抽样，它是一种数学模型，利用它可以简化研究。

设连续时间信号为 $x_a(t)$，每隔固定时间 T 取一个信号值，就可得到一个离散时间序列 $x(n)$，表示为

$$x(n) = x_a(nT), \quad -\infty < n < \infty \tag{2.41}$$

其中，T 称为抽样周期，T 的倒数 $f_s = 1/T$ 称为抽样频率。

关系式（2.41）描述了时域采样过程。采样率 $f_s = 1/T$ 必须选得足够高，这样采样才不会引起频谱信息的丢失。

1. 抽样过程的时域分析

理想抽样过程如图 2-18 所示。

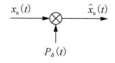

图 2-18　连续时间信号抽样

容易看出，$x_a(t)$ 抽样实际上就是将 $x_a(t)$ 与抽样函数冲激函数序列 $P_\delta(t)$ 相乘。相乘结果（抽样信号）用 $\hat{x}_a(t)$ 来表示。抽样函数定义为

$$P_\delta(t) = \sum_{n=-\infty}^{\infty} \delta(t - nT_s) \qquad (2.42)$$

则

$$\hat{x}_a(t) = x_a(t) \cdot P_\delta(t) = \sum_{n=-\infty}^{\infty} x_a(nT_s)\delta(t - nT_s) \qquad (2.43)$$

式（2.43）表示，抽样信号 $\hat{x}_a(t)$ 是无穷多个 δ 函数的加权组合，权值是 $x_a(t)$ 的各个抽样值。

2. 抽样过程的频域分析

由连续时间信号的运算可知，两个信号时域相乘，则频域（傅里叶变换域）为卷积运算，所以 $\hat{x}_a(t)$ 的频谱为

$$F[\hat{x}_a(t)] = \hat{X}_a(j\Omega) = \frac{1}{2\pi} X_a(j\Omega) * P_\delta(j\Omega)$$

$$P_\delta(j\Omega) = F[P_\delta(t)]$$

由于 $P_\delta(t)$ 是周期函数，可用傅里叶级数表示，即

$$P_\delta(t) = \sum_{k=-\infty}^{\infty} a_k e^{jk\Omega t} \qquad (2.44)$$

其中，

$$\Omega_s = 2\pi/T$$

$$a_k = \frac{1}{T} \int_{-\frac{T}{2}}^{\frac{T}{2}} P_\delta(t) e^{-jk\Omega t} dt = \frac{1}{T} \int_{-\frac{T}{2}}^{\frac{T}{2}} \sum_{n=-\infty}^{\infty} \delta(t - nT_s) e^{-jk\Omega t} dt$$

在 $|t| \leqslant T/2$ 的区间内，只有一个单位脉冲 $\delta(t)$，其他单位脉冲 $\delta(t - nT)(n \neq 0)$ 都在积分区间之外，因此

$$a_k = \frac{1}{T} \int_{-\frac{T}{2}}^{\frac{T}{2}} \delta(t) e^{-jk\Omega t} dt = \frac{1}{T}$$

所以

$$P_\delta(t) = \sum_{k=-\infty}^{\infty} a_k e^{jk\Omega t} = \frac{1}{T} \sum_{k=-\infty}^{\infty} e^{jk\Omega t} \qquad (2.45)$$

$$P_\delta(j\Omega) = F[P_\delta(t)] = F\left[\frac{1}{T} \sum_{k=-\infty}^{\infty} e^{jk\Omega t}\right] \qquad (2.46)$$

根据傅里叶变换的对称性和频移特性可得

$$\delta(t) \leftrightarrow 1$$

所以

$$1 \leftrightarrow 2\pi\delta(\Omega) \quad （对称性）$$

所以

$$1 \cdot e^{jk\Omega t} \leftrightarrow 2\pi\delta(\Omega - k\Omega_s) \quad （频移特性）$$

从而得到

$$P_\delta(j\Omega) = \frac{2\pi}{T} \sum_{k=-\infty}^{\infty} \delta(\Omega - k\Omega_s) \qquad (2.47)$$

如图 2-19 所示。

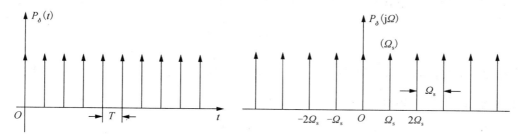

图 2-19　抽样函数和它的频谱

因此

$$\hat{X}_\mathrm{a}(\mathrm{j}\Omega) = \frac{1}{2\pi} X_\mathrm{a}(\mathrm{j}\Omega) * P_\delta(\mathrm{j}\Omega) = \frac{1}{2\pi} X_\mathrm{a}(\mathrm{j}\Omega) * \frac{2\pi}{T} \sum_{k=-\infty}^{\infty} \delta(\Omega - k\Omega_\mathrm{s})$$

$$= \frac{1}{T} \sum_{k=-\infty}^{\infty} X_\mathrm{a}(\mathrm{j}\Omega - \mathrm{j}k\Omega_\mathrm{s}) \tag{2.48}$$

式（2.48）描述了抽样信号频谱 $\hat{X}_\mathrm{a}(\mathrm{j}\Omega)$ 与原模拟信号频谱 $X_\mathrm{a}(\mathrm{j}\Omega)$ 的关系：

（1）抽样信号的频谱 $\hat{X}_\mathrm{a}(\mathrm{j}\Omega)$ 是模拟信号频谱 $X_\mathrm{a}(\mathrm{j}\Omega)$ 的周期延拓，延拓周期为 $\Omega_\mathrm{s} = 2\pi / T$。

（2） $\hat{X}_\mathrm{a}(\mathrm{j}\Omega)$ 的幅度是 $X_\mathrm{a}(\mathrm{j}\Omega)$ 幅度的 $1/T$。

因此，一个连续时间信号经过抽样后，其频谱将以抽样频率 Ω_s 为间隔进行周期延拓。例如，图 2-20 表示了带限模拟信号的频谱 $X_\mathrm{a}(\mathrm{j}\Omega)$ 在两种抽样频率（ $\frac{\Omega_\mathrm{s}}{2} \geqslant \Omega_\mathrm{c}$ 与 $\frac{\Omega_\mathrm{s}}{2} < \Omega_\mathrm{c}$ ）下得到的抽样信号的频谱 $\hat{X}_\mathrm{a}(\mathrm{j}\Omega)$， Ω_c 为模拟信号最高截止频率，且 $|\Omega| \geqslant \Omega_\mathrm{c}$ 时， $|X_\mathrm{a}(\mathrm{j}\Omega)| = 0$。

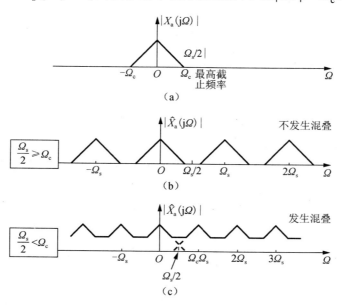

图 2-20　带限模拟信号及频谱分量混叠的抽样

当 $\dfrac{\Omega_s}{2} \geqslant \Omega$ 时，$X_a(\mathrm{j}\Omega)$ 各延拓周期互不重叠，并且

$$\hat{X}_a(\mathrm{j}\Omega) = \frac{1}{T}X_a(\mathrm{j}\Omega), |\Omega| < \frac{\Omega_s}{2}$$

这时经过一个截止频率为 $\dfrac{\Omega_s}{2}$ 的理想低通滤波器 $H(\mathrm{j}\Omega)$（图 2-21（a）），就可得到 $\hat{X}_a(\mathrm{j}\Omega)$ 的基带频谱 $Y_a(\mathrm{j}\Omega)$（图 2-21（b））。

$$H(\mathrm{j}\Omega) = \begin{cases} T_s, & |\Omega| < \dfrac{\Omega_s}{2} \\ 0, & |\Omega| \geqslant \dfrac{\Omega_s}{2} \end{cases}$$

$$Y_a(\mathrm{j}\Omega) = \hat{X}_a(\mathrm{j}\Omega) \cdot H(\mathrm{j}\Omega)$$

$Y_a(\mathrm{j}\Omega)$ 的傅里叶反变换 $y_a(t)$ 就是原来的模拟信号 $x_a(t)$。

也就是说，这种情况下可以不失真地还原出原来的连续信号。抽样恢复框图如图 2-22 所示。

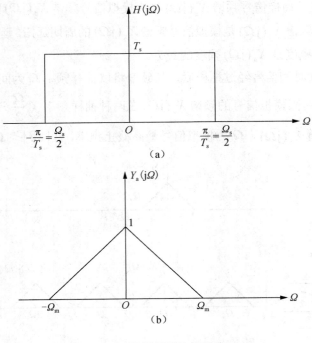

图 2-21　抽样信号的频域恢复

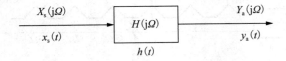

图 2-22　抽样恢复框图

当 $\dfrac{\Omega_s}{2} < \Omega_c$ 时，$X_a(\mathrm{j}\Omega)$ 各延拓周期互相重叠，这一现象称为频谱混叠失真。出现混叠失真后，就不可能无失真地提取基带频谱，因而用基带滤波恢复出来的信号就失真了。称抽样频率的 $\dfrac{\Omega_s}{2} = \pi / T$ 为折叠频率，它像一面镜子，信号频谱超过它时，就会被折叠回来，造成频谱的混叠。

由此可以得出时域抽样定理：当抽样频率大于或等于有限带宽信号的最高频率的两倍时，可以从抽样信号无失真地恢复出原信号，即要求抽样频率满足 $\Omega_s \geqslant 2\Omega_c$ 或 $f_s \geqslant 2f_c$。临界的抽样频率 $f_{s\min} \geqslant 2f_c$ 称为奈奎斯特抽样频率。

2.4.2　关于抽样信号重建原信号问题

很多连续时间信号都可能产生相同的抽样序列，因此我们需要对被抽样信号和抽样频率做出一定的限制，才有可能从抽样的信号不失真恢复出原模拟信号。

（1）被抽样信号应该是带限信号。根据连续时间信号的傅里叶变换理论，非周期信号的频谱一般为无限频谱，即信号频谱高频段为无限长。由式（2.48）可知，此时抽样信号的频谱在周期延拓后必然会发生混叠失真。然而，通过对信号的分析研究发现，非周期连续信号的高频段包含的能量远远低于低频段，将高频段滤掉后并不影响原信号的特征判断，基本上不会造成信号携带的信息丢失。因此，在抽样前，可以通过低通滤波器将被抽样信号的高频部分滤掉，使其带限在 $[-f_m, f_m]$ 内，这个滤波器称为抗混叠滤波器，其截止频率为抽样频率的一半。如图 2-23 所示。例如，语音信号的主要频率成分在 3400Hz 以下，可以在抽样前将信号通过一个前置滤波器，使信号的频率被限定在 3400Hz 以内，即取 $f_m = 3400\mathrm{Hz}$。

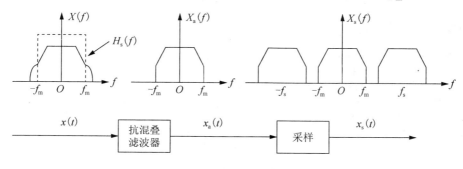

图 2-23　抗混叠滤波器

（2）抽样频率应不小于原模拟信号最高频率的 2 倍，实际的工程应用中，一般要保证抽样频率是原模拟信号最高频率的 2.5～4 倍。例如，语音信号的主要频率成分在 3400Hz 以下，通常抽样频率 f_s 取 8kHz 或 10kHz。

【例 2.20】已知模拟信号 $x_a(t) = \cos(2\pi f t + \pi / 8)$，其中信号频谱 $f = 50\,\mathrm{Hz}$，抽样周期为 $T = 0.005\mathrm{s}$。

（1）写出抽样信号 $\hat{x}_a(t)$ 的表达式；

（2）判断对应于抽样信号 $\hat{x}_a(t)$ 的时域离散时间信号 $x(n)$ 是否具有周期性，若具有，求出其周期；

（3）能否由 $x(n)$ 无失真地恢复出原模拟信号 $x_a(t)$？

解：（1）因为抽样周期为 $T = 0.005\mathrm{s}$，故

$$x(n) = x_a(nT) = \cos(2\pi f n \times 0.005 + \pi/8)$$
$$= \cos(2\pi \times 50 \times 0.005 n + \pi/8) = \cos(0.5 n \pi + \pi/8)$$

所以抽样信号的表达式为

$$\hat{x}_a(t) = x_a(t) \cdot P_\delta(t) = \sum_{n=-\infty}^{\infty} x_a(nT)\delta(t - nT) = \sum_{n=-\infty}^{\infty} \cos(0.5n + \pi/8)\delta(t - 0.005n)$$

（2）
$$x(n) = x_a(nT) = \cos(0.5\pi n + \pi/8) = \cos(\pi/8)\cos(0.5\pi n)$$

因为 $\dfrac{2\pi}{\omega} = \dfrac{2\pi}{0.5\pi} = 4$ 为正整数，所以 $x(n)$ 具有周期性，且其周期为 4。

（3）抽样频率 $f_s = 1/T = 1/0.0005 = 200\mathrm{Hz}$，模拟信号 $x_a(t)$ 的最高频率为 $f_m = 50\,\mathrm{Hz}$，所以 $f_s > 2f_m$，满足时域抽样定理。所以可以由 $x(n)$ 无失真地恢复出原模拟信号 $x_a(t)$。

2.5　人物介绍：抽样定理与奈奎斯特和香农

抽样定理是模拟信号离散化的基本依据，可以说是通信与信号处理学科中的一个重要基本结论。抽样定理又称为奈奎斯特定理、香农抽样定理。

哈利·奈奎斯特（Harry Nyquist，图 2-24），美国物理学家，1889 年出生在瑞典韦姆兰省。1907 年移民到美国，1912 年考入美国北达科他州立大学，1915 年获理学硕士学位，1917 年获得耶鲁大学物理学博士学位。1917～1934 年间在 AT&T 公司工作。1934—1954 年间在贝尔实验室工作。1976 年在美国得克萨斯州逝世。

1927 年，奈奎斯特确定了如果对某一带宽有限的模拟信号进行抽样，在抽样频率至少为原始信号最高频率的两倍时，根据这些抽样值可以在接收端准确地恢复原

图 2-24　哈利·奈奎斯特（1889—1976）

信号。奈奎斯特 1928 年发表了《电报传输理论的一定论题》。为了表彰他的贡献，抽样定理又被称为奈奎斯特定理，抽样频率的一半也称为奈奎斯特频率。

但是奈奎斯特没有给出如何从抽样值恢复出原始信号的方法，直到 20 年后这个问题由香农（Claude Elwood Shannon）最终解决。

克劳德·艾尔伍德·香农（图 2-25），1916 年出生于美国密歇根州的 Petoskey。1936 年毕业于密歇根大学并获得数学和电子工程学士学位。1940 年获得麻省理工学院数学博士学位和电子工程硕士学位。1941 年他加入贝尔实验室数学部，一直工作到 1972 年。香农博士于 2001 年 2 月 26 日去世，享年 84 岁。

经过 8 年的努力，香农于 1948 年 6 月和 10 月在《贝尔系统技术杂志》(*Bell System Technical Journal*) 上连载发表了具有深远影响的论文《通信的数学原理》。1949 年，香农又在该杂志

上发表了另一著名论文《噪声下的通信》。在这两篇论文中，香农阐明了通信的基本问题，给出了通信系统的模型，提出了信息量的数学表达式，并解决了信道容量、信源统计特性、信源编码、信道编码等一系列基本技术问题。两篇论文成为了信息论的奠基性著作，香农也被尊称为"信息论之父"。

香农在《通信的数学原理》这篇论文中给出了从抽样值恢复原始信号的具体数学公式，并从理论上进行了严格证明。因此，抽样定理也常称为香农定理。

图 2-25　香农（1916—2001）

习　　题

2.1　已知矩形序列 $x(n) = R_4(n)$，试画出以下序列的图形：

（1）$x(n-2)$；（2）$x(4-n)$。

2.2　画出下列时域离散时间信号的波形：

（1）$x_1(n) = 0.5^n u(n)$；

（2）$x_2(n) = \delta(n) + u(n-1)$；

（3）$x_3(n) = u(n+1) - u(n-2)$；

（4）$x_4(n) = u(-n+2)$；

（5）$x_5(n) = 2^n[u(n+1) - u(n-1)]$。

2.3　一个离散时间信号 $x(n)$ 定义为

$$x(n) = \begin{cases} 1 + n/3, & -3 \leqslant n \leqslant -1 \\ 1, & 0 \leqslant n \leqslant 3 \\ 0, & \text{其他} \end{cases}$$

（1）计算序列 $x(n)$ 的值并画出它的波形；

（2）用延迟的单位抽样序列及其加权和表示 $x(n)$ 序列。

2.4　设序列 $x(n)$ 的波形如图 2-26 所示。

（1）用单位抽样序列 $\delta(n)$ 及其加权和表示 $x(n)$；

（2）画出 $x(-n)$ 的波形；

（3）计算 $x_e(n) = \dfrac{1}{2}[x(n) + x(-n)]$，并画出 $x_e(n)$ 的波形；

（4）计算 $x_o(n) = \dfrac{1}{2}[x(n) - x(-n)]$，并画出 $x_o(n)$ 波形；

（5）令 $x_1(n) = x_e(n) + x_o(n)$，将 $x_1(n)$ 与 $x(n)$ 进行比较，你能得到什么结论？

2.5　判断下列每个序列是否是周期的，如果是，试确定其周期。

（1）$x(n) = e^{j8\pi n/\sqrt{2}}$；（2）$x(n) = 2\sin\left(\dfrac{13}{3}\pi n - 2\right)$；（3）$x(n) = \sin(24\pi - n)$。

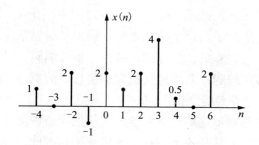

图 2-26 题 2.4 图

2.6 判断下列系统是否是：（1）线性；（2）移不变性；（3）因果性；（4）稳定性。

（1） $y(n) = x(n)\sin(0.7\pi n + 0.2\pi)$ ；（2） $y(n) = nx(n)$ ；（3） $y(n) = x(n-3)$ 。

2.7 确定并画出下面系统的单位冲激响应：

$$y(n) = \sum_{i=1}^{5} kx(n-k)$$

2.8 已知以下系统的单位抽样响应，判断系统的因果性和稳定性。

（1） $h(n) = 2^n u(n)$ ；（2） $h(n) = 2^n u(-n)$ ；（3） $h(n) = 0.2^n u(-n-1)$ ；（4） $h(n) = 0.2^n u(n)$ 。

2.9 已知 $x(n) = \left\{\underline{0}, 1, 4, 3\right\}, h(n) = \left\{1, -2, 3\right\}$ ，利用对位相乘法计算 $y(n) = x(n) * h(n)$ 。

2.10 已知线性移不变系统的输入为 $x(n)$ ，系统的单位抽样响应为 $h(n)$ ，试求出系统的输出 $y(n)$ ，并且画出 $y(n)$ 的图形。

（1） $x(n) = \delta(n)$ ， $h(n) = R_5(n)$ ；

（2） $x(n) = \delta(n-2)$ ， $h(n) = 0.5^n R_5(n)$ ；

（3） $x(n) = 2^n u(-n-1)$ ， $h(n) = 0.5^n u(n)$ ；

（4） $x(n) = \delta(n) - \delta(n-2)$ ， $h(n) = 0.8u(n-1)$ 。

2.11 设线性移不变系统的单位抽样响应 $h(n)$ 和输入序列 $x(n)$ 的波形如图 2-27 所示，要求画出系统输出 $y(n)$ 输出的波形。

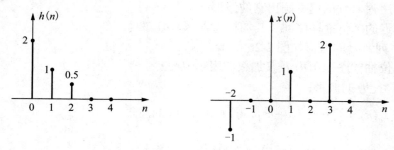

图 2-27 题 2.11 图

2.12 已知一个离散时间系统由下列差分方程描述：

$$y(n) = x(n) - x(n-1) + 2x(n-2)$$

（1）求系统的单位冲激响应 $h(n)$ ；

（2）计算 $x(n) = u(n)$ 时的 $y(n)$ ；

（3）该系统是因果的吗？该系统是稳定的吗？说明理由。

2.13　有一连续信号 $x_a(t) = \cos(2\pi * 20t + \pi/2)$。

（1）求出 $x_a(t)$ 的周期；

（2）用采样间隔 $T = 0.02$ T=0.02s 对 $x_a(t)$ 进行抽样，试写出抽样信号 $\hat{x}_a(t)$ 的表达式；

（3）判断对应 $\hat{x}_a(t)$ 的离散时间信号 $x(n)$ 的周期性，若具有周期性，求出其周期。

2.14　已知两个连续时间信号 $x_1(t) = \sin(2\pi t)$ 和 $x_2(t) = \sin(6\pi t)$，现对它们以 $f_s = 8$ 次/s 的速率进行抽样，得到正弦序列 $x_1(n) = \sin(\omega_1 n)$ 和 $x_2(n) = \sin(\omega_2 n)$。

（1）求 $x_1(t)$ 和 $x_2(t)$ 的频率、角频率和周期；

（2）求 $x_1(n)$ 和 $x_2(n)$ 的频率、角频率和周期；

（3）比较以下每对信号的周期：$x_1(t)$ 和 $x_2(t)$，$x_1(n)$ 和 $x_2(n)$，$x_1(t)$ 和 $x_1(n)$，$x_2(t)$ 和 $x_2(n)$；

（4）根据抽样定理判断，由 $x_1(n)$ 和 $x_2(n)$ 能否无失真的恢复出 $x_1(t)$ 和 $x_2(t)$？

第 3 章

离散时间傅里叶变换与 z 变换

信号与系统的分析方法除时域分析方法外，还有变换域分析方法。在连续时间信号与系统中，可以利用拉普拉斯变换与傅里叶变换进行频域分析。在离散时间信号与系统中，变换域分析方法是利用 z 变换法和离散时间傅里叶变换法分析的。

z 变换在离散时间系统中的作用就如同拉普拉斯变换在连续时间系统中的作用一样，把描述离散系统的差分方程转化为简单的代数方程，可使其求解大大简化。离散时间序列的频域表示就是离散时间傅里叶变换（Discrete-Time Fourier Transform，DTFT）。DTFT 是将离散时间序列变换为以频率 ω 为变量的连续函数的过程。LSI 离散时间系统的频域表示就是该系统的频率响应，这个频率响应通过计算系统冲激响应的 DTFT 得到。

下面将学习 DTFT 和 z 变换，以及利用 z 变换分析系统和信号频域特征，这部分内容是本书也是数字信号处理领域的基础。

3.1　离散时间傅里叶变换（DTFT）的定义

序列 $x(n)$ 的 DTFT $X(\mathrm{e}^{\mathrm{j}\omega})$ 定义如下：

$$X(\mathrm{e}^{\mathrm{j}\omega}) = \sum_{n=-\infty}^{\infty} x(n)\mathrm{e}^{-\mathrm{j}\omega n} \tag{3.1}$$

从定义可以看出，序列 $x(n)$ 的 DTFT $X(\mathrm{e}^{\mathrm{j}\omega})$ 是 ω 的连续函数。同时它还是一个周期为 2π 的周期函数。因此，它的一个周期包含了信号的全部信息。周期性证明如下：

$$X(\mathrm{e}^{\mathrm{j}(\omega+2\pi k)}) = \sum_{n=-\infty}^{\infty} x(n)\mathrm{e}^{-\mathrm{j}(\omega+2\pi k)n} = \sum_{n=-\infty}^{\infty} x(n)\mathrm{e}^{-\mathrm{j}\omega n}\mathrm{e}^{-\mathrm{j}2\pi kn}$$

$$= \sum_{n=-\infty}^{\infty} x(n)\mathrm{e}^{-\mathrm{j}\omega n} = X\left(\mathrm{e}^{\mathrm{j}\omega}\right), \quad k\text{为整数}$$

其中，$\mathrm{e}^{-\mathrm{j}2\pi kn}=1$。

式（3.1）实际上就是周期函数 $X(\mathrm{e}^{\mathrm{j}\omega})$ 的傅里叶级数表达式，其中 $x(n)$ 相当于由下式计算的傅里叶级数的系数

$$x(n) = \frac{1}{2\pi}\int_{-\pi}^{\pi} X(\mathrm{e}^{\mathrm{j}\omega})\mathrm{e}^{\mathrm{j}\omega n}\mathrm{d}\omega \tag{3.2}$$

式（3.2）称为离散时间傅里叶反变换,常用 IDFT（Inverse-Discrete-Time Fourier Transform）表示,可将其理解为形如 $\dfrac{1}{2\pi}\mathrm{e}^{\mathrm{j}\omega n}\mathrm{d}\omega$ 的无穷小复指数信号的线性组合,其权重是角频率范围从 $-\pi$ 到 π 的复常量 $X(\mathrm{e}^{\mathrm{j}\omega})$。

式（3.1）和式（3.2）组成了序列 $x(n)$ 的 DTFT 对。式（3.1）可以分析出在原始信号中存在多少复指数信号;另一方面,式（3.2）能从任意信号的复指数分量中综合出该信号。序列 $x(n)$ 与 DTFT 变换 $X(\mathrm{e}^{\mathrm{j}\omega})$ 的关系记为

$$x(n)\xleftrightarrow{\ F\ }X(\mathrm{e}^{\mathrm{j}\omega})$$

$X(\mathrm{e}^{\mathrm{j}\omega})$ 一般是复值函数, 因此可以用实部 $X_{\mathrm{R}}(\mathrm{e}^{\mathrm{j}\omega})$ 和虚部 $X_{\mathrm{I}}(\mathrm{e}^{\mathrm{j}\omega})$ 表示为 $X(\mathrm{e}^{\mathrm{j}\omega})=X_{\mathrm{R}}(\mathrm{e}^{\mathrm{j}\omega})+X_{\mathrm{I}}(\mathrm{e}^{\mathrm{j}\omega})$, 也可以用模 $|X(\mathrm{e}^{\mathrm{j}\omega})|$ 和幅角 $\varphi(\omega)$ 表示为 $X(\mathrm{e}^{\mathrm{j}\omega})=|X(\mathrm{e}^{\mathrm{j}\omega})|\mathrm{e}^{\mathrm{j}\varphi(\omega)}$, 式中, $X_{\mathrm{R}}(\mathrm{e}^{\mathrm{j}\omega})$、$X_{\mathrm{I}}(\mathrm{e}^{\mathrm{j}\omega})$、$|X(\mathrm{e}^{\mathrm{j}\omega})|$ 和 $\varphi(\omega)$ 都是关于 ω 的实函数。

从数学的观点来看,式（3.1）是函数 $X(\mathrm{e}^{\mathrm{j}\omega})$ 的幂级数展开,只有当等式右端的无穷级数收敛,序列的 DTFT 才存在,而且是唯一的。因此,并不是任何序列按照式（3.1）构成的无穷级数都收敛,根据级数理论,当 $\displaystyle\sum_{n=-\infty}^{\infty}|x(n)|<\infty$ 时,即序列 $x(n)$ 绝对可和时,幂级数收敛于 $X(\mathrm{e}^{\mathrm{j}\omega})$,所以序列 $x(n)$ 绝对可和是 $X(\mathrm{e}^{\mathrm{j}\omega})$ 收敛的充分条件。

某些序列虽不是绝对可和但却是平方可和的,这种序列的幂级数均方收敛于 $X(\mathrm{e}^{\mathrm{j}\omega})$。对于既不是绝对可和又不是平方可和的序列,应借助冲激函数来定义它们的 DTFT。

【例 3.1】求单位抽样序列 $\delta(n)$ 与其移位 $\delta(n-n_0)$ 的 DTFT。

解:

$$\Delta(\mathrm{e}^{\mathrm{j}\omega})=\sum_{n=-\infty}^{\infty}\delta(n)\,\mathrm{e}^{-\mathrm{j}\omega n}=\delta(0)=1$$

$$\Delta_{\mathrm{l}}(\mathrm{e}^{\mathrm{j}\omega})=\sum_{n=-\infty}^{\infty}\delta(n-n_0)\,\mathrm{e}^{-\mathrm{j}\omega n}=\delta(0)\mathrm{e}^{-\mathrm{j}\omega n_0}=\mathrm{e}^{-\mathrm{j}n_0\omega}$$

这里用到的是单位抽样序列的抽样性质,即 $\delta(0)=1$,　$\delta(0)=0\,(n\neq0)$。

【例 3.2】计算指数序列 $x(n)=a^n u(n)(|a|<1)$ 的 DTFT。

解:这个指数序列的 DTFT $X(\mathrm{e}^{\mathrm{j}\omega})$ 为

$$X(\mathrm{e}^{\mathrm{j}\omega})=\sum_{n=-\infty}^{\infty}a^n u(n)\mathrm{e}^{-\mathrm{j}\omega n}=\sum_{n=0}^{\infty}a^n\mathrm{e}^{-\mathrm{j}\omega n}=\sum_{n=0}^{\infty}\left(a\mathrm{e}^{-\mathrm{j}\omega}\right)^n=\frac{1}{1-a\mathrm{e}^{-\mathrm{j}\omega}}$$

其中, $|a\mathrm{e}^{-\mathrm{j}\omega}|=|a|<1$。

【例 3.3】求矩形序列 $R_N(n)$ 的 DTFT。

解:

$$X(\mathrm{e}^{\mathrm{j}\omega})=\sum_{n=-\infty}^{\infty}R_N(n)\mathrm{e}^{-\mathrm{j}\omega n}=\sum_{n=0}^{N-1}\mathrm{e}^{-\mathrm{j}\omega n}=\frac{1-\mathrm{e}^{-\mathrm{j}\omega N}}{1-\mathrm{e}^{-\mathrm{j}\omega}}$$

$$=\frac{\mathrm{e}^{-\mathrm{j}N\omega/2}(\mathrm{e}^{\mathrm{j}N\omega/2}-\mathrm{e}^{-\mathrm{j}N\omega/2})}{\mathrm{e}^{-\mathrm{j}\omega/2}(\mathrm{e}^{\mathrm{j}\omega/2}-\mathrm{e}^{-\mathrm{j}\omega/2})}=\frac{\sin(N\omega/2)}{\sin(\omega/2)}\mathrm{e}^{-\mathrm{j}\frac{(N-1)}{2}\omega}$$

$$=|X(\mathrm{e}^{\mathrm{j}\omega})|\mathrm{e}^{\mathrm{j}\arg[X(\mathrm{e}^{\mathrm{j}\omega})]}$$

$$|X(\mathrm{e}^{\mathrm{j}\omega})| = \left|\frac{\sin(N\omega/2)}{\sin(\omega/2)}\right|, \quad \arg[X(\mathrm{e}^{\mathrm{j}\omega})] = -\frac{(N-1)\omega}{2} + \arg\left[\frac{\sin(N\omega/2)}{\sin(\omega/2)}\right]$$

当 $N=5$ 时，$X(\mathrm{e}^{\mathrm{j}\omega}) = \dfrac{\sin(5\omega/2)}{\sin(\omega/2)}\mathrm{e}^{-\mathrm{j}2\omega}$，$|X(\mathrm{e}^{\mathrm{j}\omega})| = \left|\dfrac{\sin(5\omega/2)}{\sin(\omega/2)}\right|$

$$\arg[X(\mathrm{e}^{\mathrm{j}\omega})] = -2\omega + \arg\left[\frac{\sin(5\omega/2)}{\sin(\omega/2)}\right]$$

其中，arg[] 表示幅角。

$R_5(n)$、幅度谱 $|X(\mathrm{e}^{\mathrm{j}\omega})|$ 和相位谱 $\arg[X(\mathrm{e}^{\mathrm{j}\omega})]$ 的图形如图 3-1 所示。

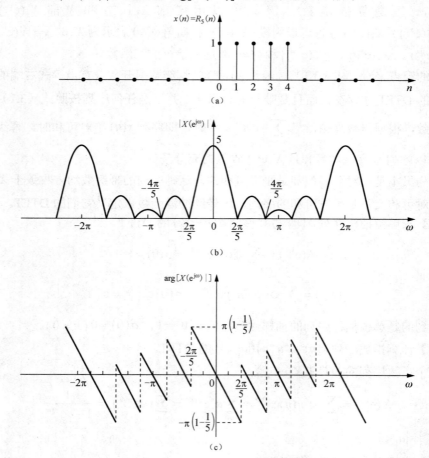

图 3-1　矩形序列及其离散时间傅里叶变换

（a）矩形序列 $R_5(n)$ 的图形；（b）矩形序列 $R_5(n)$ 的幅度谱 $|X(\mathrm{e}^{\mathrm{j}\omega})|$；（c）矩形序列 $R_5(n)$ 的相位谱 $\arg[X(\mathrm{e}^{\mathrm{j}\omega})]$

【例 3.4】若 $X(\mathrm{e}^{\mathrm{j}\omega}) = \begin{cases} 1, & |\omega| \leqslant \omega_{\mathrm{c}} \\ 0, & \omega_{\mathrm{c}} < |\omega| \leqslant \pi \end{cases}$，求其离散时间傅里叶反变换。

解：
$$x(n) = \frac{1}{2\pi}\int_{-\pi}^{\pi} X(\mathrm{e}^{\mathrm{j}\omega})\mathrm{e}^{\mathrm{j}\omega n}\mathrm{d}\omega = \frac{1}{2\pi}\int_{-\omega_{\mathrm{c}}}^{\omega_{\mathrm{c}}} \mathrm{e}^{\mathrm{j}\omega n}\mathrm{d}\omega = \frac{\sin(\omega_{\mathrm{c}} n)}{\pi n}$$

3.2　离散时间傅里叶变换（DTFT）的性质

DTFT 具有许多重要性质，掌握了这些性质，能够更深刻地理解 DTTF 的内涵，利于灵活运用其解决实际问题。

1. 线性性质

如果 $x_1(n) \xleftrightarrow{\text{DTFT}} X_1(e^{j\omega})$，$x_2(n) \xleftrightarrow{\text{DTFT}} X_2(e^{j\omega})$，那么
$$a_1 x_1(n) + a_2 x_2(n) \Leftrightarrow a_1 X_1(e^{j\omega}) + a_2 X_2(e^{j\omega})$$
其中，a_1, a_2 为常数。简单说来，从对信号 $x(n)$ 的操作上看，傅里叶变换是一种线性变换，从而两个或更多个信号的线性组合的傅里叶变换等于各个信号的傅里叶变换的线性组合。线性性质使傅里叶变换适合用于线性系统的研究。

2. 时移性质

如果 $x(n) \xleftrightarrow{\text{DTFT}} X(e^{j\omega})$ 那么，$x(n-n_0) \xleftrightarrow{\text{DTFT}} e^{-jn_0\omega} X(e^{j\omega})$。

由于 $|e^{-jn_0\omega}| = 1$，这个性质意味着，如果一个信号在时域上移动 n_0 个样本，那么它的幅度谱保持不变。但是相位谱改变了 $-\omega n_0$，即序列在时域中的位移造成了频域中的相移。

【例 3.5】计算由差分方程定义的序列的 DTFT。

计算序列 $v(n)$ 的 DTFT $V(e^{j\omega})$，$v(n)$ 有下式定义
$$d_0 v(n) + d_1 v(n-1) = p_0\delta(n) + p_1\delta(n-1), |d_1/d_2| < 1 \tag{3.3}$$
可知 $\delta(n)$ 的 DTFT 为 1。再由 DTFT 的时移性质知 $\delta(n-1)$ 的 DTFT 为 $e^{-j\omega}$，$v(n-1)$ 的 DTFT 为 $e^{-j\omega}V(e^{j\omega})$。利用线性性质，由式（3.3）可得
$$d_0 V(e^{j\omega}) + d_1 e^{-j\omega}V(e^{j\omega}) = p_0 + p_1 e^{-j\omega}$$

解上面的方程可得 $V(e^{j\omega}) = \dfrac{p_0 + p_1 e^{-j\omega}}{d_0 + d_1 e^{-j\omega}}$。

3. 频移性质

如果 $x(n) \xleftrightarrow{\text{DTFT}} X(e^{j\omega})$，那么 $e^{j\omega_0 n}x(n) \xleftrightarrow{\text{DTFT}} X(e^{j(\omega-\omega_0)})$。

根据这一性质，序列 $x(n)$ 乘上 $e^{j\omega_0 n}$ 等于频谱 $X(e^{j\omega})$ 平移频率 ω_0。频率的平移如图 3-2 所示。因为频率 $X(j\omega)$ 是周期性的，ω_0 的平移将应用于信号每一个周期的频谱。

4. 频域微分性质

如果 $x(n) \xleftrightarrow{\text{DTFT}} X(e^{j\omega})$，那么 $nx(n) \xleftrightarrow{\text{DTFT}} j\dfrac{d}{d\omega}X(e^{j\omega})$。

【例 3.6】利用频域微分定理计算序列 $y(n) = (n+1)a^n u(n), |a| < 1$ 的 DTFT。

解：令 $x(n) = a^n u(n), |a| < 1$，因此，$y(n) = nx(n) + x(n)$，可得 $x(n)$ 的 DTFT 为

$$X(\mathrm{e}^{\mathrm{j}\omega}) = \frac{1}{1 - a\mathrm{e}^{-\mathrm{j}\omega}}$$

利用频域微分性质，可观察到 $nx(n)$ 的 DTFT 为

$$\mathrm{j}\frac{\mathrm{d}X(\mathrm{e}^{\mathrm{j}\omega})}{\mathrm{d}\omega} = \mathrm{j}\frac{\mathrm{d}}{\mathrm{d}\omega}\left(\frac{1}{1 - a\mathrm{e}^{-\mathrm{j}\omega}}\right) = \frac{a\mathrm{e}^{-\mathrm{j}\omega}}{\left(1 - a\mathrm{e}^{-\mathrm{j}\omega}\right)^2}$$

再利用 DTFT 的线性定理，可以得到 $y(n)$ 的 DTFT 为

$$Y(\mathrm{e}^{\mathrm{j}\omega}) = \frac{a\mathrm{e}^{-\mathrm{j}\omega}}{\left(1 - a\mathrm{e}^{-\mathrm{j}\omega}\right)^2} + \frac{1}{1 - a\mathrm{e}^{-\mathrm{j}\omega}} = \frac{1}{\left(1 - a\mathrm{e}^{-\mathrm{j}\omega}\right)^2}$$

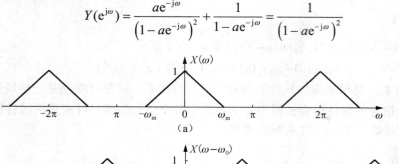

(a)

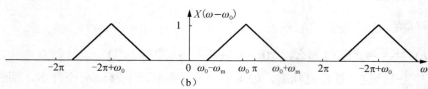

(b)

图 3-2　DTFT 频移性质的说明（$\omega_0 \leqslant 2\pi - \omega_{\mathrm{m}}$）

5. 时间翻褶性质

如果 $x(n) \xleftrightarrow{\text{DTFT}} X(\mathrm{e}^{\mathrm{j}\omega})$，那么 $x(-n) \xleftrightarrow{\text{DTFT}} X(\mathrm{e}^{-\mathrm{j}\omega})$。

这意味着，如果信号在时间上是关于原点折叠的，那么它的幅度谱保持不变，而相位谱的符号发生变化（相位倒置）。

6. 时域卷积定理

如果 $x_1(n) \xleftrightarrow{\text{DTFT}} X_1(\mathrm{e}^{\mathrm{j}\omega})$，$x_2(n) \xleftrightarrow{\text{DTFT}} X_2(\mathrm{e}^{\mathrm{j}\omega})$，那么 $x_1(n) * x_2(n) \xleftrightarrow{\text{DTFT}} X_1(\mathrm{e}^{\mathrm{j}\omega})X_2(\mathrm{e}^{\mathrm{j}\omega})$。

时域的线性卷积对应于频域的相乘。

在时域中，LSI 系统的输出是通过计算输入序列与系统的单位冲激响应的线性卷积求得的。根据 DTFT 的时域卷积定理，在频域中分别求输入序列和单位冲激响应的傅里叶变换并相乘，然后进行反变换，同样可以得到系统输出。

7. 频域卷积定理

如果 $x_1(n) \xleftrightarrow{\text{DTFT}} X_1(\mathrm{e}^{\mathrm{j}\omega})$，$x_2(n) \xleftrightarrow{\text{DTFT}} X_2(\mathrm{e}^{\mathrm{j}\omega})$，那么

$$x_1(n)x_2(n) \xleftrightarrow{\text{DTFT}} \frac{1}{2\pi}[X_1(\mathrm{e}^{\mathrm{j}\omega}) * X_2(\mathrm{e}^{\mathrm{j}\omega})] = \frac{1}{2\pi}\int_{-\pi}^{\pi}X(\mathrm{e}^{\mathrm{j}\theta})X_2(\mathrm{e}^{\mathrm{j}(\omega-\theta)})\mathrm{d}\theta$$

时域的相乘对应于频域的周期性卷积并除以 2π。这个性质对于分析序列加窗截断后频谱的变换很有帮助。

卷积定理是线性系统分析中最有力的工具之一。在随后的章节中，将会看到卷积定理为

许多数字信号处理的应用提供了一个重要的计算工具。

8. 共轭性质

如果 $x(n) \xleftarrow{\text{DTFT}} X(\mathrm{e}^{j\omega})$，那么 $x^*(n) \Leftrightarrow X^*(\mathrm{e}^{-j\omega})$。

时域取共轭对应于频域的共轭且翻褶。

9. 帕斯瓦尔定理

$$\sum_{n=-\infty}^{\infty} |x(n)|^2 = \frac{1}{2\pi} \int_{-\pi}^{\pi} |X(\mathrm{e}^{j\omega})|^2 \,\mathrm{d}\omega$$

时域的总能量等于频域的总能量（$|X(\mathrm{e}^{j\omega})|^2$ 称为能量谱密度）。

为了方便参考，本节中推导出来的这些性质总结在表 3-1 中。

表 3-1　离散时间傅里叶变换（DTFT）的性质

性质	时域	频域
记号	$x(n)$ $x_1(n)$ $x_2(n)$	$X(\mathrm{e}^{j\omega})$ $X_1(\mathrm{e}^{j\omega})$ $X_2(\mathrm{e}^{j\omega})$
线性	$a_1 x_1(n) + a_2 x_2(n)$	$a_1 X_1(\mathrm{e}^{j\omega}) + a_2 X_2(\mathrm{e}^{j\omega})$
时移	$x(n - n_0)$	$\mathrm{e}^{-j n_0 \omega} X(\mathrm{e}^{j\omega})$
频移	$\mathrm{e}^{j\omega_0 n} x(n)$	$X(\mathrm{e}^{j(\omega-\omega_0)})$
时间翻褶	$x(-n)$	$X(\mathrm{e}^{-j\omega})$
共轭	$x^*(n)$	$X^*(\mathrm{e}^{-j\omega})$
频域微分	$n x(n)$	$j \dfrac{\mathrm{d}}{\mathrm{d}\omega} X(\mathrm{e}^{j\omega})$
时域卷积	$x_1(n) * x_2(n)$	$X_1(\mathrm{e}^{j\omega}) X_2(\mathrm{e}^{j\omega})$
频域卷积	$x_1(n) * x_2(n)$	$\dfrac{1}{2\pi}[X_1(\mathrm{e}^{j\omega}) * X_2(\mathrm{e}^{j\omega})] = \dfrac{1}{2\pi}\int_{-\pi}^{\pi} X(\mathrm{e}^{j\theta}) X_2(\mathrm{e}^{j(\omega-\theta)})\mathrm{d}\theta$
帕斯瓦尔定理	$\sum_{n=-\infty}^{\infty} |x(n)|^2 = \dfrac{1}{2\pi}\int_{-\pi}^{\pi}|X(\mathrm{e}^{j\omega})|^2\mathrm{d}\omega$	

3.3　离散时间信号的 z 变换

式（3.1）所定义的 DTFT 是关于角频率 ω 的复函数。它提供了离散时间信号和 LTI 系统的频域表示。但是，当不满足收敛条件时，在许多情况下，序列的 DTFT 是不存在的，因此，在很多情况下，频域的特征是不能使用的。在本质上，DTFT 的推广形式就是 z 变换，该变换就是关于复数变量 z 的函数。有很多序列的 DTFT 不存在，但是其 z 变换存在。另外，实序列的 z 变换往往是关于复数变量 z 的实有理函数，而且 z 变换技术允许简单的代数操作，因此，z 变换是后续数字滤波器的设计和分析的重要方法，本部分将讨论 z 变换的频域表示及其性质。在 z 域中，LSI 离散时间系统的表示由其系统函数给出，该系统函数是系统单位冲激响应的 z 变换。利用系统函数及其性质可以描述 LSI 系统的频率响应和因果稳定的条件。

3.3.1　z 变换的定义与收敛域

若一个给定的序列为 $x(n)$，则其 z 变换定义为

$$X(z) = \sum_{n=-\infty}^{\infty} x(n)z^{-n} \tag{3.4}$$

其中，$z = \mathrm{Re}(z) + \mathrm{jIm}(z)$ 是一个连续的复变量。

关系（3.4）有时也被称为 z 正变换，因为它将时域信号 $x(n)$ 变换到它的复平面表达式 $X(z)$，其反过程，即从 $X(z)$ 获得 $x(n)$ 的过程，被称为 z 逆变换，将在后面的章节论述。

出于方便，信号 $x(n)$ 的 z 变换记为 $X(z) = z[x(n)]$，序列 $x(n)$ 与 z 变换 $X(z)$ 的关系记为 $x(n) \overset{z}{\longleftrightarrow} X(z)$。

若用极坐标的形式 $z = r\mathrm{e}^{\mathrm{j}\omega}$ 来表示复变量 z，则式（3.4）可以表示为

$$X(z) = X(r\mathrm{e}^{\mathrm{j}\omega}) = \sum_{n=-\infty}^{\infty} x(n)r^{-n}\mathrm{e}^{-\mathrm{j}\omega n} \tag{3.5}$$

序列 $x(n)$ 的离散时间傅里叶变换 $X(\mathrm{e}^{\mathrm{j}\omega})$ 为

$$X(\mathrm{e}^{\mathrm{j}\omega}) = \sum_{n=-\infty}^{\infty} x(n)\mathrm{e}^{-\mathrm{j}\omega n}$$

通过比较上面的两个等式，可以发现式（3.5）中的 $X(z)$ 实际上可以看作是序列 $x(n)r^{-n}$ 的 DTFT。当 $r=1$ 时，式（3.5）简化为 $x(n)$ 的 DTFT，也就是说，序列 $x(n)$ 在单位圆上的 z 变换就是它的 DTFT $X(\mathrm{e}^{\mathrm{j}\omega})$。

z 变换的几何解释。固定 r 和 ω，复数 z 平面上的点 $z = r\mathrm{e}^{\mathrm{j}\omega}$ 位于长度为 r 的向量的顶端，该向量通过原点 $z=0$ 且与实数轴的夹角为 ω，$|z|=1$ 是 z 平面上半径为 1 的圆，称之为单位圆，如图 3-3 所示。单位圆的常用表达式除 $|z|=1$ 外，还有 $z = \mathrm{e}^{\mathrm{j}\omega}$。例如，序列 $x(n)$ 在单位圆上的 z 变换就是它的 DTFT $X(\mathrm{e}^{\mathrm{j}\omega})$ 就可以表示为 $X(\mathrm{e}^{\mathrm{j}\omega}) = X(z)\big|_{z=\mathrm{e}^{\mathrm{j}\omega}}$。

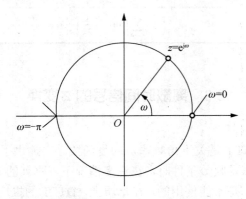

图 3-3　z 平面上的单位圆

在 $z=1$ 的情况下，$X(z)$ 的值就是 $X(\mathrm{e}^{\mathrm{j}0})$，$X(\mathrm{e}^{\mathrm{j}0})$ 就是 $X(\mathrm{e}^{\mathrm{j}\omega})$ 在 $\omega=0$ 时的值；在 $z=\mathrm{j}$ 的情况下，$X(z)$ 的值就是 $X(\mathrm{e}^{\mathrm{j}\pi/2})$，$X(\mathrm{e}^{\mathrm{j}\pi/2})$ 就是 $X(\mathrm{e}^{\mathrm{j}\omega})$ 在 $\omega=\pi/2$ 时的值，等等。在单位圆

上以逆时针方向考察所有的 ω 值，可以看到这样的过程：从 $z=1$ 开始，以 $z=1$ 结束，它在区间 $0 \leqslant \omega < 2\pi$ 上计算 $X(\mathrm{e}^{\mathrm{j}\omega})$。另一方面，若按顺时针的方向来考虑，则必须在区间 $-2\pi \leqslant \omega < 0$ 上计算 $X(\mathrm{e}^{\mathrm{j}\omega})$。因此，可以看出，不管顺时针还是逆时针，都可以通过计算频率区间 $-\infty < \omega < \infty$ 上的所有值来计算傅里叶变换 $X(\mathrm{e}^{\mathrm{j}\omega})$，也可以看出其周期为 2π。

像离散时间傅里叶变换 DTFT 一样，式（3.4）中描述的无限长序列是有收敛条件的。对任意给定的序列 $x(n)$，使其 $X(z)$（即式（3.4））收敛的所有 z 值的集合称为 $X(z)$ 的收敛域，表示为 ROC（Region of Convergence）。按照级数理论，式（3.4）的级数收敛的必要且充分条件是满足绝对可和的条件，即要求

$$\sum_{n=-\infty}^{\infty} \left| x(n)z^{-n} \right| = \sum_{n=-\infty}^{\infty} \left| x(n)r^{-n} \right| < \infty \tag{3.6}$$

通过式（3.6）可以看出，即使序列 $x(n)$ 不是绝对可和的，通过选择适当的 r 值，也可以使序列 $x(n)r^{-n}$ 绝对可和。这意味着，只有当序列的 z 变换的收敛域包含单位圆时，序列的 DTFT 才存在。

从式（3.6）可以看出，若对于 $z=r\mathrm{e}^{\mathrm{j}\omega}$ 的取值 z 变换 $X(z)$ 都存在，则 z 平面上以 r 为半径的圆的任何一点，其 z 变换都是存在的。通常而言，序列 $x(n)$ 的 z 变换的收敛域是一个环形区域 $r^- < |z| < r^+$，其中，$0 \leqslant r^- < r^+ < \infty$，如图 3-4 所示。收敛域内的每一点的 $X(z)$ 都解析，即 $X(z)$ 及其所有导数是 z 的连续函数。在后面的章节中将看到，很多不同的序列却有着相同的 z 变换表达式。因此，确定序列 $x(n)$ 的收敛域 ROC 很重要，因此引用 z 变换时应指明它的收敛域。

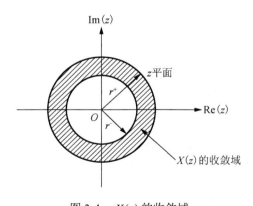

图 3-4　$X(z)$ 的收敛域

【例 3.7】求以下有限长信号的 z 变换。

(a) $x_1(n) = \left\{\underline{1}, 2, 5, 7, 0, 1\right\}$；　(b) $x_2(n) = \left\{1, 2, \underline{5}, 7, 0, 1\right\}$；　(c) $x_3(n) = \left\{\underline{0}, 0, 1, 2, 5, 7, 0, 1\right\}$；

(d) $x_4(n) = \left\{2, 4, \underline{5}, 7, 0, 1\right\}$；　(e) $x_5(n) = \delta(n)$；　(f) $x_6(n) = \delta(n-k)$，$k > 0$；

(g) $x_7(n) = \delta(n+k)$，$k > 0$。

解：由定义得

(a) $X_1(z) = 1 + 2z^{-1} + 5z^{-2} + 7z^{-3} + z^{-5}$，收敛域为除 $z = 0$ 以外的整个 z 平面。

(b) $X_2(z) = z^2 + 2z + 5 + 7z^{-1} + z^{-3}$，收敛域为除 $z = 0$ 和 $z = \infty$ 以外的整个 z 平面。

(c) $X_3(z) = z^{-2} + 2z^{-3} + 5z^{-4} + 7z^{-5} + z^{-7}$，收敛域为除 $z = 0$ 以外的整个 z 平面。

(d) $X_4(z) = 2z^2 + 4z + 5 + 7z^{-1} + z^{-3}$，收敛域为除 $z = 0$ 和 $z = \infty$ 以外的整个 z 平面。

(e) $X_5(z) = 1$，即 $[\delta(n) \overset{z}{\longleftrightarrow} 1]$，收敛域为整个 z 平面。

(f) $X_6(z) = z^{-k}$，即 $\delta(n-k) \overset{z}{\longleftrightarrow} z^{-k}, k > 0$，收敛域为除 $z = 0$ 以外的整个 z 平面。

(g) $X_7(z) = z^k$，即 $\delta(n+k) \overset{z}{\longleftrightarrow} z^k, k > 0$，收敛域为除 $z = \infty$ 以外的整个 z 平面。

从这些例子可知，有限长信号的收敛域是整个 z 平面，但是点 $z = 0$ 和/或 $z = \infty$ 也许除外。这些点被排除，因为当 $z = \infty$ 时，$z^k(k>0)$ 将无界，而当 $z = 0$ 时，$z^{-k}(k>0)$ 将无界。

从数学角度来看，z 变换只是信号的一种替代表示，例 3.6 很好地说明了这一点。在例 3.6 中可看到，对于一个给定的变换，z^{-n} 的系数是信号在时间 n 的值。换言之，z 的指数包含了需要用来确认信号样本的时间信息。

许多情形下，都能以一种闭合形式将 z 变换表示为有限或无限序列的和。此时，z 变换是信号的一种紧凑表示。

【例 3.8】求信号 $x(n) = \left(\frac{1}{2}\right)^n u(n)$ 的 z 变换。

解：信号 $x(n)$ 是由无限个非零值组成的。

$$x(n) = \left\{1, \left(\frac{1}{2}\right), \left(\frac{1}{2}\right)^2, \left(\frac{1}{2}\right)^3, \cdots, \left(\frac{1}{2}\right)^n \cdots\right\}$$

信号 $x(n)$ 的 z 变换是以下无限幂级数：

$$x(z) = 1 + \frac{1}{2}z^{-1} + \left(\frac{1}{2}\right)^2 z^{-2} + \left(\frac{1}{2}\right)^n z^{-n} + \cdots = \sum_{n=\infty}^{\infty}\left(\frac{1}{2}\right)^n z^{-n} = \sum_{n=\infty}^{\infty}\left(\frac{1}{2}z^{-1}\right)^n$$

这是一个无限几何级数，回忆可知

$$1 + A + A^2 + A^3 + \cdots = \frac{1}{1-A}, |A| < 1$$

因此对于 $\left|\frac{1}{2}z^{-1}\right| < 1$（等价于 $|z| > \frac{1}{2}$），$x(z)$ 收敛于

$$x(z) = \frac{1}{1 - \frac{1}{2}z^{-1}}，收敛域为 |z| > \frac{1}{2}$$

此时可看到，z 变换提供了信号 $x(n)$ 的一个替代的紧凑表示。

【例 3.9】求指数序列 $x(n) = a^n u(n)$ 的 z 变换及其收敛域，由计算结果求单位阶跃序列的 z 变换及其收敛域，并讨论指数序列和单位阶跃信号的 DTFT 是否存在。

解：指数序列是一个右边序列，且是因果序列，由式（3.4）得到指数序列的 z 变换为

$$X(z) = \sum_{n=-\infty}^{\infty} x(n)z^{-n} = \sum_{n=-\infty}^{\infty} a^n u(n)z^{-n} = \sum_{n=0}^{\infty} a^n z^{-n}$$

$$= \sum_{n=0}^{\infty} (az^{-1})^n = \frac{1}{1-az^{-1}}, |az^{-1}| < 1 \tag{3.7}$$

这是一个无穷项的等比级数求和，只有在 $|az^{-1}| < 1$ 收敛，即收敛域为 $|z| > |a|$，它是半径

为 $|a|$ 的圆的外部区域，如图 3-5 所示。当 $|a|<1$ 时，收敛域包含单位圆，因此 DTFT 存在；当 $|a|<1$ 时，收敛域不包含单位圆，因此 DTFT 不存在。

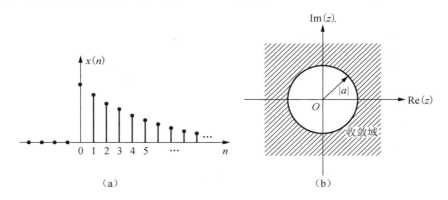

图 3-5　指数信号及其 z 变换的收敛域

（a）指数信号 $x(n)=a^n u(n)$ ；（b）其 z 变换的收敛域

由于 $\dfrac{1}{1-az^{-1}}=\dfrac{z}{z-a}$ ，故在 $z=a$ 处为极点，收敛域为极点所在圆 $|z|=|a|$ 的外部。

设 $a=1$ ，可得单位阶跃序列 $x(n)=u(n)$ 的 z 变换及收敛域

$$X(z)=\frac{1}{1-z^{-1}},\ |z|>1 \tag{3.8}$$

收敛域为 $|z|>1$ ，即单位圆的外部区域，不包含单位圆，所以 DTFT 不存在。

一般来说，右边序列的 z 变换的收敛域一定在模值最大的有限极点所在圆之外，但 $|z|=\infty$ 处是否收敛则需视序列存在的范围另外加以讨论。由于此例中，序列又是因果序列，所以 $z=\infty$ 处也属于收敛域。收敛域包含 ∞ 是因果序列的重要特性。

【例 3.10】求序列 $x(n)=-a^n u(-n-1)$ 的 z 变换及其收敛域，讨论与例 3.8 的结果之间的关系

解：这是一个左边序列，其 z 变换为

$$X(z)=\sum_{n=-\infty}^{\infty} x(n)z^{-n}=\sum_{n=-\infty}^{\infty}-a^n u(-n-1)z^{-n}$$
$$=\sum_{n=-1}^{-\infty}-a^n z^{-n}=\sum_{n=1}^{\infty}-a^{-n}z^n=\frac{-a^{-1}z}{1-a^{-1}z}=\frac{1}{1-az^{-1}},\ |z|<|a| \tag{3.9}$$

只有在 $|a^{-1}z|<1$ 收敛，即收敛域为 $|z|<|a|$ ，它是半径为 $|a|$ 的圆的内部区域，如图 3-6 所示。当 $|a|<1$ 时，收敛域不包含单位圆，因此 DTFT 不存在；当 $|a|>1$ 时，收敛域包含单位圆，因此 DTFT 存在。

对于式（3.7）和式（3.9）可以看出，两个序列的 z 变换有相同的数学表达式，但收敛域不同。因此，必须把 z 变换的数学表达式与收敛域结合起来，才能唯一地确定序列与 z 变换的映射关系。

一般来说，左边序列的 z 变换的收敛域一定在模值最小的有限极点所在圆之内，但 $z=0$ 是否收敛，则要视序列存在的范围另加讨论。此例中的序列全在 $n<0$ 时有值，故 $|z|=0$ 也收敛。

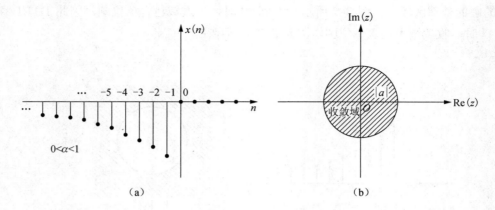

图 3-6　指数信号及其变换的收敛域

（a）指数信号 $x(n) = -a^n u(-n-1)$ ；（b）其 z 变换的收敛域

【例 3.11】求以下双边序列的 z 变换及其收敛域。

$$x(n) = \begin{cases} a^n, & n \geq 0 \\ -b^n, & n \leq -1 \end{cases}$$

解：其 z 变换为

$$X(z) = \sum_{n=-\infty}^{\infty} x(n) z^{-n} = \sum_{n=0}^{\infty} a^n z^{-n} - \sum_{n=-\infty}^{-1} b^n z^{-n}$$

$$= \frac{1}{1-a^{-1}z} + \frac{1}{1-b^{-1}z} = \frac{z}{z-a} + \frac{z}{z-b}$$

$$= \frac{z(2z-a-b)}{(z-a)(z-b)}, |a| < |z| < |b|$$

由例 3.8 和例 3.9 的求解法，可得此例的结果。这里的 $X(z)$ 只有在 $|a| < |b|$ 时才有公共收敛域，收敛域为 $|a| < |z| < |b|$，如图 3-7 所示。

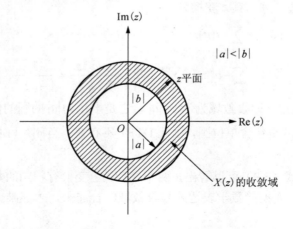

图 3-7　例 3.10 中序列的 z 变换的收敛域

一般来说，双边序列的 z 变换的收敛域是一个环状区域的内部（不包括两个圆周），此环状区域的内边界取为此序列中 $n \geq 0$ 的序列的模值最大的有限极点所在的圆，而环状区域的外边界取为此序列中 $n<0$ 的序列的模值最小的有限极点所在的圆。

3.3.2　z 逆变换

已知序列 $x(n)$ 的 z 变换 $X(z)$ 及 $X(z)$ 的收敛域，求出原序列 $x(n)$，就叫做求 z 逆变换，表达式为 $x(n)=\text{IZT}[X(z)]$。对比 z 变换的定义式 $X(z)=\sum\limits_{n=-\infty}^{\infty}x(n)z^{-n}$ 可看出，z 反变换实质上是求 $X(z)$ 的幂级数展开式系数。

实际应用中，根据具体问题特点，求 z 反变换比较常见的方法有 3 种：幂级数法（长除法）、部分分式分解法、留数法（应用留数定理）。下面主要介绍，最常用的部分分式分解法求解其 z 逆变换。

设 z 变换具有有理分式形式 $X(z)=P(z^{-1})/Q(z^{-1})$，且仅有一阶极点。对变量 z^{-1} 来讲分子是 M 阶，分母是 N 阶。$X(z)$ 至少有 N 个极点，$p_{i,i=1,2,\cdots,N}$ 分母可写为

$$Q(z^{-1})=(1-p_1z^{-1})(1-p_2z^{-1})\cdots(1-p_Nz^{-1})$$

部分分式分解法的关键是将 $X(z)$ 展成部分分式的形式，然后可以查表求出每一个部分分式的 z 反变换，将各个反变换相加起来，就得到所求的 $x(n)$。形如 $1/(1-az^{-1})$ 的部分分式可能对应于因果序列 $a^nu(n)$ 或逆因果序列 $-a^nu(-n-1)$。根据有理分式 $X(z)$ 分子、分母的阶次，展开成部分分式方法如下所示。

1. 相异极点

（1）设 $M<N$，即 $X(z)$ 为一个真分式，即

$$\begin{aligned}X(z)&=P(z^{-1})/Q(z^{-1})=P(z^{-1})/(1-p_1z^{-1})(1-p_2z^{-1})\cdots(1-p_Nz^{-1})\\&=\frac{A_1}{1-p_1z^{-1}}+\frac{A_2}{1-p_2z^{-1}}+\cdots+\frac{A_N}{1-p_Nz^{-1}}\end{aligned} \tag{3.10}$$

其中，系数

$$A_i=[(1-p_iz^{-1})X(z)]|_{z=p_i}, \quad i=1,2,\cdots,N \tag{3.11}$$

只要在 $X(z)$ 中去掉 $(1-p_iz^{-1})$ 因子，代入 $z=p_i$ 即可计算出 A_i。

（2）设 $M=N$，则

$$X(z)=P(z^{-1})/Q(z^{-1})=A_0+\frac{A_1}{1-p_1z^{-1}}+\frac{A_2}{1-p_2z^{-1}}+\cdots+\frac{A_N}{1-p_Nz^{-1}}$$

其中，系数

$$A_0=X(z)|_{z=0} \tag{3.12}$$

$A_i(i=1,2,\cdots,N)$ 与（1）中一样，由式（3.11）求出。

（3）设 $M>N$，则

$$\begin{aligned}X(z)&=P(z^{-1})/Q(z^{-1})=\sum_{n=0}^{M-N}B_nz^{-n}+P'(z^{-1})/Q(z^{-1})\\&=\sum_{n=0}^{M-N}B_nz^{-n}+\frac{A_1}{1-p_1z^{-1}}+\frac{A_2}{1-p_2z^{-1}}+\cdots+\frac{A_N}{1-p_Nz^{-1}}\end{aligned}$$

可分成两步求：第一求和项，用长除法可求出各个系数 B_n，写出其 z 反变换。第二项

$P'(z^{-1})/Q(z^{-1})$ 写成部分分式，其系数的求法和（1）中完全一样。

完成部分分式分解后，可针对 ROC 求出各部分的 z 反变换，最后将所有结果加起来就是所求的 z 反变换。

【例 3.12】已知 $H(z)=\dfrac{z^{-1}}{1+z^{-1}-6z^{-2}}$，$2<|z|<3$，求 z 反变换 $x(n)$。

解：$X(z)=\dfrac{5z^{-1}}{1+z^{-1}-6z^{-2}}=\dfrac{5z^{-1}}{(1+3z^{-1})(1-2z^{-1})}=\dfrac{A_1}{1+3z^{-1}}+\dfrac{A_2}{1-2z^{-1}}$

$$A_1=[(1+3z^{-1})X(z)]\Big|_{z=-3}=\dfrac{5z^{-1}}{1-2z^{-1}}\Big|_{z=-3}=-1$$

$$A_2=[(1-2z^{-1})X(z)]\Big|_{z=-3}=\dfrac{5z^{-1}}{1+3z^{-1}}\Big|_{z=2}=1$$

$$X(z)=\dfrac{1}{1-2z^{-1}}+\dfrac{-1}{1+3z^{-1}}$$

因为 $2<|z|<3$，

$$\text{ZT}[a^n u(n)]=\dfrac{1}{1-az^{-1}}，收敛域：|z|>|a|$$

$$\text{ZT}[a^n u(-n-1)]=\dfrac{-1}{1-az^{-1}}，收敛域：|z|<|a|$$

所以

$$x(n)=2^n u(n)+(-3)^n u(-n-1)$$

2. 多重极点

如果 $X(z)$ 具有一个 m（$m\geqslant2$）重极点，即在式子的分母中含有因式 $(1-p_iz^{-1})^m$，该部分分式展开式必须包含以下项：

$$\dfrac{A_{1i}}{1-p_iz^{-1}}+\dfrac{A_{2i}}{(1-p_iz^{-1})^2}+\cdots+\dfrac{A_{mi}}{(1-p_iz^{-1})^m}$$

其中，系数 $\{A_{ki}\}$ 可通过微分运算得到。

【例 3.13】求下式的部分分式展开式：

$$X(z)=\dfrac{1}{(1+z^{-1})(1-z^{-1})^2}$$

解：因为 $X(z)$ 有一个单极点 $p_1=-1$，双重极点 $p_2=p_3=1$，所以部分分式展开为

$$X(z)=\dfrac{A_1}{(1+z^{-1})}+\dfrac{A_2}{1-z^{-1}}+\dfrac{A_3}{(1-z^{-1})^2} \tag{3.13}$$

先求

$$A_1=[(1+z^{-1})X(z)]\Big|_{z=-1}=\dfrac{1}{(1-z^{-1})^2}\Big|_{z=-1}=1/4$$

在式（3.13）两边乘上 $(1-z^{-1})^2$，得到

$$(1-z^{-1})^2 X(z) = \frac{(1-z^{-1})^2 A_1}{1+z^{-1}} + A_2(1-z^{-1}) + A_3 \qquad (3.14)$$

可以发现，当 $z=1$ 时，式（3.14）等式右边的值就是 A_3，从而

$$A_3 = \left[(1-z^{-1})^2 X(z)\right]\Big|_{z=1} = \frac{1}{(1+z^{-1})}\Big|_{z=1} = 1/2$$

剩下的系数 A_2 可通过式（3.14）两边对 z 求微分，然后计算 $z=1$ 时的值来求得。注意，对式（3.14）右边的微分不必非得按照形式进行，因为当 $z=1$ 时，除 A_2 外的所有项都是零，从而

$$A_2 = \frac{\mathrm{d}}{\mathrm{d}z}\left[(1-z^{-1})^2 X(z)\right]\Big|_{z=1} = \frac{4}{3}$$

综上所述，所求的部分分式展开式为

$$X(z) = \frac{1/4}{(1+z^{-1})} + \frac{3/4}{1-z^{-1}} + \frac{1/2}{(1-z^{-1})^2}$$

3.3.3　z 变换的性质

1. 线性性质

若 $X_1(n) \xleftrightarrow{z} X_1(z)$，$X_2(n) \xleftrightarrow{z} X_2(z)$

则

$$ax_1(n) + bx_2(n) \xleftrightarrow{z} aX_1(z) + bX_2(z) \qquad (3.15)$$

该线性性质容易向任意多个信号推广。基本上，这意味着信号的线性组合的 z 变换与 z 变换的线性组合是相同的。因此，线性性质有助于用各个已知 z 变换的信号之和来表达一个信号的 z 变换。

【例 3.14】求以下信号的 z 变换及其收敛域。

$$x(n) = \left[3(2^n) - 4(3^n)\right]u(n)$$

解：如果定义信号 $x_1(n)=2^n u(n)$ 和 $x_2(n)=3^n u(n)$，那么 $x(n)$ 可写成 $x(n)=3x_1(n)-4x_2(n)$，所以它的 z 变换是 $x(z)=3x_1(z)-4x_2(z)$。因为

$$a^n u(n) \xleftrightarrow{z} \frac{1}{1-az^{-1}}, \quad \text{收敛域：} |z| > |a|$$

$$x_1(n) = 2^n u(n) \xleftrightarrow{z} \frac{1}{1-2z^{-1}}, \quad \text{收敛域：} |z| > |2|$$

$$x_2(n) = 3^n u(n) \xleftrightarrow{z} \frac{1}{1-3z^{-1}}, \quad \text{收敛域：} |z| > 3$$

$x_1(z)$ 和 $x_2(z)$ 的收敛域的交集是 $|z| > 3$。因此整体的变换 $X(z)$ 是

$$X(z) = \frac{3}{1-2z^{-1}} - \frac{4}{1-3z^{-1}}, \quad \text{收敛域：} |z| > 3$$

【例 3.15】求以下信号的 z 变换：$x(n) = \cos(\omega_0 n)u(n)$。

解：使用欧拉恒等式，信号 $x(n)$ 可表示为

$$x(n) = \cos(\omega_0 n)u(n) = \frac{1}{2}\mathrm{e}^{j\omega_0 n}u(n) + \frac{1}{2}\mathrm{e}^{-j\omega_0 n}u(n)$$

$$X(z) = \frac{1}{2}z\left[\mathrm{e}^{j\omega_0 n}u(n)\right] + \frac{1}{2}z\left[\mathrm{e}^{-j\omega_0 n}u(n)\right]$$

设 $\alpha = \mathrm{e}^{\pm \mathrm{j}\omega_0}$ $\left(|a|=\left|\mathrm{e}^{\pm \mathrm{j}\omega_0}\right|=1\right)$，那么可得

$$\mathrm{e}^{\mathrm{j}\omega_0 n}u(n) = \xleftrightarrow{z} \frac{1}{1-\mathrm{e}^{\mathrm{j}\omega_0}z^{-1}} ，\quad 收敛域：\ |z|>1$$

$$\mathrm{e}^{-\mathrm{j}\omega_0 n}u(n) = \xleftrightarrow{z} \frac{1}{1-\mathrm{e}^{-\mathrm{j}\omega_0}z^{-1}} ，\quad 收敛域：\ |z|>1$$

$$x(z)=\frac{1}{2}\frac{1}{1-\mathrm{e}^{-\mathrm{j}\omega_0}z^{-1}}+\frac{1}{2}\frac{1}{1-\mathrm{e}^{-\mathrm{j}\omega_0}z^{-1}} ，\quad 收敛域：\ |z|>1$$

所以，整理得

$$\cos(\omega_0 n)u(n) \xleftrightarrow{z} \frac{1-z^{-1}\cos\omega_0}{1-2z^{-1}\cos\omega_0+z^{-2}} ，\quad 收敛域：\ |z|>1$$

2. 序列的移位（时域延时）

若 $\qquad x(n)\xleftrightarrow{z}X(z)$ ，则 $x(n-m)\xleftrightarrow{z}z^{-m}X(z)$ \hfill （3.16）

其中，m 为任意整数，m 为正，则为延迟；m 为负，则为超前。

$z^{-m}X(z)$ 收敛域与 $X(z)$ 的收敛域是一样的，当 $m>0$ 时 $z=0$ 和 $m<0$ 时 $z=\infty$ 这两种情况除外。

线性和时移性质是使 z 变换在离散时间 LSI 系统的分析中特别有用的关键特征。

【例 3.16】 求以下信号的 z 变换：

$$x(n)=\begin{cases}1, & 0\leqslant n\leqslant N-1 \\ 0, & 其他\end{cases}$$

解：
$$x(n)=u(n)-u(n-N)$$
$$X(z)=z\big[u(n)\big]-z\big[u(n-N)\big]=(1-z^{-N})z\big[u(n)\big]$$
$$z\big[u(n)\big]=\frac{1}{1-z^{-1}} ，\quad 收敛域：\ |z|>1$$
$$X(z)=\begin{cases}N, & z=1 \\ \dfrac{1-z^{-N}}{1-z^{-1}}, & z\neq 1\end{cases}$$

因为 $x(n)$ 是有限长序列，所以它的收敛域是整个 z 平面，但 $z=0$ 除外。

如果若干个信号的线性组合具有有限时长，那么其 z 变换的收敛域是由信号的有限长本质唯一决定的，而不是由各个变换的收敛域决定的。

3. z 域尺度变换（乘以指数序列）

如果 $x(n)\xleftrightarrow{z}X(z)$，收敛域为 $r_1<|z|<r_2$，那么对于任意常数 a，无论是实数或复数，都有

$$a^n x(n)\xleftrightarrow{z}X(z/a) ，\quad 收敛域：\ |a|r_1<|z|<|a|r_2$$ \hfill （3.17）

为了更好地理解尺度变换的意义和含义，将 a 和 z 表示成极坐标的形式 $a=r_0\mathrm{e}^{\mathrm{j}\omega_0}$，$z=r\mathrm{e}^{\mathrm{j}\omega}$，并且引入一个新的复变量 $\omega=a^{-1}z$。从而 $z\big[x(n)\big]=X(z)$ 和 $z\big[a^n x(n)\big]=X(\omega)$。容易看到 $\omega=a^{-1}z=(r/r_0)\mathrm{e}^{\mathrm{j}(\omega-\omega_0)}$。变量的这一变换导致 z 平面的收缩（当 $r_0<1$ 时）或扩展（当 $r_0<1$

时），同时伴随 z 平面的旋转（当 $\omega_0 \neq 2k\pi$ 时，见图 3-8）。这就解释了为什么当 $|a| < 1$ 时，新变换的收敛域有变化。$|a| = 1$ 的情况，即 $a = r_0 \mathrm{e}^{j\omega_0}$ 时，它只与 z 平面的旋转相对应。

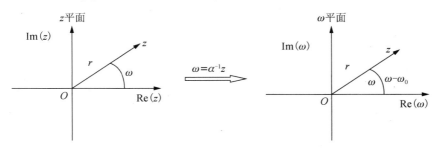

图 3-8　通过 $\omega = a^{-1}z$，$a = r_0 \mathrm{e}^{j\omega_0}$ 将 z 平面映射到 ω 平面

4．z 域求导（序列线性加权）

若 $x(n) \overset{z}{\longleftrightarrow} X(z)$，则

$$nx(n) \overset{z}{\longleftrightarrow} -z\frac{\mathrm{d}}{\mathrm{d}z}X(z) \tag{3.18}$$

注意：两边的变换具有相同的收敛域。

【例 3.17】求以下信号的 z 变换：

$$x(n) = na^n u(n)$$

解：信号 $x(n)$ 可表示为 $nx_1(n)$，其中 $x_1(n) = a^n u(n)$。

$$x_1(n) = a^n u(n) \overset{z}{\longleftrightarrow} X_1(z) = \frac{1}{1 - az^{-1}}，\quad 收敛域：|z| > |a|$$

$$na^n u(n) \overset{z}{\longleftrightarrow} x(z) = -z\frac{\mathrm{d}X_1(z)}{\mathrm{d}z} = \frac{az^{-1}}{(1 - az^{-1})^2}，\quad 收敛域：|z| > |a|$$

5．时间翻褶

若

$$x(n) \overset{z}{\longleftrightarrow} X(z)，\quad 收敛域：r_1 < |z| < r_2$$

则

$$x(-n) \overset{z}{\longleftrightarrow} X\left(\frac{1}{z}\right)，\quad 收敛域：\frac{1}{r_2} < |z| < \frac{1}{r_1} \tag{3.19}$$

注意：$x(n)$ 的收敛域是 $x(-n)$ 的收敛域的倒数。这意味着，如果 z_0 位于 $x(n)$ 的收敛域内，则 $1/z_0$ 位于 $x(-n)$ 的收敛域内。

【例 3.18】求以下信号的 z 变换：

$$x(n) = u(-n)$$

$$u(n) \overset{z}{\longleftrightarrow} \frac{1}{1 - z^{-1}}，\quad 收敛域：|z| > 1$$

$$u(-n) \xleftrightarrow{z} \frac{1}{1-\left(\frac{1}{z}\right)^{-1}} = \frac{1}{1-z}, \quad \text{收敛域:} |z|<1$$

6. 序列的卷积和（时域卷积和定理）

若 $x_1(n) \xleftrightarrow{z} X_1(z)$，$x_2(n) \xleftrightarrow{z} X_2(z)$，则

$$x_1(n) * x_2(n) \xleftrightarrow{z} X_1(z)X_2(z) \tag{3.20}$$

$X(z)$ 的收敛域至少是 $X_1(z)$ 的收敛域和 $X_2(z)$ 的收敛域的交集。

【例 3.19】计算 $x_1(n)=\{1,-2,1\}$ 和 $x_2(n)=R_6(n)$ 的卷积和。

解：
$$X_1(z) = 1 - 2z^{-1} + z^{-2}$$
$$X_2(z) = 1 + z^{-1} + z^{-2} + z^{-3} + z^{-4} + z^{-5}$$
$$X(z) = X_1(z)X_2(z) = 1 - z^{-1} - z^{-6} + z^{-7}$$

由于 z 变换 $X(z)$ 中 z^{-1} 幂次的系数组成的序列就是 z 反变换，可得 $x(n)=\{1,-1,0,0,0,0,-1,1\}$

卷积性质是 z 变换最有力的性质之一，因为它将时域上两个信号的卷积变成它们 z 变换的乘积，这比直接求卷积的和在计算上更容易。使用 z 变换计算两个信号的卷积的步骤如下：

（1）计算相关信号的 z 变换：
$$X_1(z) = z[x_1(z)], \quad X_2(z) = z[x_2(z)] —（时域 \longrightarrow z 域）$$

（2）将两个 z 变换相乘：
$$X(z) = x_1(z)x_2(z) —（z 域）$$

（3）求 $X(z)$ 的 z 反变换：
$$x(n) = z^{-1}[X(z)] —（z 域 \longrightarrow 时域）$$

为了方便查阅，本节中讲述的 z 变换的性质总结于表 3-2 中。表 3-3 给出了一些常用的 z 变换对。

表 3-2 z 变换的性质

性质	时域	z 域	收敛域
记号	$x(n)$ $x_1(n)$ $x_2(n)$	$X(z)$ $X_1(z)$ $X_2(z)$	收敛域 $r_2 < |z| < r_1$ 收敛域 1 收敛域 2
线性	$ax_1(n) + bx_2(n)$	$aX_1(z) + bX_2(z)$	收敛域 1 与收敛域 2 的交集
时移	$x(n-m)$	$z^{-m}X(z)$	
z 域尺度变换	$a^n x(n)$	$X(z/a)$	
时间翻褶	$x(-n)$	$X(1/z)$	
共轭	$x^*(n)$	$X^*(z^*)$	
实部	$\text{Re}[x(n)]$	$1/2[X(z) + X^*(z^*)]$	
虚部	$\text{Im}[x(n)]$	$1/2[X(z) - X^*(z^*)]$	

续表

性质	时域	z 域	收敛域
z 域求导	$nx(n)$	$-z\dfrac{\mathrm{d}}{\mathrm{d}z}X(z)$	$r_2 < \lvert z \rvert < r_1$
时域卷积和	$x_1(n)*x_2(n)$	$X_1(z)X_2(z)$	
初值定理	若 $x(n)$ 是因果序列	$x(0)=\lim\limits_{z\to\infty}X(z)$	
相乘	$x_1(n)x_2(n)$	$\dfrac{1}{2\pi \mathrm{j}}\oint_c X_1\left(\dfrac{z}{v}\right)X_2(v)\left(\dfrac{z}{v}\right)v^{-1}\mathrm{d}v$	至少为 $r_{1l}r_{2l} < \lvert z \rvert < r_{1u}r_{2u}$

表 3-3　一些常用 z 变换对

序号	信号 $x(n)$	z 变换 $X(z)$	收敛域
1	$\delta(n)$	1	所有 z
2	$u(n)$	$\dfrac{1}{1-z^{-1}}$	$\lvert z \rvert > 1$
3	$a^n u(n)$	$\dfrac{1}{1-az^{-1}}$	$\lvert z \rvert > \lvert a \rvert$
4	$na^n u(n)$	$\dfrac{az^{-1}}{(1-az^{-1})^2}$	$\lvert z \rvert > \lvert a \rvert$
5	$-a^n u(-n-1)$	$\dfrac{1}{1-az^{-1}}$	$\lvert z \rvert < \lvert a \rvert$
6	$-na^n u(-n-1)$	$\dfrac{az^{-1}}{(1-az^{-1})^2}$	$\lvert z \rvert < \lvert a \rvert$
7	$\cos(\omega_0 n)u(n)$	$\dfrac{1-z^{-1}\cos\omega_0}{1-2z^{-1}\cos\omega_0+z^{-2}}$	$\lvert z \rvert > 1$
8	$\sin(\omega_0 n)u(n)$	$\dfrac{z^{-1}\sin\omega_0}{1-2z^{-1}\cos\omega_0+z^{-2}}$	$\lvert z \rvert > 1$
9	$(a^n\cos\omega_0 n)u(n)$	$\dfrac{1-az^{-1}\cos\omega_0}{1-2az^{-1}\cos\omega_0+a^2z^{-2}}$	$\lvert z \rvert > \lvert a \rvert$
10	$(a^n\sin\omega_0 n)u(n)$	$\dfrac{1-az^{-1}\sin\omega_0}{1-2az^{-1}\cos\omega_0+a^2z^{-2}}$	$\lvert z \rvert > \lvert a \rvert$

3.4　离散线性移不变（LSI）系统的变换域表征

3.4.1　LSI 系统的描述

1. LSI 系统的时域描述

（1）用单位抽样响应 $h(n)$ 来表征：

$$h(n)=T[\delta(n)]$$

此时若输入为 $x(n)$，输出为 $y(n)$，则它们之间的关系为

$$y(n)=x(n)*h(n)=\sum_{m=-\infty}^{\infty}x(m)h(n-m) \tag{3.21}$$

（2）用常系数线性微差方程来表征输出与输入的关系：

$$y(n) = \sum_{m=0}^{M} b_m x(n-m) - \sum_{k=1}^{N} a_k y(n-k) \qquad (3.22)$$

其中，各系数 a_k、b_m 必须是常数，系统特性由这些常数决定。

2. 变换域中的描述变换域中的描述也有两种方法： z 域及频域。

（1）用系数函数 $H(z)$ 来表征：

$$H(z) = \text{ZT}[h(n)] = \sum_{n=-\infty}^{\infty} h(n) z^{-n} \qquad (3.23)$$

此时，在 z 域的输入与输出关系为

$$Y(z) = X(z) H(z) \qquad (3.24)$$

同时，当系统起始状态为零时，将式（3.22）的差分方程两端取 z 变换，则可用差分方程的系数来表征系统函数 $H(z)$，即

$$H(z) = \frac{Y(z)}{X(z)} = \frac{\displaystyle\sum_{m=0}^{M} b_m x(n-m)}{1 + \displaystyle\sum_{k=1}^{N} a_k y(n-k)} \qquad (3.25)$$

但是仍要注意，除了由各个 a_k、b_m 决定系统特性外，还必须给定收敛域范围，才能唯一地确定一个 LSI 系统。

（2）用频率响应 $H(\mathrm{e}^{\mathrm{j}\omega})$ 来表征。若系统函数在 z 平面单位圆上收敛，则当 $z = \mathrm{e}^{\mathrm{j}\omega}$ 时，$H(\mathrm{e}^{\mathrm{j}\omega}) = H(z)\big|_{z=\mathrm{e}^{\mathrm{j}\omega}}$ 存在。称 $H(\mathrm{e}^{\mathrm{j}\omega})$ 为系统的频率响应，它可以用 $h(n)$ 来表征，也可以用差分方程各系数 a_k、b_m 来表征。

将 $z = \mathrm{e}^{\mathrm{j}\omega}$ 代入式（3.25），并考虑式（3.23），有

$$H(\mathrm{e}^{\mathrm{j}\omega}) = \frac{Y(\mathrm{e}^{\mathrm{j}\omega})}{X(\mathrm{e}^{\mathrm{j}\omega})} = \sum_{n=-\infty}^{\infty} h(n) \mathrm{e}^{-\mathrm{j}\omega n} \qquad (3.26)$$

将 $z = \mathrm{e}^{\mathrm{j}\omega}$ 代入式（3.25），有

$$H(\mathrm{e}^{\mathrm{j}\omega}) = \frac{Y(\mathrm{e}^{\mathrm{j}\omega})}{X(\mathrm{e}^{\mathrm{j}\omega})} = \frac{\displaystyle\sum_{m=0}^{M} b_m \mathrm{e}^{-\mathrm{j}\omega n}}{1 + \displaystyle\sum_{k=1}^{N} a_k \mathrm{e}^{-\mathrm{j}\omega k}} \qquad (3.27)$$

由式（3.26）和（3.27）可看出，当起始状态为零时，LSI 系统的频率响应是由系统本身的 $h(n)$ 或由差分方程各系数 a_k、b_m 决定的，与输入、输出信号无关。

3.4.2　LSI 系统的因果、稳定条件

1. 时域条件

这个在第 2 章已经讨论过了：

（1）因果性：

$$h(n) = 0，n < 0，\quad h(n) \text{ 是因果序列} \qquad (3.28)$$

（2）稳定性：

$$\sum_{n=-\infty}^{\infty}|h(n)|<\infty \ , \quad h(n) \text{ 是绝对可和的} \tag{3.29}$$

2. z 域条件

对 $H(z)$ 来说：

（1）因果性。$H(z)$ 收敛且要满足

$$R_{h^-}<|z|\leqslant\infty$$

其中，R_{h^-} 是 $H(z)$ 的模值最大的极点所在圆的半径。由于 $h(n)$ 是因果序列，故 $H(z)$ 的收敛域为半径为 R_{h^-} 的圆的外部，并且必须包含 $z=\infty$。

（2）稳定性。$H(z)$ 的收敛域必须包含单位圆，即 $|z|=1$。这是由于 $h(n)$ 是绝对可和是为稳定性的必要且充分条件，即式（3.28），而 z 变换的收敛域由满足 $\sum_{n=-\infty}^{\infty}|h(n)z^{-n}|<\infty$ 的那些 z 值确定，如果 $H(z)$ 的收敛域包括单位圆 $|z|=1$，即满足式（3.29），则系统一定是稳定的。

（3）因果稳定性。一个 LSI 系统是因果稳定系统的充要条件是系统函数 $H(z)$ 必须在从单位圆 $|z|=1$ 到 $|z|=\infty$ 的整个 z 平面内收敛（$1\leqslant|z|\leqslant\infty$），即系统函数 $H(z)$ 的全部极点必须在 z 平面单位圆内。

3.4.3　LSI 系统的频率响应 $H(\mathrm{e}^{\mathrm{j}\omega})$ 的意义

（1）$H(\mathrm{e}^{\mathrm{j}\omega})$ 是连续的以 2π 的整数倍为周期的函数，因为 $H(\mathrm{e}^{\mathrm{j}\omega})=H(\mathrm{e}^{\mathrm{j}(\omega+2\pi)})$。在一个周期中，$\omega=0,2\pi$ 表示最低频率，$\omega=\pi$ 表示最高频率。

（2）若 LSI 系统的输入为复指数序列 $x(n)=\mathrm{e}^{\mathrm{j}\omega n}$，设系统的单位抽样响应为 $h(n)$，则系统输出为

$$y(n)=x(n)*h(n)=\sum_{m=-\infty}^{\infty}x(m)h(n-m)$$

$$=\sum_{m=-\infty}^{\infty}h(m)\mathrm{e}^{\mathrm{j}\omega(n-m)}=\mathrm{e}^{\mathrm{j}\omega n}\sum_{m=-\infty}^{\infty}h(m)\mathrm{e}^{-\mathrm{j}\omega m}$$

$$=\mathrm{e}^{\mathrm{j}\omega n}H(\mathrm{e}^{\mathrm{j}\omega})$$

输入为 $\mathrm{e}^{\mathrm{j}\omega n}$，输出也还含有 $\mathrm{e}^{\mathrm{j}\omega n}$，且它被一个复值函数 $H(\mathrm{e}^{\mathrm{j}\omega})$ 所加权。称这种输入信号为系统的特征函数，即 $\mathrm{e}^{\mathrm{j}\omega n}$ 为 LSI 系统的特征函数，把 $H(\mathrm{e}^{\mathrm{j}\omega})$ 称为特征值。

$H(\mathrm{e}^{\mathrm{j}\omega})=\sum_{n=-\infty}^{\infty}h(n)\mathrm{e}^{-\mathrm{j}\omega n}$ 是 $h(n)$ 的离散时间傅里叶变换，它描述复指数序列通过 LSI 系统后，复振幅（包括幅度与相位）的变换。

（3）若系统输入为正弦型序列，则输出为同频的正弦型序列，其幅度受频率响应幅度 $|H(\mathrm{e}^{\mathrm{j}\omega})|$ 加权，输出相位为输入相位与系统相频响应之和。即若系统输入为 $x(n)=A\cos(\omega_0 n+\phi)$，则输出为

$$y(n) = A \left| H(\mathrm{e}^{\mathrm{j}\omega_0}) \right| \cos\{\omega_0 n + \phi + \arg[H(\mathrm{e}^{\mathrm{j}\omega_0})]\}$$

【例 3.20】设一阶系统的差分方程为

$$y(n) = x(n) + ay(n-1) \ , \ |a| < 1, \quad a \ \text{为实数}$$

求该系统的频率响应。

解：将差分方程等式的两边取 z 变换，可求得

$$H(z) = \frac{Y(z)}{X(z)} = \frac{1}{1 - az^{-1}}, |z| > |a|$$

这是一个因果系统，可求出单位抽样响应为

$$h(n) = a^n u(n)$$

该系统的频率响应为

$$H(\mathrm{e}^{\mathrm{j}\omega}) = \frac{1}{1 - a\mathrm{e}^{-\mathrm{j}\omega}} = \frac{1}{(1 - a\cos\omega) + \mathrm{j}a\sin\omega}$$

幅频响应为

$$\left| H(\mathrm{e}^{\mathrm{j}\omega}) \right| = (1 + a^2 - 2a\cos\omega)^{-1/2}$$

相频响应为

$$\arg[H(\mathrm{e}^{\mathrm{j}\omega})] = -\arctan\frac{a\sin\omega}{1 - a\cos\omega}$$

$h(n)$、$\left| H(\mathrm{e}^{\mathrm{j}\omega}) \right|$、$\arg[H(\mathrm{e}^{\mathrm{j}\omega})]$ 及系统结构图画在图 3-9 中。若要系统稳定，则要要求极点在单位圆内，即要求实数 a 满足 $|a| < 1$。

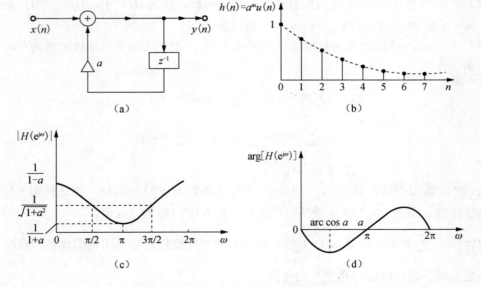

图 3-9　一阶 IIR 系统的结构与特性

由 $h(n)$ 可以看出，此系统的单位抽样响应是无限长序列，所以是无限长单位抽样响应（IIR）系统。

【例 3.21】设 LSI 系统的差分方程为

$$y(n) = x(n) + ax(n-1) + a^2 x(n-2) + \cdots + a^{M-1} x(n-M+1)$$
$$= \sum_{k=0}^{M-1} a^k x(n-k)$$

这是 $M-1$ 个单元延时及 M 个抽头加权后所组成的电路，常称之为横向滤波器。求其频率响应。

解：令 $x(n) = \delta(n)$，系统只延迟 $(M-1)$ 位就不存在了，故单位抽样响应 $h(n)$ 只有 M 个值，即 $h(n) = a^n, 0 \leqslant n \leqslant M-1$。

将差分方程等式两边取 z 变换，可得系统函数为

$$H(z) = \sum_{k=0}^{M-1} a^k z^{-k} = \frac{1 - a^M z^{-M}}{1 - az^{-1}} = \frac{z^M - a^M}{z^{M-1}(z-a)}, |z| > 0$$

$H(z)$ 的零点满足

$$z^M - a^M = 0$$

即 $z_i = a\mathrm{e}^{\mathrm{j}\frac{2\pi i}{M}}, i = 0, 1, \cdots, M-1$。

如果 a 为正实数，这些零点等间隔分布在 $|z| = a$ 的圆周上，其第一个零点为 $z_0 = a(i = 0)$，它正好和单极点 $z_p = a$ 相抵消，所以整个函数有 $(M-1)$ 个零点 $z_i = a\mathrm{e}^{\mathrm{j}\frac{2\pi i}{M}}, i = 1, \cdots, M-1$，而在 $z = 0$ 处有 $(M-1)$ 阶极点。

该系统的频率响应为

$$H(\mathrm{e}^{\mathrm{j}\omega}) = \frac{\mathrm{e}^{\mathrm{j}M\omega} - a^M}{\mathrm{e}^{\mathrm{j}(M-1)\omega}(\mathrm{e}^{\mathrm{j}\omega} - a)}$$

图 3-10 给出了 $M=6$ 及 $0 < a < 1$ 条件下的系统结构图、单位抽样响应及频率响应。频率响应在 $\omega = 0$ 处为峰值，而在 $H(z)$ 的零点附近的频率处，频率响应的幅度为凹谷。从 $h(n)$ 可以看出，此系统的单位抽样响应是有限长序列，所以是有限长单位抽样响应（FIR）系统。

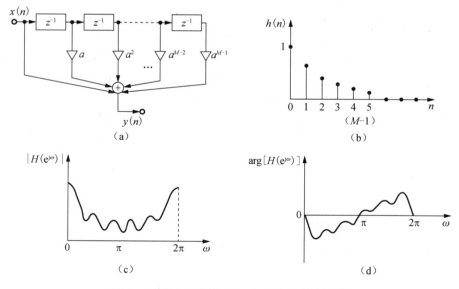

图 3-10　横向滤波器（FIR）系统的结构特性

（a）系统结构图；（b）单位抽样响应；（c）幅频响应；（d）相频响应

3.5　人物介绍：傅里叶与傅里叶分析

傅里叶分析是信号处理中最基本、也是最核心的内容之一。这种分析方法得名于数学家让·巴普蒂斯·约瑟夫·傅里叶（Jean Baptiste Joseph Fourier）。傅里叶分析不仅应用于信号处理领域，作为数学分析的一个重要分支，傅里叶分析还在很多工程领域有非常广泛的应用。

让·巴普蒂斯·约瑟夫·傅里叶（1768—1830），法国著名数学家、物理学家。生于法国中部欧塞尔（Auxerre）一个裁缝家庭，8 岁时沦为孤儿，就读于地方军校，1795 年任巴黎综合工科大学助教，1798 年随拿破仑军队远征埃及，受到拿破仑器重，回国后被任命为格伦诺布尔省省长。

图 3-11　Jean Baptiste Joseph Fourier（1768—1830）

傅里叶在研究热传导问题时提出傅里叶分析的基本思想：任何一个周期信号都可以分解为正弦和余弦之和。1807 年，他写成论文《热的传播》投寄到法国科学院巴黎学会期刊，但经拉格朗日、拉普拉斯和勒让德审阅后被科学院拒绝，理由是没有对不连续信号的问题做出严格的数学证明。傅里叶在论文中推导出著名的热传导方程，并在求解该方程时发现解函数可以由三角函数构成的级数形式表示，从而提出任一函数都可以展成三角函数的无穷级数。傅里叶级数（即三角级数）、傅里叶分析等理论均由此创始。

傅里叶由于对传热理论的贡献于 1817 年当选为巴黎科学院院士。

1822 年，傅里叶终于出版了专著《热的解析理论》（*Theorieanalytique de la Chaleur*，*Didot*，*Paris*，1822）。这部经典著作将欧拉、伯努利等人在一些特殊情形下应用的三角级数方法发展成内容丰富的一般理论，三角级数后来就以傅里叶的名字命名。傅里叶应用三角级数求解热传导方程，为了处理无穷区域的热传导问题又导出了当前所称的"傅里叶积分"，这一切都极大地推动了偏微分方程边值问题的研究。然而傅里叶的工作意义远不止此，它迫使人们对函数概念做修正、推广，特别是引起了对不连续函数的探讨；三角级数收敛性问题更刺激了集合论的诞生。因此，《热的解析理论》影响了整个 19 世纪分析严格化的进程。傅里叶 1822 年成为科学院终身秘书。

习　　题

3.1　计算以下序列 $x(n)$ 的离散时间傅里叶变换：

（1）$x_1(n) = u(n) - u(n-6)$；（2）$x_2(n) = R_9(n+4)$；（3）$x_3(n) = \{-2, -1, \underset{\cdot}{0}, 1, 2\}$；

（4）$x_4(n)=4\delta(n-3)+0.5\delta(n)+4\delta(n+3)$；（5）$x_5(n)=(1/4)^n u(n+4)$；

（6）$x_6(n)=a^n u(n-3),|a|<1$；（7）$x_7(n)=\mathrm{e}^{-an}u(n)$。

3.2　设系统的单位脉冲响应 $h(n)=a^n u(n),0<a<1$，输入序列为 $x(n)=2\delta(n-2)+\delta(n)$，完成下面各题：

（1）求出系统输出序列 $y(n)$；

（2）分别求出 $x(n)$、$h(n)$ 和 $y(n)$ 的傅里叶变换。

3.3　设 $X(\mathrm{e}^{j\omega})$ 是序列 $x(n)=\{-1,-2,\underset{-}{-3},2,-1\}$ 的傅里叶变换，不必求出 $X(\mathrm{e}^{j\omega})$，试完成以下计算：

（1）$X(\mathrm{e}^{j0})$；（2）$\int_{-\pi}^{\pi}X(\mathrm{e}^{j\omega})\mathrm{d}\omega$；（3）$\int_{-\pi}^{\pi}|X(\mathrm{e}^{j\omega})|^2\,\mathrm{d}\omega$。

3.4　已知 $x(n)$ 有傅里叶变换 $X(\mathrm{e}^{j\omega})$，用 $X(\mathrm{e}^{j\omega})$ 表示下列信号的傅里叶变换：

（1）$x_1(n)=x(1-n)+x(-1-n)$；

（2）$x_2(n)=\dfrac{x(n)+x^*(-n)}{2}$；

（3）$x_3(n)=\cos(\omega_0 n)x(n)$；

（4）$x_4(n)=x(2n)$。

3.5　求以下序列的 z 变换，并画出零极点图和收敛域：

（1）$x(n)=a^{|n|}$；（2）$x(n)=\left(\dfrac{1}{2}\right)^n u(n)$；

（3）$x(n)=-\left(\dfrac{1}{2}\right)^n u(-n-1)$；（4）$x(n)=0.5^n[u(n)-u(n-5)]$。

3.6　已知两个信号 $x_1(n)=\left(\dfrac{1}{2}\right)^n u(n)$ 和 $x_2(n)=\left(\dfrac{1}{3}\right)^n u(n)$，利用 z 变换的性质求 $y(n)=x_1(n+3)*x_2(-n-1)$ 的 z 变换 $Y(z)$。

3.7　用部分分式分解法求以下 $X(z)$ 的 z 反变换 $x(n)$：

（1）$X(z)=\dfrac{1-\frac{1}{2}z^{-1}}{1-\frac{1}{4}z^{-2}},|z|>\dfrac{1}{2}$；（2）$X(z)=\dfrac{1-2z^{-1}}{1-\frac{1}{4}z^{-1}},|z|<\dfrac{1}{4}$；

（3）$X(z)=\dfrac{1-\frac{1}{4}z^{-1}}{1-\frac{8}{15}z^{-1}+\frac{1}{15}z^{-2}},\dfrac{1}{5}<|z|<\dfrac{1}{3}$。

3.8　已知一个因果 LSI 系统由下列差分方程描述：
$$2y(n)=x(n)+x(n-1)$$

（1）求系统的单位冲激响应 $h(n)$、系统函数 $H(z)$、频率响应 $H(\mathrm{e}^{j\omega})$；

（2）判断此系统是否为因果稳定系统；

（3）当输入信号为 $u(n)$ 时，求系统的输出序列。

3.9 一个因果的线性移不变系统的系统函数为 $H(z) = \dfrac{z^{-1} - a}{1 - az^{-1}}$ 其中 a 为实数。

（1）求能使系统稳定的 a 值的范围；

（2）若 $0 < a < 1$，画出零极点图和收敛域；

（3）证明这个系统是全通函数，即其频率响应的幅度为常数（这里的常数为1）。

3.10 已知一线性移不变系统的单位抽样响应为 $h(n) = 2\left(\dfrac{1}{2}\right)^n u(n)$。试求：

（1）系统差分方程；

（2）系统函数 $H(Z)$；

（3）零极点图；

（4）输入 $x(n) = \left(\dfrac{1}{2}\right)^n u(n)$ 时的输出 $y(n)$。

第 4 章

离散傅里叶变换（DFT）

任何类型的数字系统都有两个基本特征。其一，无法直接处理模拟量；其二，存储能力总是有限的。由于现实世界中的物理量大多数是模拟量，因此出于对第一个特征的考虑，利用时域取样将模拟信号 $x_a(t)$ 转变为序列 $x(n)$，相应地由傅里叶变换（式（4.1））导出了 DTFT（式（4.2））。

$$\begin{cases} X_a(\mathrm{j}\Omega) = \displaystyle\int_{-\infty}^{\infty} x_a(t)\mathrm{e}^{-\mathrm{j}\Omega t}\mathrm{d}t \\ x_a(t) = \dfrac{1}{2\pi}\displaystyle\int_{-\infty}^{\infty} X_a(\mathrm{j}\Omega)\mathrm{e}^{\mathrm{j}\Omega t}\mathrm{d}\Omega \end{cases} \tag{4.1}$$

$$\begin{cases} X(\mathrm{e}^{\mathrm{j}\omega}) = \mathrm{DTFT}[x(n)] = \displaystyle\sum_{n=-\infty}^{\infty} x(n)\mathrm{e}^{-\mathrm{j}n\omega} \\ x(n) = \mathrm{IDTFT}[X(\mathrm{e}^{\mathrm{j}\omega})] = \dfrac{1}{2\pi}\displaystyle\int_{-\pi}^{\pi} X(\mathrm{e}^{\mathrm{j}\omega})\mathrm{e}^{\mathrm{j}n\omega}\mathrm{d}\omega \end{cases} \tag{4.2}$$

在 DTFT 中，虽然 $x(n)$ 是离散量，但是 $X(\mathrm{e}^{\mathrm{j}\omega})$ 是连续量；此外数字系统的第二个特征决定了其无法直接处理无限长或很长的序列。这两方面的因素就意味着 DTFT 无法为实际的数字系统直接采纳；同时也表明了有必要引入新的变换方法，该方法应当以有限长的序列为处理对象，其结果（即序列的频域特征）也应当是有限长的离散量，而离散时间傅里叶变换（DFT）就是符合要求的变换方法，它在时域和频域都离散化了，这样使计算机对信号的时、频两个域都能进行计算。

离散傅里叶变换（Discrete Fourier Transform，DFT）是数字信号处理中非常有用的一种变换，尽管它只适用于有限长序列，并且在某些应用中（如信号的频谱分析等），处理结果会含有一定的偏差，但由于 DFT 具有严格的数学定义和明确的物理含义，同时具备多种快速算法，使得信号处理速度有非常大的提高，所以该变换具备了很高的实用价值，是对 DTFT 的一种有效近似，已为各类数字信号处理应用所广泛采纳。

DFT 存在着多种导出方法，由离散傅里叶级数（Discrete Fourier Series，DFS）定义 DFT 是其中较为方便的一种。该方法不仅有利于阐明 DFT 所含有的物理意义，而且便于分析 DFT 的特性。因此本章将先定义 DFS 并讨论其性质，在此基础上，引出 DFT 并分析其特性。

4.1 离散时间周期序列的傅里叶级数（DFS）

4.1.1 DFS 的定义

设 $\tilde{x}(n)$ 表示一个周期为 N 的周期序列，即存在下列关系：

$$\tilde{x}(n) = \tilde{x}(n+rN) \tag{4.3}$$

其中，N 为正整数，r 为任意整数。

连续时间周期信号可以表示为傅里叶级数，同样，也可以用离散傅里叶级数来表示周期离散序列，即用周期为 N 的复指数序列 $e^{j\frac{2\pi}{N}nk}$ 来表示周期序列。设 k 次谐波序列为 $e_k(n) = e^{j\frac{2\pi}{N}kn}$，则

$$e_{k+rN}(n) = e^{j\frac{2\pi}{N}(k+rN)n} = e^{j2\pi rn}e^{j\frac{2\pi}{N}kn} = e^{j\frac{2\pi}{N}kn} \quad (e^{j2\pi rn}=1)$$

所以离散傅里叶级数的谐波成分只有 N 个独立成分。因而，对离散傅里叶级数只能取 $k=0\sim N-1$ 的 N 个独立谐波分量。因而 $\tilde{x}(n)$ 可展成如下的离散傅里叶级数，即

$$\tilde{x}(n) = \frac{1}{N}\sum_{k=0}^{N-1}\tilde{X}(k)e^{j\frac{2\pi}{N}kn} \tag{4.4}$$

这里的 $1/N$ 是一个常用的常数，选取它是为了下面的 $\tilde{X}(k)$ 表达式成立的需要，$\tilde{X}(k)$ 是 k 次谐波的系数。下面来求解系数 $\tilde{X}(k)$。

将式（4.4）两端同乘以 $e^{-j\frac{2\pi}{N}kn}$，然后从 $n=0\sim N-1$ 的一个周期内求和，则得到

$$\sum_{n=0}^{N-1}\tilde{x}(n)e^{-j\frac{2\pi}{N}kn} = \frac{1}{N}\sum_{k=0}^{N-1}\sum_{k=0}^{N-1}\tilde{X}(k)e^{j\frac{2\pi}{N}(k-r)n} = \sum_{k=0}^{N-1}\tilde{X}(k)[\frac{1}{N}\sum_{n=0}^{N-1}e^{j\frac{2\pi}{N}(k-r)n}] = \tilde{X}(r)$$

其中，

$$\frac{1}{N}\sum_{n=0}^{N-1}e^{j\frac{2\pi}{N}(k-r)n} = \frac{1}{N}\frac{1-e^{j\frac{2\pi}{N}rN}}{1-e^{j\frac{2\pi}{N}r}} = \begin{cases}1, & r=mN \\ 0, & \text{其他}r\end{cases} \tag{4.5}$$

把 r 换成 k 可得

$$\tilde{X}(k) = \sum_{n=0}^{N-1}\tilde{x}(n)e^{-j\frac{2\pi}{N}kn} \tag{4.6}$$

这就是求 $k=0\sim N-1$ 的 N 个谐波系数 $\tilde{X}(k)$ 的公式。同时看出 $\tilde{X}(k)$ 也是一个以 N 为周期的周期序列，即

$$\tilde{X}(k+mN) = \sum_{n=0}^{N-1}\tilde{x}(n)e^{-j\frac{2\pi}{N}(k+mN)n} = \sum_{n=0}^{N-1}\tilde{x}(n)e^{-j\frac{2\pi}{N}kn} = \tilde{X}(k)$$

所以可看出，时域周期序列的 DFS 在频域（即其系数）也是一个周期序列。通常令 $W_N = e^{-j\frac{2\pi}{N}}$，它是单位 1 的 N 次根。综上所述，时域上的周期序列 $\tilde{x}(n)$ 与频域上的周期序列 $\tilde{X}(k)$ 具有式（4.7）表示的关系，称之为 DFS 对。

正变换：

$$\tilde{X}(k) = DFS[\tilde{x}(n)] = \sum_{n=0}^{N-1} \tilde{x}(n)\mathrm{e}^{-\mathrm{j}\frac{2\pi}{N}kn} = \sum_{n=0}^{N-1} \tilde{x}(n)W_N^{nk} \qquad (4.7a)$$

反变换：

$$\tilde{x}(n) = IDFS[\tilde{X}(k)] = \frac{1}{N}\sum_{k=0}^{N-1} \tilde{X}(k)\mathrm{e}^{\mathrm{j}\frac{2\pi}{N}nk} = \frac{1}{N}\sum_{k=0}^{N-1} \tilde{X}(k)W_N^{-nk} \qquad (4.7b)$$

W_N^k 具有以下的性质：

（1）共轭对称性：

$$W_N^{\,n} = (W_N^{\,-n})^*$$

（2）周期性：

$$W_N^{\,n} = \underline{W_N^{\,n+iN}}, \quad i \text{ 为整数}$$

（3）可约性：

$$W_N^{\,in} = W_{N/i}^{\,n}, \quad W_{Ni}^{\,in} = W_N^{\,n}$$

（4）正交性：

$$\frac{1}{N}\sum_{k=0}^{N-1} W_N^{nk}(W_N^{mk})^* = \frac{1}{N}\sum_{k=0}^{N-1} W_N^{(n-m)k} = \begin{cases} 1, & n-m=iN \\ 0, & n-m \neq iN \end{cases}$$

【例 4.1】计算周期序列 $\tilde{x}(n) = \{\cdots, 4, 5, 6, 7, 4, 5, 6, 7, 4, 5, 6, 7, \cdots\}$ 的 DFS。

解：该序列的周期为 4，所以选用 W_4，则

$$W_4^1 = \mathrm{e}^{-\mathrm{j}\frac{2\pi}{4}} = \mathrm{e}^{-\mathrm{j}\frac{\pi}{2}} = \cos\left(-\frac{\pi}{2}\right) + \mathrm{j}\sin\left(-\frac{\pi}{2}\right) = -\mathrm{j}$$

因为 $\tilde{X}(k) = \sum\limits_{n=0}^{N-1} \tilde{x}(n)W_4^{nk}$，所以

$$\tilde{X}(0) = \sum_{n=0}^{3} \tilde{x}(n)W_4^{n\times 0} = \sum_{n=0}^{3} \tilde{x}(n) = \tilde{x}(0) + \tilde{x}(1) + \tilde{x}(2) + \tilde{x}(3) = 22$$

$$\tilde{X}(1) = \sum_{n=0}^{3} \tilde{x}(n)W_4^{n\times 1} = \sum_{n=0}^{3} \tilde{x}(n)(-\mathrm{j})^n = 4 - 5\mathrm{j} - 6 + 7\mathrm{j} = -2 + 2\mathrm{j}$$

$$\tilde{X}(2) = \sum_{n=0}^{3} \tilde{x}(n)W_4^{n\times 2} = \sum_{n=0}^{3} \tilde{x}(n)(-\mathrm{j})^{2n} = \sum_{n=0}^{3} \tilde{x}(n)(-1)^n = 4 - 5 + 6 - 7 = -2$$

$$\tilde{X}(3) = \sum_{n=0}^{3} \tilde{x}(n)W_4^{n\times 3} = \sum_{n=0}^{3} \tilde{x}(n)(-\mathrm{j})^{3n} = 4 + 5\mathrm{j} - 6 - 7\mathrm{j} = -2 - 2\mathrm{j}$$

即 $\tilde{x}(n)$ 的 DFS 为

$$\tilde{X}(k) = \{\cdots, 22, -2+2\mathrm{j}, -2, -2-2\mathrm{j}, 22, -2+2\mathrm{j}, -2, -2-2\mathrm{j}, \cdots\}$$

所以

$$\tilde{x}(n) = \frac{1}{4}[22 \times W_4^{-n\times 0} + (-2+2\mathrm{j}) \times W_4^{-n\times 1} - 2 \times W_4^{-n\times 2} + (-2-2\mathrm{j}) \times W_4^{-n\times 3}]$$

从上述 DFS 的定义可以看出，时域上的周期序列 $\tilde{x}(n)$ 可以表示为复指数序列 $\{W_N^{-nk}, k=0,1,2,\cdots,N-1\}$ 的线性组合，组合系数可由式（4.7a）获得。在组合系数所构成的集合 $\{\tilde{X}(k), k=0,1,2,\cdots,N-1\}$ 中，每一项对应于 $\tilde{x}(n)$ 的一个频率分量，频率点为 $2\pi k/N$，

$k = 0,1,2,\cdots,N-1$。具体而言，集合中 $k=0$ 的项表示了 $\tilde{x}(n)$ 直流分量的幅度和相位，$k=1$ 的项表示了基频分量的幅度和相位，而 $k>1$ 的各项分别表示了 $\tilde{x}(n)$ 各次谐波的幅度和相位。

【例 4.2】设 $\tilde{x}(n)$ 是周期为 $N=5$ 的周期序列，其一个周期内的序列为 $x(n) = R_5(n)$。求 $\tilde{X}(k) = \mathrm{DFS}[\tilde{x}(n)]$。

解：
$$\tilde{X}(k) = \sum_{n=0}^{4} W_N^{nk} = \sum_{n=0}^{4} \mathrm{e}^{-\mathrm{j}\frac{2\pi}{5}kn} = \frac{1-\mathrm{e}^{-\mathrm{j}2\pi k}}{1-\mathrm{e}^{-\mathrm{j}\frac{2\pi}{5}k}} = \frac{\mathrm{e}^{-\mathrm{j}\pi k}(\mathrm{e}^{\mathrm{j}\pi k}-\mathrm{e}^{-\mathrm{j}\pi k})}{\mathrm{e}^{-\mathrm{j}\frac{\pi}{5}k}(\mathrm{e}^{\mathrm{j}\frac{\pi}{5}k}-\mathrm{e}^{-\mathrm{j}\frac{\pi}{5}k})} = \mathrm{e}^{-\mathrm{j}\frac{4\pi}{5}k}\frac{\sin(\pi k)}{\sin(\pi k/5)}$$

所以，$\tilde{X}(0) = 5$，$\tilde{X}(1) = \tilde{X}(2) = \cdots = \tilde{X}(4) = 0$，

即 $\tilde{X}(k) = \{\cdots 5,0,0,0,0,5,0,0,0,0,5,0,0,0,0,0,\cdots\}$。

图 4-1 画出了 $|\tilde{X}(k)|$ 及 $\tilde{x}(n)$ 的图形。

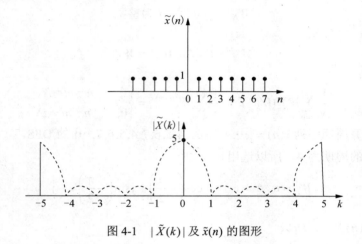

图 4-1　$|\tilde{X}(k)|$ 及 $\tilde{x}(n)$ 的图形

【例 4.3】已知 $x(n) = R_5(n)$，将 $x(n)$ 以 $N=10$ 为周期进行周期延拓成 $\tilde{x}(n)$，求 $\tilde{x}(n)$ 的 DFS。

解：由于是周期序列运算，在离散时域和离散频域都应有相同的周期 $N=10$，因而 $\tilde{x}(n)$ 的一个周期（$N=10$）应为在 $x(n)$ 后面补 5 个零值点，即 $\tilde{x}(n) = \{\underline{1}111100000\}$，故

$$\tilde{X}(k) = \sum_{n=0}^{9} W_N^{nk} = \sum_{n=0}^{9} \mathrm{e}^{-\mathrm{j}\frac{2\pi}{10}kn} = \mathrm{e}^{-\mathrm{j}\frac{2\pi}{5}k}\frac{\sin(\pi k/2)}{\sin(\pi k/10)}, \quad N=10$$

4.1.2　DFS 的性质

1. 线性性质

设 $\tilde{x}_1(n)$ 和 $\tilde{x}_2(n)$ 皆是周期为 N 的周期序列，且

$$\tilde{X}_1(k) = \mathrm{DFS}[\tilde{x}_1(n)], \quad \tilde{X}_2(k) = \mathrm{DFS}[\tilde{x}_2(n)]$$

则

$$\mathrm{DFS}[a\tilde{x}_1(n) + b\tilde{x}_2(n)] = a\tilde{X}_1(k) + b\tilde{X}_2(k) \tag{4.8}$$

其中，a 和 b 为任意常数。

2．周期序列的移位

$$\text{DFS}[\tilde{x}(n+m)] = W_N^{-mk}\tilde{X}(k) = \mathrm{e}^{\mathrm{j}\frac{2\pi}{N}mk}\tilde{X}(k) \tag{4.9}$$

证明：

$$\text{DFS}[\tilde{x}(n+m)] = \sum_{n=0}^{N-1}\tilde{x}(n+m)W_N^{nk} = W_N^{-mk}\sum_{i=0}^{N-1}\tilde{x}(i)W_N^{ki} = W_N^{-mk}\tilde{X}(k) \quad (\text{令}\ i = n+m)$$

3．调制特性

$$\text{DFS}[W_N^{nl}\tilde{x}(n)] = \tilde{X}(k+l) \tag{4.10}$$

证明：

$$\text{DFS}[W_N^{ln}\tilde{x}(n)] = \sum_{n=0}^{N-1}W_N^{ln}\tilde{x}(n)W_N^{nk} = \sum_{n=0}^{N-1}\tilde{x}(n)W_N^{(l+k)n} = \tilde{X}(k+l)$$

4．对偶性

$$\text{DFS}[\tilde{x}(n)] = \tilde{X}(k), \quad \text{DFS}[\tilde{X}(n)] = N\tilde{x}(-k) \tag{4.11}$$

证明：$\tilde{x}(n) = \dfrac{1}{N}\sum_{k=0}^{N-1}\tilde{X}(k)\mathrm{e}^{\mathrm{j}\frac{2\pi}{N}nk}$ 所以 $N\cdot\tilde{x}(-n) = \sum_{k=0}^{N-1}\tilde{X}(k)\mathrm{e}^{-\mathrm{j}\frac{2\pi}{N}nk}$，令 $n = k$ 得

$$N\cdot\tilde{x}(-k) = \sum_{n=0}^{N-1}\tilde{X}(n)\mathrm{e}^{-\mathrm{j}\frac{2\pi}{N}kn} = \text{DFS}[\tilde{X}(n)]$$

5．周期卷积和定理

若 $\tilde{Y}(k) = \tilde{X}_1(k)\cdot\tilde{X}_2(k)$，则有

$$\tilde{y}(n) = \text{IDFS}[\tilde{Y}(k)] = \sum_{m=0}^{N-1}\tilde{x}_1(m)\tilde{x}_2(n-m) = \sum_{m=0}^{N-1}\tilde{x}_2(m)\tilde{x}_1(n-m) \tag{4.12}$$

证明：

$$\tilde{y}(n) = \text{IDFS}[\tilde{X}_1(k)\cdot\tilde{X}_2(k)] = \frac{1}{N}\sum_{k=0}^{N-1}\tilde{X}_1(k)\cdot\tilde{X}_2(k)W_N^{-nk}$$

$$= \frac{1}{N}\sum_{k=0}^{N-1}\sum_{m=0}^{N-1}\tilde{x}_1(m)\cdot\tilde{X}_2(k)W_N^{-(n-m)k} = \sum_{m=0}^{N-1}\tilde{x}_1(m)\cdot\left[\frac{1}{N}\sum_{k=0}^{N-1}\tilde{X}_2(k)W_N^{-(n-m)k}\right]$$

$$= \sum_{m=0}^{N-1}\tilde{x}_1(m)\tilde{x}_2(n-m)$$

同理可证得

$$\tilde{y}(n) = \sum_{m=0}^{N-1}\tilde{x}_2(m)\tilde{x}_1(n-m)$$

式（4.12）是一个特殊的卷积和公式，称之为周期卷积和。周期卷积和的特殊性具体表现为：参与该卷积运算的两个序列是周期相同的周期序列，而计算仅在一个周期上进行，计算结果仍为一个周期序列，周期保持不变。周期卷积等同于两个周期序列在一个周期上的线性卷积计算。图 4-2 具体说明了两个周期序列（周期为 $N = 6$）的周期卷积的计算过程。过程

中，一个周期的某一序列值移出计算区间时，相邻的一个周期的同一位置的序列值就移入计算区间。运算在 $m=0 \sim N-1$ 区间内进行，先计算出 $n=0,1,2,\cdots,N-1$ 的结果，然后将所得结果

周期延拓，就得到所求的整个周期序列 $\tilde{y}(n)$。

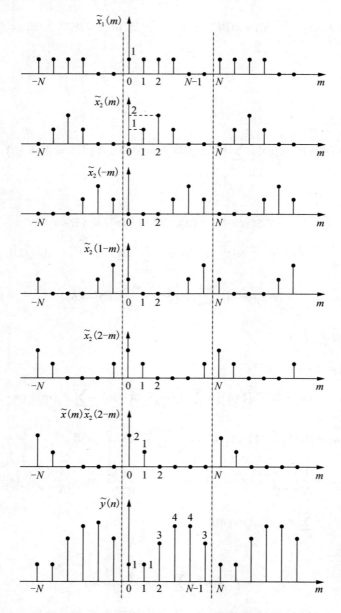

图 4-2 两个周期序列（N=6）的周期卷积过程

图 4-2 所示的两个周期序列（周期为 $N=6$）的周期卷积的计算过程可以用表 4-1 更清楚地表示出来。空白部分读者可以自己填写。

表 4-1　两个周期序列（周期为 $N=6$）周期卷积的计算过程

n/m	$\cdots-4\ -3\ -2\ -1$	$0\ 1\ 2\ 3\ 4\ 5$	$6\cdots$	
$\tilde{x}_1(n/m)$	$\cdots1\ 1\ 0\ 0$	$1\ 1\ 1\ 1\ 0\ 0$	$1\cdots$	
$\tilde{x}_2(n/m)$	$\cdots2\ 1\ 0\ 0$	$0\ 1\ 2\ 1\ 0\ 0$	$0\cdots$	$y(n)$
$\tilde{x}_2(-m)$	$\cdots0\ 1\ 2\ 1$	$0\ 0\ 0\ 1\ 2\ 1$	$0\cdots$	1
$\tilde{x}_2(1-m)$	$\cdots0\ 0\ 1\ 2$	$1\ 0\ 0\ 0\ 1\ 2$	$1\cdots$	1
$\tilde{x}_2(2-m)$	$\cdots0\ 0\ 0\ 1$	$2\ 1\ 0\ 0\ 0\ 1$	2	3
$\tilde{x}_2(3-m)$				4
$\tilde{x}_2(4-m)$				4
$\tilde{x}_2(5-m)$				3

同样，由于 DFS 和 IDFS 的对称性，可以证明：时域周期序列的乘积对应着频域周期序列的周期卷积结果除以 N。即若 $\tilde{y}(n)=\tilde{x}_1(n)\tilde{x}_2(n)$，则

$$\tilde{Y}(k)=DFS[\tilde{y}(n)]=\sum_{n=0}^{N-1}\tilde{y}(n)W_N^{nk}=\frac{1}{N}\sum_{l=0}^{N-1}\tilde{X}_1(l)\tilde{X}_2(k-l)$$
$$=\frac{1}{N}\sum_{l=0}^{N-1}\tilde{X}_2(l)\tilde{X}_1(k-l) \tag{4.13}$$

4.2　离散傅里叶变换（DFT）及其性质

4.2.1　DFT 的定义

1. 主值区间和主值序列

周期序列实际上只有有限个序列值才有意义，所以将离散傅里叶级数（DFS）表示式用于有限长序列，就可得到有限长序列的傅里叶变换（DFT）。

设 $x(n)$ 为长度为 N 的有限长序列，只在 $0\leqslant n\leqslant N-1$ 处有值，可以把它看成是以 N 为周期的周期性序列 $\tilde{x}(n)$ 的第一个周期（$0\leqslant n\leqslant N-1$），这第一个周期 $[0,N-1]$ 就称为主值区间，主值区间的序列 $x(n)$ 就称为主值序列。

2. 余数运算表达式 $((n))_N$

如果 $n=n_1+mN$，$0\leqslant n_1\leqslant N-1$，$m$ 为整数，则有

$$((n))_N=(n_1) \tag{4.14}$$

此运算符表示 n 被 N 除，商为 m，余数为 n_1。也就是说余数 n_1 是主值区间中的值。例如，$N=9$，$n=25$，$n=25=2\times9+7=2N+n_1$，$n_1=7$，所以 $((25))_9=7$；$N=9$，$n=-4$，$n=-4=-9+5=-N+5$，所以 $((-4))_9=5$。

$x((n))_N$ 可看作 $x(n)$ 以 N 为周期进行的周期延拓，即 $\tilde{x}(n)=x((n))_N$，所以有

$x((25))_9 = x(7)$，$x((-4))_9 = x(5)$。

同时，有限长序列 $x(n)$ 是周期序列 $\tilde{x}(n)$ 的主值序列可以表示为

$$x(n) = \tilde{x}(n)R_N(n) = x((n))_N R_N(n) \tag{4.15}$$

同理，频域周期序列 $\tilde{X}(k)$ 是有限长序列 $X(k)$ 的周期延拓。而有限长序列 $X(k)$ 是周期序列 $\tilde{X}(k)$ 的主值序列，可以表示为

$$\tilde{X}(k) = X((k))_N, \; X(k) = \tilde{X}(k)R_N(k) \tag{4.16}$$

3. DFT 的定义

设 $x(n)$ 为 M 点有限长序列，即在 $0 \leqslant n \leqslant M-1$ 内有值，则可定义 $x(n)$ 的 N 点（$N \geqslant M$，当 $N > M$ 时，补 $N-M$ 个零值点）离散傅里叶变换为

$$X(k) = \text{DFT}[x(n)] = \sum_{n=0}^{N-1} x(n)\mathrm{e}^{-\mathrm{j}\frac{2\pi}{N}kn} = \sum_{n=0}^{N-1} x(n)W_N^{kn}, k = 0,1,\cdots,N-1 \tag{4.17a}$$

而 $X(k)$ 的 N 点离散傅里叶反变换定义为

$$x(n) = \text{IDFT}[X(k)] = \frac{1}{N}\sum_{k=0}^{N-1} X(k)\mathrm{e}^{\mathrm{j}\frac{2\pi}{N}kn} = \frac{1}{N}\sum_{k=0}^{N-1} X(k)W_N^{-kn}, \; k = 0,1,\cdots,N-1 \tag{4.17b}$$

注意到，DFT 的每个点值的计算可以通过 N 个复数乘法与（$N-1$）个复数加法来实现。N 点 DFT 可以表示成矩阵形式，即

$$\text{令 } \boldsymbol{x}_N = \begin{bmatrix} x(0) \\ x(1) \\ \vdots \\ x(N-1) \end{bmatrix}, \; \boldsymbol{X}_N = \begin{bmatrix} X(0) \\ X(1) \\ \vdots \\ X(N-1) \end{bmatrix} \boldsymbol{W}_N = \begin{bmatrix} 1 & 1 & 1 & \cdots & 1 \\ 1 & W_N & W_N^2 & \cdots & W_N^{N-1} \\ 1 & W_N^2 & W_N^4 & \cdots & W_N^{2(N-1)} \\ \vdots & \vdots & \vdots & & \vdots \\ 1 & W_N^{N-1} & W_N^{2(N-1)} & \cdots & W_N^{(N-1)(N-1)} \end{bmatrix}$$

则 N 点 DFT 的矩阵形式为

$$\boldsymbol{X}_N = \boldsymbol{W}_N \boldsymbol{x}_N \tag{4.18a}$$

其中，$\boldsymbol{W}_N$ 是线性变换矩阵，它是对称矩阵。

$$\boldsymbol{x}_N = \boldsymbol{W}_N^{-1}\boldsymbol{X}_N = \frac{1}{N}\boldsymbol{W}_N^*\boldsymbol{X}_N \tag{4.18b}$$

4. DFT 与 DFS 的关系

有限长序列的 DFT 可以按 3 个步骤由 DFS 推导出来：

（1）将有限长序列 $x(n)$ 延拓成周期序列 $\tilde{x}(n)$。

（2）求周期序列 $\tilde{x}(n)$ 的 DFS $\tilde{X}(k)$。

（3）取出 DFS $\tilde{X}(k)$ 的主值序列便可得到有限长序列 $x(n)$ 的 DFT $X(k)$。

DFT 对应的是在时域、频域都是有限长，且都是离散的情况下的一类变换。DFT 隐含着周期性。DFT 来源于 DFS，尽管定义式中已将其限定为有限长，但是在本质上 $x(n)$、$X(k)$ 都已经是周期的。

5. DFT 与 DTFT、z 变换的关系——频域抽样

序列 $x(n)$ 的 DTFT、z 变换的表达式分别为

$$X(z) = \mathrm{ZT}[x(n)] = \sum_{n=0}^{N-1} x(n) z^{-n} \tag{4.19}$$

$$X(\mathrm{e}^{\mathrm{j}\omega}) = \mathrm{DTFT}[x(n)] = \sum_{n=0}^{N-1} x(n) \mathrm{e}^{-\mathrm{j}\omega n} \tag{4.20}$$

对比式（4.19）、式（4.20）与式（4.6）可得

$$X(k) = X(z)\Big|_{z = \mathrm{e}^{\mathrm{j}\frac{2\pi}{N}k}} \tag{4.21}$$

即 $x(n)$ 的 N 点 DFT $X(k)$ 是 $x(n)$ 的 z 变换 $X(z)$ 在单位圆上的 N 点等间隔抽样值，即

$$X(k) = X(\mathrm{e}^{\mathrm{j}\omega})\Big|_{\omega = \frac{2\pi}{N}k} \tag{4.22}$$

$x(n)$ 的 N 点 DFT $X(k)$ 是 $x(n)$ 的 DTFT $X(\mathrm{e}^{\mathrm{j}\omega})$ 在 $0 \leqslant \omega < 2\pi$ 上的 N 个等间隔点 $\omega_k = 2\pi k / N (k = 0,1,\cdots,N-1)$ 上的抽样值，抽样间隔是 $2\pi / N$。

对某一特定的 N，$X(k)$ 与 $x(n)$ 是一一对应的，当频域抽样点数 N 变化时，$X(k)$ 也将变化，当 N 足够大时，$X(k)$ 的幅度谱的包络可更逼近 $X(\mathrm{e}^{\mathrm{j}\omega})$ 的曲线，在用 DFT 做谱分析时，这一概念起着很重要的作用。

总之，上述 DFT 与 z 变换及 DTFT 间的关系说明，频域上的有限长序列 $X(k)$ 能够浓缩地表示序列 $x(n)$ 在变换域上所呈现出来的全部特征，而这意味着 DFT 具有明确而合理的物理含义。

【例 4.4】计算 4 点序列 $x(n) = \{4,5,6,7\}$ 的 DFT。

解：旋转因子 $W_4^1 = \mathrm{e}^{-\mathrm{j}\frac{\pi}{2}} = \cos(\pi/2) -- \mathrm{j}\sin(\pi/2) = -\mathrm{j}$，写出矩阵 $\boldsymbol{W}$，即

$$\boldsymbol{W} = \begin{bmatrix} W_4^0 & W_4^0 & W_4^0 & W_4^0 \\ W_4^0 & W_4^1 & W_4^2 & W_4^3 \\ W_4^0 & W_4^2 & W_4^4 & W_4^6 \\ W_4^0 & W_4^3 & W_4^6 & W_4^9 \end{bmatrix} = \begin{bmatrix} 1 & 1 & 1 & 1 \\ 1 & W_4^1 & W_4^2 & W_4^3 \\ 1 & W_4^2 & W_4^0 & W_4^2 \\ 1 & W_4^3 & W_4^2 & W_4^1 \end{bmatrix} = \begin{bmatrix} 1 & 1 & 1 & 1 \\ 1 & -\mathrm{j} & -1 & \mathrm{j} \\ 1 & -1 & 1 & -1 \\ 1 & \mathrm{j} & -1 & -\mathrm{j} \end{bmatrix}$$

注意：上式利用了 W_N^k 的性质，由式（4.18a）得

$$\boldsymbol{X} = \boldsymbol{W}\boldsymbol{x}, \quad \begin{bmatrix} X(0) \\ X(1) \\ X(2) \\ X(3) \end{bmatrix} = \begin{bmatrix} 1 & 1 & 1 & 1 \\ 1 & -\mathrm{j} & -1 & \mathrm{j} \\ 1 & -1 & 1 & -1 \\ 1 & \mathrm{j} & -1 & -\mathrm{j} \end{bmatrix} \begin{bmatrix} 4 \\ 5 \\ 6 \\ 7 \end{bmatrix} = \begin{bmatrix} 22 \\ -2+2\mathrm{j} \\ -2 \\ -2-2\mathrm{j} \end{bmatrix}$$

结果与例 4.1 中 DFS 取主值区间所得的结果是相同的。

【例 4.5】若已知例 4.4 中的结果 $X(k)$，求序列 $x(n)$。

解：由式（4.18b）得出

$$x_N = \frac{1}{N}\boldsymbol{W}^*\boldsymbol{X}_N = \begin{bmatrix} x(0) \\ x(1) \\ x(2) \\ x(3) \end{bmatrix} = \frac{1}{4}\begin{bmatrix} 1 & 1 & 1 & 1 \\ 1 & j & -1 & -j \\ 1 & -1 & 1 & -1 \\ 1 & -j & -1 & j \end{bmatrix}\begin{bmatrix} 22 \\ -2+2j \\ -2 \\ -2-2j \end{bmatrix} = \begin{bmatrix} 4 \\ 5 \\ 6 \\ 7 \end{bmatrix}$$

【例 4.6】设 $x(n) = R_5(n)$，求：

（1）$X(e^{j\omega})$；（2）$N = 5$ 的 $X(k)$；（3）$N = 10$ 的 $X(k)$。

解：(1) $X(e^{j\omega}) = \sum_{n=-\infty}^{\infty} R_5(n)e^{-j\omega n} = \sum_{n=0}^{4} e^{-j\omega n} = \frac{1-e^{-j5\omega}}{1-e^{-j\omega}} = \frac{e^{-j5\omega/2}(e^{j5\omega/2}-e^{-j5\omega/2})}{e^{-j\omega/2}(e^{j\omega/2}-e^{-j\omega/2})} = \frac{\sin(5\omega/2)}{\sin(\omega/2)}e^{-j2\omega}$

（2）$N = 5$，$X(k)$ 可直接由 DFT 的定义求解，由于已知 $X(e^{j\omega})$，故可用 $X(e^{j\omega})$ 的抽样值来求解更加快捷。

$$X(k) = X(e^{j\omega})\Big|_{\omega=\frac{2\pi}{5}k} = \frac{\sin(\pi k)}{\sin(\pi k/5)}e^{-j4\pi k/5} = \begin{cases} 5, & k=0 \\ 0, & k=1,2,3,4 \end{cases}$$

（3）$N = 10$，则需要将 $x(n)$ 后面补上 5 个零值点，即 $x(n) = \{\underline{1},1,1,1,1,0,0,0,0,0\}$。这时，由于 $x(n)$ 的数值没有发生变化，故 $X(e^{j\omega})$ 的表达式与上面的完全一样，可得 $N = 10$ 的 $X(k)$ 为

$$X(k) = X(e^{j\omega})\Big|_{\omega=\frac{2\pi}{10}k} = \begin{cases} 5, & k=0 \\ \dfrac{\sin(\pi k/2)}{\sin(\pi k/10)}e^{-j2\pi k/5}, & k=1,2,\cdots,9 \end{cases}$$

4.2.2　DFT 的主要性质

考虑到 DFT 与离散时间信号的傅里叶级数 DFS、傅里叶变换 DTFT、z 变换的关系，DFT 的性质能与其他这些变换和技术的性质有些类似。但是存在一些重要的差别，其中之一就是圆周卷积特性，很好地理解这些性质，在实际问题中应用 DFT 是极其有帮助的。

1. 线性性质

$$\mathrm{DFT}[ax_1(n)+bx_2(n)] = a\mathrm{DFT}[x_1(n)]+b\mathrm{DFT}[x_2(n)] \tag{4.23}$$

其中，a，b 为任意常数，包括复常数。

注意：$x_1(n)$，$x_2(n)$ 必须同为 N 点序列，如果两个序列长度不等，分别为 N_1 点与 N_2 点，则必须补零值，补到 $N \geqslant \max[N_1, N_2]$。

2. 圆周移位性质

如果 $x(n)$ 是长度为 N 的序列，那么称 $x_m(n) = x((n+m))_N R_N(n)$ 为 $x(n)$ 的圆周移位运算（其中，m 为任意整数常数），该运算也是有限长序列特有的一种运算，其结果仍然是集合 $\{0,1,\cdots,N-1\}$ 上的有限长序列。

称其为圆周移位的原因在于，当序列 $x(n)$ 的一端有 m 位移出范围 $0 \leqslant n \leqslant N-1$ 时，移出的 m 位又会由另一端移入。如果把有限长序列看成排列在 $0 \leqslant n \leqslant N-1$ 点的一个圆周上做圆周移位，序列值永远都在一个圆周上移位。

圆周移位 $x((n+m))_N R_N(n)$ 可以看成是先将 $x(n)$ 以 N 为周期进行周期延拓，得到 $\tilde{x}(n)=x((n))_N$，将 $x((n))_N$ 做 m 点线性移位后，再取主值区间中的序列。序列的圆周移位过程如图 4-3 所示。

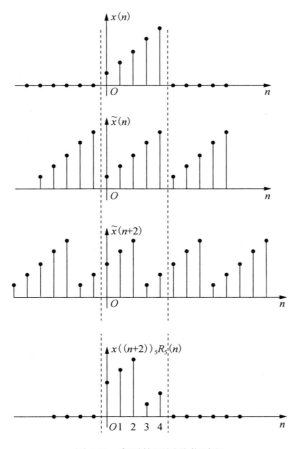

图 4-3 序列的圆周移位过程

圆周移位性质如下：

设 $x(n)$ 是 N 点有限长序列（$0 \leqslant n \leqslant N-1$），且 $x(k)=\text{DFT}[x(n)]$ 为 N 点 DFT。若 $X_m(n)=x((n+m))_N R_N(n)$ 为 $x(n)$ 的 m 点圆周移位序列，$x(k)$ 的圆周移位 1 点的序列为 $x((k+1))_N R_N(k)$，则有

$$\text{DFT}[x((n+m))_N R_N(n)]=W_N^{-mk}\text{DFT}[x(n)] \tag{4.24}$$

$$\text{DFT}[W_N^{nl}x(n)]=X((k+l))_N R_N(k) \tag{4.25}$$

证明：因为 $\text{DFS}[x((n+m))_N]=\text{DFS}[\tilde{x}(n+m)]=W_N^{-mk}\tilde{X}(k)$，所以

$$\text{DFT}[x((n+m))_N R_N(n)]=\text{DFS}[x((n+m))_N]R_N(k)$$

$$=W_N^{-mk}\tilde{X}(k)R_N(k)=W_N^{-mk}X(k)=\text{e}^{\text{j}\frac{2\pi}{N}km}X(k)$$

这个性质说明，有限长序列的圆周移位，在离散频域中只引入一个和频率成正比的线性

相移 $W_N^{-mk} = e^{j\frac{2\pi}{N}km}$，对频率响应的幅度是没有影响的。同样，离散时域序列的相乘（调制）等效于离散频域的圆周移位。

3. 圆周卷积

和圆周移位相同，圆周卷积也是有限长序列所特有的一种运算。

设两个有限长序列 $x_1(n)$ 和 $x_2(n)$，长度分别为 N_2 和 N_1，则将以下表达式称之为 $x_1(n)$ 和 $x_2(n)$ 的 N 点圆周卷积。

$$
\begin{aligned}
y(n) &= [\sum_{m=0}^{N-1} x_1(m)[x_2((n-m))_N]R_N(n) \\
&= [\sum_{m=0}^{N-1} x_2(m)[x_1((n-m))_N]R_N(n) \quad, \quad N \geqslant \max[N_1, N_2] \\
&= x_1(n) \, \textcircled{N} \, x_2(n) = x_2(n) \, \textcircled{N} \, x_1(n)
\end{aligned} \tag{4.26}
$$

其中，$x_2((n-m))_N R_N(n)$，$x_1((n-m))_N R_N(n)$ 分别是 $x_2(n)$ 和 $x_1(n)$ 的圆周移位序列。这里 N 点圆周卷积用符号 $\textcircled{N}$ 来表示。

可以用矩阵来表示圆周卷积。由于式（4.26）中是以 m 为哑变量的，故 $x_2((n-m))_N$ 表示对圆周翻褶序列 $x_2((-m))_N$ 的圆周移位序列，移位数为 n。即当 $n=0$ 时，以 m 为变量（$m=0,1,\cdots,N-1$）的序列为 $x_2((-m))_N R_N(n)$ 为 $\{x_2(0), x_2(N-1), x_2(N-2), \cdots, x_2(2), x_2(1)\}$，当 $n=1,2,\cdots,N-1$ 时，就是分别将这一序列圆周右移 $1, 2, \cdots, N-1$。由此可得到 $x_2((n-m))_N R_N(n)$ 的矩阵表示。

$$
\begin{bmatrix}
x_2(0) & x_2(N-1) & x_2(N-2) & \dots & x_2(1) \\
x_2(1) & x_2(0) & x_2(N-1) & & x_2(2) \\
x_2(2) & x_2(1) & x_2(0) & \dots & x_2(3) \\
\vdots & \vdots & \vdots & & \vdots \\
x_2(N-1) & x_2(N-2) & x_2(N-3) & \dots & x_2(0)
\end{bmatrix}
$$

有了这个矩阵，则可将式（4.26）表示成圆周卷积的矩阵形式，即

$$
\begin{bmatrix}
y(0) \\ y(1) \\ y(2) \\ \vdots \\ y(N-1)
\end{bmatrix} =
\begin{bmatrix}
x_2(0) & x_2(N-1) & x_2(N-2) & \dots & x_2(1) \\
x_2(1) & x_2(0) & x_2(N-1) & \dots & x_2(2) \\
x_2(2) & x_2(1) & x_2(0) & \dots & x_2(3) \\
\vdots & \vdots & \vdots & & \vdots \\
x_2(N-1) & x_2(N-2) & x_2(N-3) & \dots & x_2(0)
\end{bmatrix}
\begin{bmatrix}
x_1(0) \\ x_1(1) \\ x_1(2) \\ \vdots \\ x_1(N-1)
\end{bmatrix} \tag{4.27}
$$

【例 4.7】计算下列两个序列的 6 点圆周卷积。

$$x_1(n) = \{1, 2, 3, 4\}, \quad x_2(n) = \{2, 6, 3\}$$

解：分别将两个序列补零为长度为 6 的序列，得

$$x_1(n) = \{1, 2, 3, 4, 0, 0\}, \quad x_2(n) = \{2, 6, 3, 0, 0, 0\}$$

则两个序列的圆周卷积可表示为

$$
\begin{bmatrix} y(0) \\ y(1) \\ y(2) \\ y(3) \\ y(4) \\ y(5) \end{bmatrix} = \begin{bmatrix} 2 & 0 & 0 & 0 & 3 & 6 \\ 6 & 2 & 0 & 0 & 0 & 3 \\ 3 & 6 & 2 & 0 & 0 & 0 \\ 0 & 3 & 6 & 2 & 0 & 0 \\ 0 & 0 & 3 & 6 & 2 & 0 \\ 0 & 0 & 0 & 3 & 6 & 2 \end{bmatrix} \begin{bmatrix} 1 \\ 2 \\ 3 \\ 4 \\ 0 \\ 0 \end{bmatrix} = \{2,10,21,32,33,12\}
$$

注意：同样两个有限长序列，取值 N 不同，则周期延拓就不同，所得的圆周卷积的结果也不同。

由于 DFT 同 DFS 之间有紧密的联系，圆周卷积和周期卷积势必存在着一定的关系。N 点圆周卷积可以看成是先将 $x_1(n)$ 和 $x_2(n)$ 补零值点补到都是 N 点序列，然后做 N 点周期延拓，成为以 N 为周期的周期序列 $\tilde{x}_1(n)$、$\tilde{x}_2(n)$，再做 $\tilde{x}_1(n)$ 和 $\tilde{x}_2(n)$ 的周期卷积得到 $\tilde{y}(n)$，最后取 $\tilde{y}(n)$ 的主值序列，即可得到 $y(n)$，即 N 点圆周卷积是以 N 为周期的周期卷积的主值序列。

1）时域圆周卷积定理

若 $y(n)=x_1(n) \circledN x_2(n)$，则
$$Y(k) = \text{DFT}[y(n)] = X_1(k)\cdot X_2(k)，N\text{ 点} \tag{4.28}$$

证明：
$$Y(k) = \text{DFT}[y(n)] = \sum_{n=0}^{N-1}[\sum_{m=0}^{N-1} x_1(m)x_2((n-m))_N R_N(n)]W_N^{kn}$$
$$= \sum_{m=0}^{N-1} x_1(m)\sum_{m=0}^{N-1} x_2((n-m))_N W_N^{kn} = \sum_{m=0}^{N-1} x_1(m)\sum_{m=0}^{N-1} W_N^{km}X_2(k) = X_1(k)\cdot X_2(k)$$

此定理说明：时域序列做圆周卷积，则在离散频域中是做相乘运算。

2）频域圆周卷积定理

设 $y(n) = x_1(n)x_2(n)$，则
$$Y(k) = \frac{1}{N}[\sum_{l=0}^{N-1} X_1(l)X_2((k-l))_N]R_N(k) = \frac{1}{N}X_1(k) \circledN X_2(k) \tag{4.29}$$

此定理说明：时域序列做 N 点长的相乘运算，则在离散频域中是做 N 点圆周卷积运算，但是要将圆周卷积结果除以 N。

利用上面给出的圆周卷积定理，可以得到计算圆周卷积的框图，如图 4-4 所示。

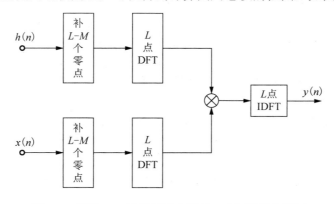

图 4-4　利用 DFT 计算两个有限长 L 点圆周卷积框图

图 4-4 给出了计算两个有限长序列 $x(n)$ 与 $h(n)$ 的 L 点圆周卷积的框图，其中，两序列长

度分别为 M 和 N，$L \geqslant \max[m,n]$。

4. 圆周卷积与线性卷积的关系

若 $x_1(n)$ 为 N_1 点长序列 $(0 \leqslant n \leqslant N_1 - 1)$，$x_2(n)$ 为 N_2 点长序列 $(0 \leqslant n \leqslant N_2 - 1)$，则两序列的线性卷积为

$$y_1(n) = x_1(n) * x_2(n) = \sum_{m=-\infty}^{\infty} x_1(m)x_2(n-m) = \sum_{m=0}^{N_1-1} x_1(m)x_2(n-m) \tag{4.30}$$

线性卷积的长度为 $N = N_1 + N_2 - 1$。

以上两个序列 $x_1(n)$ 和 $x_2(n)$ 的 N 点圆周卷积为

$$y(n) = \left[\sum_{m=0}^{N-1} x_1(m)x_2(n-m)_N]R_N(n) \right] \tag{4.31}$$

在式（4.31）中，必须将 $x_2(n)$ 变成以 N 为周期的周期延拓序列，即

$$\tilde{x}_2(n) = x_2((n))_N = \sum_{r=-\infty}^{\infty} x_2(n+rN)$$

把此式带入到式（4.31）中得

$$y(n) = [\sum_{m=0}^{N-1} x_1(m) \sum_{r=-\infty}^{\infty} x_2(n+rN-m)]R_N(n) = \left[\sum_{r=-\infty}^{\infty} \sum_{m=0}^{N-1} x_1(m)x_2(n+rN-m) \right]R_N(n)$$

将此式与式（4.30）进行比较，可得

$$y(n) = [\sum_{r=-\infty}^{\infty} y_1(n+rN)]R_N(n) \tag{4.32}$$

由此看出，由线性卷积求圆周卷积：两序列的线性卷积 $y_1(n)$ 是以 N 为周期的周期延拓后混叠相加序列的主值序列，即为此两序列的 N 点圆周卷积。

因为线性卷积 $y_1(n)$ 的长度为 $N_1 + N_2 - 1$，即有 $N_1 + N_2 - 1$ 个非零点，所以延拓的周期 N 必须满足：

$$N \geqslant N_1 + N_2 - 1 \tag{4.33}$$

这时各延拓周期才不会混叠，从而 $y(n) = y_1(n)$。

由圆周卷积求线性卷积：当圆周卷积的点数 $N \geqslant N_1 + N_2 - 1$（线性卷积的长度）时，线性卷积等于圆周卷积。

当 $N < N_1 + N_2 - 1 = M$ 时，也就是圆周卷积的长度小于线性卷积的长度时，圆周卷积只在部分区间中代表线性卷积。由图 4-5 中可以看出，圆周卷积的主值区间内，只有 $M - L \leqslant n \leqslant L - 1$ 范围内没有周期延拓序列的混叠，因而这一范围内的圆周卷积才能代表线性卷积。

这种情况下有更为简便的方法求 $y(n)$，将线性卷积结果 $y_1(n)$ 的前 N 位之后加以截断，将截断处以后部分移到下一行与 $y_1(n)$ 的最前部对齐然后对位相加（不进位），其相加得到的序列即为两序列的 N 点圆周卷积和 $y(n)$。

【例 4.8】设两个有限长序列分别为 $x_1(n) = \{\underline{1},1,1\}$，$x_2(n) = \{\underline{1},2,3,4,5\}$，求

（1）线性卷积 $y_1(n) = x_1(n) * x_2(n)$，并指出序列的长度；

（2）$x_1(n)⑤x_2(n)$；

（3）$x_1(n) \circledcirc x_2(n)$；

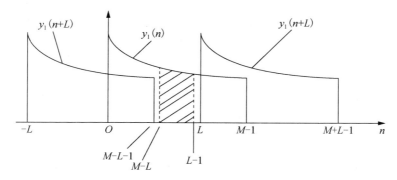

图 4-5　当 $N < N_1 + N_2 - 1 = M$ 时，线性卷积与 N 点圆周卷积示意图

（4）满足什么条件时，两序列的线性卷积和圆周卷积相等？

解：（1）利用对位相乘法求线性卷积：

$$
\begin{array}{ccccc}
1 & 2 & 3 & 4 & 5 \\
  &   & 1 & 1 & 1 \\
\hline
1 & 2 & 3 & 4 & 5 \\
\end{array}
$$

```
        1   2   3   4   5
                1   1   1
    ─────────────────────────
        1   2   3   4   5
    1   2   3   4   5
1   2   3   4   5
─────────────────────────────
1   3   6   9   12  9   5
```

所以线性卷积 $y_l(n) = \{1,3,6,9,12,9,5\}$，序列长度为 3+5-1=7。

（2）法 1：将线性卷积结果 $y_l(n)$ 的前 5 点之后加以截断，将截断处以后部分{9，5}移到下一行与 $y_l(n)$ 的最前部对齐然后对位相加（不进位），其相加得到的序列即为两序列的 5 点圆周卷积和 $y(n)$。

```
           •
y_l(n) 1  3  6  9  12 • 9  5
       9  5              •
    ─────────────────────────
      10  8  6  6  12
```

所以，$x_1(n) \circledS x_2(n) = \{10,8,6,9,12\}$。

法 2：利用矩阵法来求两序列的 5 点圆周卷积，可得

$$
\begin{bmatrix} y(0) \\ y(1) \\ y(2) \\ y(3) \\ y(4) \end{bmatrix} =
\begin{bmatrix}
1 & 0 & 0 & 1 & 1 \\
1 & 1 & 0 & 0 & 1 \\
1 & 1 & 1 & 0 & 0 \\
0 & 1 & 1 & 1 & 0 \\
0 & 0 & 1 & 1 & 1
\end{bmatrix}
\begin{bmatrix} 1 \\ 2 \\ 3 \\ 4 \\ 5 \end{bmatrix} = \{10,8,6,9,12\}
$$

显然，两种方法的结果是一致的，但是与线性卷积是不相等的。

（3）利用（2）中的法 1，可以很快求出 $x_1(n) \circledcirc x_2(n) = \{1,3,6,9,12,9,5\}$，与线性卷积的结果是相等的。

（4）当圆周卷积的点数 $N \geqslant N_1 + N_2 - 1$（线性卷积的长度）时，线性卷积等于圆周卷积。

即当 $N \geqslant 3+5-1=7$ 时，两序列的线性卷积和圆周卷积相等。图 4-6 给出了两序列的线性卷积与圆周卷积。

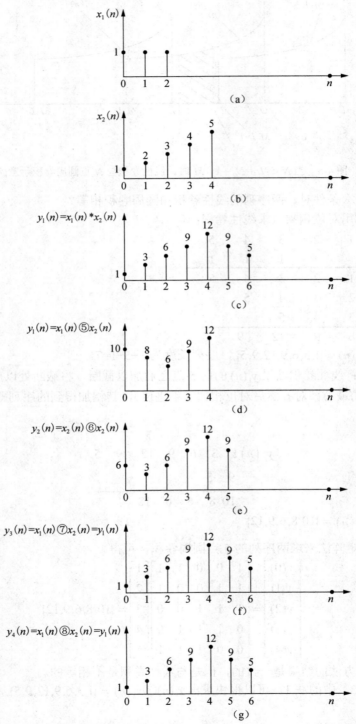

图 4-6 有限长序列的线性卷积与圆周卷积

【例 4.9】已知有限长序列为

$$x(n) = \delta(n-2) + 4\delta(n-4)$$

(1) 求其 8 点 DFT，即求 $X(k) = DFT[x(n)], N = 8$ ；

(2) 若 $h(n)$ 的 8 点 DFT 为 $H(k) = W_8^{-3k} X(k)$ ，求 $h(n)$ ；

(3) 若序列 $y(n)$ 的 8 点 DFT 为 $Y(k) = H(k)X(k)$ ，求 $y(n)$ 。

解：（1）

$$X(k) = \sum_{n=0}^{N-1} x(n) W_N^{kn} = \sum_{n=0}^{7} [\delta(n-2) + 4\delta(n-4)] W_8^{kn}$$

$$= W_8^{2k} + 4W_8^{4k} = (W_4^1)^k + 4(W_2^1)^k = (-j)^k + 4(-1)^k, k = 0,1,\cdots,7$$

所以

$$X(k) = \{5, -4-j, 3, -4+j, 5, -4, 3, -4+j\}$$

（2）因为 $H(k) = W_8^{-3k} X(k)$ ，由 DFT 的圆周移位性质得，$h(n)$ 是 $x(n)$ 补零到成为 8 点序列后，向左圆周移位 3 个单位得到的序列，即

$$h(n) = x((n+3))_8 R_8(n) = 4\delta(n-1) + \delta(n-7)$$

（3）因为 $Y(k) = H(k)X(k)$ ，由时域圆周卷积定理知 $y(n)$ 为 $x(n)$ 与 $h(n)$ 的 8 点圆周卷积。

$$H(k) = W_8^{-3k} X(k) = W_8^{-3k} (W_8^{2k} + 4W_8^{4k}) = W_8^{-k} + 4W_8^{k}$$

所以

$$Y(k) = H(k)X(k) = (W_8^{-k} + 4W_8^{k})(W_8^{2k} + 4W_8^{4k}) = W_8^{k} + 8W_8^{3k} + 16W_8^{5k}$$

所以

$$y(n) = \delta(n-1) + 8\delta(n-3) + 16\delta(n-5)$$

4.3 频域抽样定理

设绝对可和的非周期序列 $x(n)$ 的 z 变换为 $X(z) = \sum_{n=-\infty}^{\infty} x(n) z^{-n}$ 。

由于序列绝对可和，所以其傅里叶变换存在且连续，故 z 变换收敛域包括单位圆。在单位圆上对 $X(z)$ 等间隔抽样 N 点（即频域抽样），可得到周期序列 $\tilde{X}(k)$

$$\tilde{X}(k) = X(z)\Big|_{z=e^{j\frac{2\pi}{N}k}} = X(e^{j\omega})\Big|_{w=\frac{2\pi}{N}k} = \sum_{n=-\infty}^{\infty} x(n) W_N^{kn} \qquad (4.34)$$

那么这样抽样之后是否能恢复出原序列 $x(n)$ 呢？

设由 $\tilde{X}(k)$ 恢复出的序列为 $\tilde{x}_N(n)$ ，则

$$\tilde{x}_N(n) = IDFS[\tilde{X}(k)] = \frac{1}{N} \sum_{k=0}^{N-1} \tilde{X}(k) W_N^{-kn}$$

$$= \frac{1}{N} \sum_{k=0}^{N-1} [\sum_{m=-\infty}^{\infty} x(m) W_N^{km}] W_N^{-kn}$$

$$= \sum_{m=-\infty}^{\infty} x(m)[\frac{1}{N} \sum_{k=0}^{N-1} W_N^{k(n-m)}]$$

因为

$$\frac{1}{N}\sum_{k=0}^{N-1}W_N^{k(m-n)} = \begin{cases} 1, m-n = rN \\ 0, m-n \neq rN \end{cases}$$

所以

$$\tilde{x}_N(n) = [\sum_{r=-\infty}^{\infty} x(n+rN)] \tag{4.35}$$

由式（4.35）可看出，频域抽样后，由 $\tilde{X}(k)$ 得到的周期序列 $\tilde{x}_N(n)$ 是原非周期序列 $x(n)$ 的周期延拓序列，其时域周期为频域抽样点数 N。这里得到了"频域抽样就会造成时域的周期延拓"。很明显，如果时域上没有混叠，也就是说，若 $x(n)$ 是时间有限并且短于 $\tilde{x}_N(n)$ 的周期，那么就可以从 $\tilde{x}_N(n)$ 恢复出 $x(n)$。由此得到频域采样定理。即：

如果序列的长度为 M，若对 $X(\mathrm{e}^{j\omega})$ 在 $0 \leqslant \omega \leqslant 2\pi$ 上做 N 点等间隔抽样，得到 $\tilde{X}(k)$，只有当抽样点数 N 满足 $N \geqslant M$ 时，才能由 $\tilde{X}(k)$ 恢复出 $x(n)$，否则将产生时域的混叠失真，不能由 $\tilde{X}(k)$ 无失真地恢复原序列。

4.4 DFT 的应用

DFT 的计算在数字信号处理中应用非常广泛，例如，在 FIR 滤波器设计中会遇到从 $h(n)$ 求 $H(k)$ 或由 $H(k)$ 求 $h(n)$，这就要计算 DFT。再有，信号的频谱分析对通信、图像传输、雷达、声呐等都是很重要的。此外，在系统的分析、设计和实现中都会用到 DFT 的计算。

4.4.1 利用 DFT 计算线性卷积

对于线性移不变离散系统，可由线性卷积表示其时域上输入/输出关系，即 $y(n) = x(n) * h(n)$。当两个有限长序列的圆周卷积的点数大于或等于二者的线性卷积的长度时，线性卷积与圆周卷积相等，因此通常会用圆周卷积代替线性卷积的计算。利用圆周卷积和定理，用 DFT 方法来计算圆周卷积和，从而求得线性卷积。求解过程如下所述。

设输入序列为 $x(n), 0 \leqslant n \leqslant N_1 - 1$，系统单位抽样响应为 $h(n)$，$0 \leqslant n \leqslant N_2 - 1$，用计算圆周卷积和的方法求系统输出 $y_l(n) = x(n) * h(n)$ 的过程如下：

（1）令 $L = 2^m \geqslant N_1 + N_2 - 1$。

（2）将 $x(n)$ 和 $h(n)$ 补成长度为 L 的序列：

$$x(n) = \begin{cases} x(n), 0 \leqslant n \leqslant N_1 - 1 \\ 0, \quad N_1 \leqslant n \leqslant L-1 \end{cases}$$

$$h(n) = \begin{cases} h(n), 0 \leqslant n \leqslant N_2 - 1 \\ 0, \quad N_2 \leqslant n \leqslant L-1 \end{cases}$$

（3）分别对 $x(n)$ 和 $h(n)$ 做 L 点 DFT，即

$$X(k) = \text{DFT}[x(n)], \quad L \text{ 点}$$
$$H(k) = \text{DFT}[h(n)], \quad L \text{ 点}$$

（4）$Y(k) = X(k)H(k)$。

（5）$y(n) = \text{IDFT}[Y(k)]$，L 点。

（6）$y_l(n) = y(n), 0 \leqslant n \leqslant N_1 + N_2 - 1$。

但是在某些实际应用中，输入序列 $x(n)$ 通常是一个很长的序列，因此这一做法也很难被直接采纳，甚至还会妨碍应用需求的满足。例如，在网络电话系统中，用户的通话时间是一个随机变量，因此语音序列的长度是不定的；如果通话时间较长，上述做法就意味着需要保存大量的语音数据并进行高点数的 DFT 计算，而这对于存储空间和处理能力都较为有限的网络电话终端来说，显然无法实现；此外，网络电话终端需要对语音序列进行实时处理，而上述做法无疑会导致这种实时性的处理需求难以得到满足。

对于一个长输入序列在处理之前，必须分割成长度较短的固定尺寸的数据块，每个块经过 DFT 和 IDFT 处理，产生一个输出数据块。输出数据块组合在一起就形成了总输出信号序列，这与长序列进行时域卷积得到的序列相同。下面来介绍基于 DFT 的线性卷积的逐段计算方法。主要有两种方法：重叠相加算法和重叠保留法。这两种方法虽然在细节上存在着差异，但却具有相同的本质，都是以逐段的方式通过圆周卷积来完成线性卷积的计算的。因此，下面仅介绍重叠相加法（图 4-7），重叠保留法可以参考相关资料。在算法中均假设系统冲激响应 $h(n)$ 的长度为 M。输入数据序列分割成 L 点的数据块，不失一般性，设 $L >> M$。

设输入数据块的大小为 L 点，DFT 和 IDFT 的长度为 $N = L + M - 1$。对每个数据块，补 $M - 1$ 个零并计算 N 点 DFT。因此，数据块可以表示为

$$x_1(n) = \{x(0), x(1), \cdots, x(L-1), \underbrace{0, 0, \cdots, 0}_{M-1}\}$$
$$x_2(n) = \{x(L), x(L+1), \cdots, x(2L-1), \underbrace{0, 0, \cdots, 0}_{M-1}\}$$
$$x_3(n) = \{x(2L), x(2L+1), \cdots, x(3L-1), \underbrace{0, 0, \cdots, 0}_{M-1}\}$$

依次类推，两个 N 点 DFT 相乘就得到 $Y_m(k) = H(k)X_m(k)$。

因为 DFT 和 IDFT 的长为 $N=L+M-1$，并且通过对每个块补零以使序列长度增加为 N 点，所以 IDFT 得到的数据块的长度也是 N，而且不存在混叠。因为每个数据块的结尾都是 $M-1$ 个零，所以每个输出块的后 $M-1$ 个点必须要重叠并加到随后数据块的前 $M-1$ 个点上。重叠相加产生的输出序列为

$$y(n) = \{y_1(0), y_1(1), \cdots, y_1(L-1), y_1(L)+y_2(0), y_1(L+1)+y_2(1), y_1(N-1)+y_2(M-1), y_2(M), \cdots\}$$

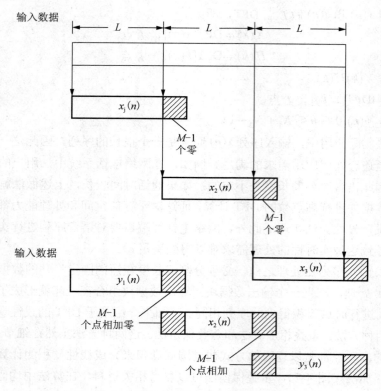

图 4-7　利用重叠相加法进行 FIR 滤波

4.4.2　基于 DFT 的信号频谱分析

为了计算连续时间和离散时间信号的频谱，需要信号所有时间的值。然而实际上观察到的信号只是有限长的。因此，从有限的数据记录，只能近似地表达信号的频谱。本部分主要介绍用有限数据记录的 DFT 进行信号频率分析的一般方法。

设 $x_a(t)$ 表示待分析的连续时间信号，其傅里叶变换为 $X(j\Omega)$，频率分析的目的是要由 $x_a(t)$ 获得频域上一个有限长序列 $X(k)$，以尽可能全面准确地表示 $X(j\Omega)$ 的特征。用 DFT 进行信号频谱分析包括 3 个步骤：时域抽样、时域截断和频域抽样。

1. 时域抽样

将 $x(t)$ 在时间轴上等间隔 T 进行抽样。时域以频率 $f_s = \dfrac{1}{T}$ 抽样，频域就会以抽样频率 f_s 为周期而进行周期延拓。若频域为限带信号，最高频率为 f_h，根据时域抽样定理，只要满足 $f_s \geq 2f_h$，就不会产生周期延拓后频谱的混叠失真。抽样后的离散序列及其频谱分别为

$$x_a(t)\big|_{t=nT} = x_a(nT) = x(n)$$

因为

$$t = nT \quad \mathrm{d}t = (n+1)T - nT = T \ , \quad \int_{-\infty}^{\infty} \mathrm{d}t \longrightarrow \sum_{n=-\infty}^{\infty} T$$

所以

$$X(\mathrm{j}\Omega) \approx T\sum_{n=-\infty}^{\infty} x(nT)\mathrm{e}^{-\mathrm{j}\Omega nT}$$

2. 时域截断

将 $x_\mathrm{a}(nT) = x(n)$ 截断成从 $t=0$ 开始长度为 T_0 的有限长序列，包含有 N 个抽样点。相当于 $x(n)$ 乘上一个 N 点长的窗函数，则

$$X(\mathrm{j}\Omega) \approx T\sum_{n=0}^{N-1} x(nT)\mathrm{e}^{-\mathrm{j}\Omega nT}, \quad T_0 = NT$$

3. 频域抽样

为了数值运算，在频域上也要进行离散化，即在频域的一个周期 f_s 中，也取 N 个抽样点，即 $f_\mathrm{s} = NF_0$，每个样点间的间隔为 F_0。频域抽样亦造成时域的周期延拓，周期为 $T_0 = \dfrac{1}{F_0}$。

这样，经过上述 1、2、3 三个步骤后，时域、频域都是离散周期序列。傅里叶变换对转换为

$$X(\mathrm{j}k\Omega_0) = X(\mathrm{j}\Omega)\big|_{\Omega=k\Omega_0} \approx T\sum_{n=0}^{N-1} x(nT)\mathrm{e}^{jk\Omega_0 nT} \approx T \cdot \mathrm{DFT}[x(n)]$$

$$x(n) = x(t)\big|_{t=nT} \approx \frac{\Omega_0}{2\pi}\sum_{k=0}^{N-1} X(\mathrm{j}k\Omega_0)\mathrm{e}^{jk\Omega_0 nT} \approx \frac{1}{T} \cdot \mathrm{IDFT}[X(\mathrm{j}k\Omega_0)]$$

其中，T 为时域采样间隔；f_h 为信号最高频率；T_0 为信号记录时间；f_s 为时域抽样频率；N 为采样点数（时域和频域的一个周期）与 F_0 为频率分辨率（频率采样间隔）。其中，$f_\mathrm{s} \geqslant 2f_\mathrm{h}$，$T = \dfrac{1}{f_\mathrm{s}}$。

频率分辨率 F_0 是指长度为 N 的信号序列所对应的连续谱 $X(\mathrm{e}^{j\omega})$ 中能分辨的两个频率分量峰值的最小频率间距，此最小频率间距 F_0 与数据长度 T_0 成反比，即 $F_0 = \dfrac{1}{T_0}$。若不做数据补零值点的特殊处理，则时域抽样点数 N 与 T_0 关系为

$$T_0 = NT = \frac{N}{f_\mathrm{s}} = \frac{1}{F_0}$$

因此可得到频率分辨率 F_0 的另一个表达式：

$$F_0 = \frac{1}{NT} = \frac{f_s}{N}$$

显然 F_0 应根据频谱分析的要求来确定，由 F_0 就能确定所需数据长度 T_0。F_0 越小，频率分辨率就越高，若想提高频率分辨率，即减少 F_0 只能增加有效数据长度 T_0，此时若抽样频率 f_s 不变，则抽样点数 N 一定要增加。

注意：用时域序列补零值点的办法增加 N 值是不能提高频率分辨率的，因为补零不能增加信号的有效长度，所以补零值点后的信号频谱 $X(\mathrm{e}^{j\omega})$ 是不会变化的，因而不能增加任何信息，不能提高分辨率。

采用 DFT 进行信号频谱分析得到的结果和原信号频谱存在着一定的偏差。造成这一偏差的原因主要体现在如下两个方面：

（1）频谱的混叠失真。若时域抽样时抽样频率不满足抽样定理要求，即不满足 $f_s \geqslant 2f_h$，则频域周期延拓分量会在 $f = 0.5f_s$ 附近产生频谱的混叠失真；其次，信号中的高频噪声干扰也可能造成频域混叠；再次，下面要讨论的频谱泄露也会造成频谱的混叠失真。为了控制以上各种混叠失真，一般采取两种做法：①选取抽样频率时，应满足 $f \leqslant 0.5f_s$ 内包含 80%以上的信号能量，即一般选择 $f_s = (3 \sim 6)f_h$；②在抽样前利用模拟低通滤波器进行防混叠滤波，使信号频谱中最高频率分量不超过 $0.5f_s$。

（2）频谱泄露。这就是第 2 步时域截断为有限长序列时的截断效应。

以正弦序列为例。设从无限长正弦序列 $x(n)=\cos(\omega_0 n)$ 中取出一段长为 L 的正弦序列，这相当于将 $x(n)$ 乘上了一个长为 L 的矩形窗，即

$$x_L(n)=\cos(\omega_0 n)w(n)$$

其中，

$$w(n)=R_L(n)=\begin{cases}1,0 \leqslant n \leqslant L-1 \\ 0,其他\end{cases} \tag{4.36}$$

则有限长序列 $x_L(n)$ 的 DTFT（即连续频谱）为

$$X_L(e^{j\omega})=\frac{1}{2}[W(\omega-\omega_0)+W(\omega+\omega_0)] \tag{4.37}$$

其中，$W(e^{j\omega})$ 是矩形窗的 DTFT，表达式为

$$W(e^{j\omega})=\frac{\sin(\omega L/2)}{\sin(\omega/2)}e^{-j\omega(L-1)/2} \tag{4.38}$$

利用 N 点 DFT 计算 $X_L(e^{j\omega})$。在序列 $x_L(n)$ 后补 $N-L$ 个零，计算截断（L 点）序列 $x_L(n)$ 的 N 点 DFT。图 4-8 画出了 $L=25$，$N=2048$ 时的幅度谱 $X_L(e^{j\omega})$。

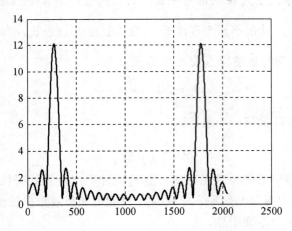

图 4-8　$L=25$，$N=2048$ 时的幅度谱 $X_L(e^{j\omega})$

可以看出，加窗频谱 $X_L(e^{j\omega})$ 并不是局限于单一频率，而是按照矩形窗谱的形状将能量扩散到

整个频率区间上。而 $x(n) = \cos(\omega_0 n)$ 的傅里叶变换 $X(e^{j\omega}) = \pi \sum\limits_{i=-\infty}^{\infty} [\delta(\omega + \omega_0 - 2\pi i) + \delta(\omega - \omega_0 - 2\pi i)]$ ，是以 ω_0 为中心，以 2π 的整数倍为间隔的一系列冲激函数，是单频信号。这就是加窗截断造成的"频谱泄露"。

另外，加窗还会降低频谱分辨率。设有两个频率分量的正弦序列的和

$$x(n) = \cos(\omega_1 n) + \cos(\omega_2 n) \tag{4.39}$$

当该序列被截断为区间 $0 \leqslant n \leqslant L-1$ 上的 L 各样本值时，加窗后的频谱为

$$X_L(e^{j\omega}) = \frac{1}{2}[W(\omega - \omega_1) + W(\omega + \omega_1) + W(\omega - \omega_2) + W(\omega + \omega_2)] \tag{4.40}$$

矩形窗序列的频谱 $W(e^{j\omega})$ 在 $\omega = 2\pi/L$ 处存在第一个零点。现在假设 $|\omega_1 - \omega_2| < 2\pi/L$ 时，那么两个窗函数 $W(\omega - \omega_1)$ 和 $W(\omega - \omega_2)$ 就会重叠，因此， $x(n)$ 的两条谱线将无法区分。只有当 $|\omega_1 - \omega_2| \geqslant 2\pi/L$ 时才能看到频谱 $X_L(e^{j\omega})$ 分开的两瓣。因此，矩形窗谱 $W(\omega)$ 的主瓣宽度限制了区分相邻频率成分的能力。常将矩形窗谱主瓣宽度的一半定义为频率分辨率，即

$$\Delta\omega = 2\pi/L(\text{rad})$$

或

$$\Delta f = \frac{\Delta\omega}{2\pi}f_s = \frac{\Delta\omega}{2\pi T_s} = \frac{1}{LT_s} = \frac{f_s}{L}(\text{Hz}) \tag{4.41}$$

其中， T_s 为时域取样间隔； L 为取样点数； LT_s 为是序列 $x_L(n)$ 的时间长度（单位为秒）。式（4.41）表明，频率分辨率与序列的时间长度成反比，序列越长，则分辨率的数值越小，表示频率分辨能力越强。在 T_s 一定的情况下，增大 L 意味着采集更多的信号取样数据。

【例 4.10】有一频谱分析用的 FFT 处理器，其抽样点数必须是 2 的整数幂。假定没有采用任何特殊的数据处理措施，已知条件为：①频率分辨率为 $F_0 \leqslant 10\text{Hz}$ ；②信号的最高频率 $f_h \leqslant 4\text{kHz}$ 。试确定以下参量：

（1）最小记录长度 T_0 ；

（2）抽样点间的最大时间间隔 T ；

（3）在一个记录中的最小点数 N ；

（4）若将频率分辨率提高 1 倍，求在一个记录中的最小点数 N 。

解：（1）最小记录长度为

$$T_0 = \frac{1}{F} = \frac{1}{10} = 0.1\text{s}, \quad T_0 \geqslant 0.1\text{s}$$

（2）最大的抽样时间间隔 T

$$T = \frac{1}{f_s} = \frac{1}{2f_h} = \frac{1}{2} \times 4 \times 10^3 = 0.125 \times 10^{-3}(\text{s})$$

（3）最小记录点数 N 为

$$N \geqslant 2f_h/F_0 = \frac{2 \times 4 \times 10^3}{10} = 800$$

因为抽样点数必须是 2 的整数幂，所以取

$$N = 2^{10} = 1024$$

（4）若将频率分辨率提高 1 倍，即 $F_0 = 5\text{Hz}$ ，此时最小记录点数 N 为

$$N \geqslant 2f_\mathrm{h} / F_\mathrm{o} = \frac{2 \times 4 \times 10^3}{5} = 1600，因为抽样点数必须是 2 的整数幂，所以取$$

$$N = 2^{11} = 2048$$

习　　题

4.1　设 $x(n) = R_4(n), \tilde{x}(n) = x((n))_6$，试求 $\tilde{X}(k)$，并作图表示 $\tilde{x}(n)$，$\tilde{X}(k)$。

4.2　已知 $x(n) = \{\underline{1}, 1, 3, 2\}$，分别写出序列 $x((-n))_6 R_6(n)$，$x((n))_3 R_3(n)$，$x((n-3))_5 R_5(n)$。

4.3　设 $x(n) = \{\underline{1}2, 3, 4, 5\}$，$h(n) = R_4(n-2)$，令 $\tilde{x}(n) = x((n))_6$，$\tilde{h}(n) = h((n))_6$，试求 $\tilde{x}(n)$ 与 $\tilde{h}(n)$ 的周期卷积。

4.4　利用公式（4.18a）计算序列 $x(n) = \{\underline{1}, 2, 0, 5\}$ 的 4 点 DFT。

4.5　利用公式（4.18b）计算习题 4.3 所得到的 DFT 的逆变换，并将结果与习题 4.4 的序列 $x(n)$ 进行比较。

4.6　计算以下序列的 N 点 DFT，在变换区间 $0 \leqslant n \leqslant N$ 内，序列定义如下：

（1）$x(n) = 1$；（2）$x(n) = \delta(n)$；（3）$x(n) = \delta(n-n_0), 0 < n_0 < N$；

（4）$x(n) = \mathrm{e}^{\mathrm{j}\frac{2\pi}{N}mn}, 0 < m < N$；（5）$x(n) = \cos\left(\frac{2\pi}{N}mn\right), 0 < m < N$。

4.7　证明：若 $x(n)$ 为实序列，$X(k) = \mathrm{DFT}[x(n)]$，则 $X(k)$ 为共轭对称序列，即 $X(k) = X^*(N-k)$。

4.8　已知实序列 $x(n)$ 的 8 点 DFT 的前 5 个值为 0.25, 0.125-j0.3018, 0, 0.125-j0.0518, 0。

1）求 $X(k)$ 的其余 3 点的值；

（2）$x_1(n) = \sum_{m=-\infty}^{+\infty} x(n+5+8m)R_8(n)$，求 $x_1(n)$ 的 8 点 DFT $X_1(k)$；

（3）$x_2(n) = x(n)\mathrm{e}^{\mathrm{j}\pi n/4}$，求 $x_2(n)$ 的 8 点 DFT $X_2(k)$。

4.9　已知 $x(n) = \{\underline{2}, 1, 4, 2, 3\}$。

（1）计算 $X(\mathrm{e}^{\mathrm{j}\omega}) = \mathrm{DTFT}[x(n)]$ 及 $X(k) = \mathrm{DFT}[x(n)]$，并说明二者之间的关系；

（2）将 $x(n)$ 的尾部补零，得到 $x_0(n) = \{\underline{2}, 1, 4, 2, 3, 0, 0, 0\}$，计算 $X_0(\mathrm{e}^{\mathrm{j}\omega}) = \mathrm{DTFT}[x_0(n)]$ 及 $X_0(k) = \mathrm{DFT}[x_0(n)]$；

（3）比较（1）、（2）的结果加以比较，得出响应的结论。

4.10　已知一个 5 点序列 $x(n) = \{\underline{1}, 0, 2, 1, 3\}$，求出：

（1）$x(n)*x(n)$；

（2）$x(n)$ 与 $x(n)$ 的 5 点圆周卷积；

（3）$x(n)$ 与 $x(n)$ 的 10 点圆周卷积。

4.11　设有两个序列：

$$x(n) = \begin{cases} x(n), & 0 \leqslant n \leqslant 5 \\ 0, & 其他 n \end{cases}，\quad y(n) = \begin{cases} y(n), & 0 \leqslant n \leqslant 14 \\ 0, & 其他 n \end{cases}$$

各做 15 点的 DFT，然后将两个 DFT 相乘，再求乘积的 IDFT，设所得结果为 $f(n)$，问 $f(n)$ 的哪些点（用序号 n 表示）对应于 $x(n)*y(n)$ 应该得到的点。

4.12　已知两个有限长序列如下：

$$x(n)=\begin{cases}n+1,0\leqslant n\leqslant 3\\0,\quad 4\leqslant n\leqslant 6\end{cases},\quad y(n)=\begin{cases}-1,0\leqslant n\leqslant 4\\1,\quad 5\leqslant n\leqslant 6\end{cases}$$

试用图表示 $x(n)$ $y(n)$ 及 $x(n)$ 与 $y(n)$ 的 7 点圆周卷积 $f(n)$。

4.13　已知

$$X_1(k)=\begin{cases}5,k=0\\2,1\leqslant n\leqslant 7\end{cases},\quad X_2(k)=\begin{cases}4,\qquad\quad k=5\\1,\ 1\leqslant k\leqslant 4,6\leqslant k\leqslant 9\end{cases}$$

求：（1）$x_1(n)=IDFT[X_1(k)]$，8 点；（2）$x_2(n)=\text{IDFT}[X_2(k)]$，10 点。

4.14　已知序列

$$x(n)=\{1,2,3\},0\leqslant n\leqslant 2,\quad h(n)=\{0,2,4,6\},0\leqslant n\leqslant 3$$

（1）求出 $y(n)=x(n)*h(n)$；

（2）利用矩阵法，求出 $x(n)$ 和 $h(n)$ 的 5 点圆周卷积 $f(n)$；

（3）对 $x(n)$ 和 $h(n)$ 求 L 点圆周卷积，问 L 需满足什么条件，L 点圆周卷积可以替代它们的线性卷积？

4.15　已知有限长序列为

$$x(n)=3\delta(n)+5\delta(n-2)+4\delta(n-4)$$

（1）求其 8 点 DFT，即求 $X(k)=\text{DFT}[x(n)]$，$N=8$；

（2）若 $y(n)$ 的 8 点 DFT 为 $Y(k)=W_8^{3k}X(k)$，求 $y(n)$。

4.16　将一数字信号处理器做频谱分析之用，其抽样点数必须是 2 的整数幂。假定没有采用任何特殊的数据处理措施，已知条件为：频率分辨率为 $F_0\leqslant 5\text{Hz}$，抽样频率 $f_s=5\text{kHz}$。试确定以下参量：

（1）最小记录长度 T_0；

（2）允许处理的信号的最高频率；

（3）一个记录中的最少抽样点数 N；

（4）在抽样频率不变的情况下，如何将频率分辨率提高 1 倍，使 $F_0=2.5\text{Hz}$。

第 5 章

快速傅里叶变换（FFT）

离散傅里叶变换（DFT）在数字信号处理中起着重要作用，它被广泛应用在线性滤波、信号频谱分析等很多方面，DFT 如此重要的主要原因在于它存在快速算法，此类算法被称为快速傅里叶变换（Fast Fourier Transform，FFT）。FFT 极大地降低了 DFT 的运算量，为 DFT 在数字系统中的实际应用奠定了坚实的基础。本章将介绍 FFT 算法，该算法适用于计算点数 N 为 2 或 4 的幂次的 DFT。

5.1 直接计算 DFT 的运算量

根据 DFT 计算式（5.1），由长为 N 的数据序列 $x(n)$ 计算长度为 N 的复序列 $X(k)$ 的过程：

$$X(k) = \sum_{n=0}^{N-1} x(n) W_N^{kn}, \quad 0 \leqslant k \leqslant N-1 \tag{5.1}$$

其中，

$$W_N = \mathrm{e}^{-\mathrm{j}\frac{2\pi}{N}} \tag{5.2}$$

通常假设数据序列 $x(n)$ 为一个复序列。

类似地，IDFT 为

$$x(n) = \frac{1}{N} \sum_{k=0}^{N-1} X(k) W_N^{-kn}, \quad 0 \leqslant n \leqslant N-1 \tag{5.3}$$

因为基本上涉及相同类型的计算，所以 DFT 的快速算法同样适用于 IDFT。

表 5-1　直接计算 N 点 DFT 的运算量

$X(k) = \sum_{n=0}^{N-1} x(n) W_N^{kn}$		复数乘法次数	复数加法次数
	一个 $X(k)$	N	$N-1$
	N 个 $X(k)$（N 点 DFT）	N^2	$N(N-1)$
$(a+bj)(c+dj)=(ac-bd)+\mathrm{j}(ad+cb)$			
		实数乘法次数	实数加法次数
一次复数乘法		4	2
一次复数加法		0	2
一个 $X(k)$		$4N$	$2N+2(N-1)=2(2N-1)$

续表

	实数乘法次数	实数加法次数
N 个 $X(k)$（N 点 DFT）	$4N^2$	$4(2N-1)$

一般 $x(n)$ 和 W_N^{kn} 都是复数，$X(k)$ 也是复数，由表 5-1 可以看出，每计算一个 $X(k)$ 值，需要 N 次复数乘法（$4N$ 次实数乘法）及 $N-1$ 次复数加法（$4N-2$），而 $X(k)$ 一共有 N 个值，所以完成整个 DFT 运算总共需要 N^2 次复数乘法及 $N(N-1)$ 次复数加法。当 $N \gg 1$ 时，这二者都近似为 N^2，显然，随着 N 的增大，计算量将急剧增长。如 $N=512$ 时，需要 $N^2 = 5122 = 262144$（26 万次）次复数乘法，对于更大的 N 值，随着 N 值增大，计算中的时间开销呈几何级数增长，在实际中无法做到对信号实时处理。Cooley 与 Turkey 提出的 FFT 算法，大大减少了计算次数。如 $N=512$ 时，FFT 的复数乘法的次数为 2304 次，提高了约 114 倍，而且 N 越大，FFT 算法运算效率越高，因而，用数值方法计算频谱得到实际应用。

FFT 减少运算量的主要途径是利用了 DFT 公式中的相乘系数 W_N^k（以下称为旋转因子）的 3 种性质：对称性、周期性和可约性。这 3 种性质用公式可表示为

对称性：

$$W_N^{(k+N/2)} = -W_N^k \qquad (5.4)$$

周期性：

$$W_N^{N+k} = W_N^k \qquad (5.5)$$

可约性：

$$W_N^{nk} = W_{mN}^{mnk}, W_N^{nk} = W_{N/m}^{nk/m}, \quad m, N/m \text{ 均为整数} \qquad (5.6)$$

1965 年库利（J.W.Cooley）和图基（J.W.Tukey）在《计算数学》（《*Mathematics of Computation*》）上发表了"一种用机器计算复序列傅里叶级数的算法（*An algorithm for the machine calculation of complex Fourier series*）"论文，首次提出了一种较为成熟的 DFT 的快速算法后，在后来的研究中，不同形式的 FFT 算法不断被提出和完善，但其核心思想大致相同，都是利用 DFT 公式中定义的相乘系数 W_N^{nk} 的周期性、对称性和可约性，可以将长序列的 DFT 分解为短序列的 DFT，合并 DFT 计算中很多重复的计算，达到降低运算量的目的。

本章主要介绍两种基本的 FFT 算法：基 2 时域抽取算法（Radix-2 Decimation-In-Time）、基 2 频域抽取算法（Radix-2 Decimation-In-Frequency），这两种 FFT 算法是其余 FFT 算法的基础。

5.2　基 2 时间抽取算法（DIT–FFT）

先来看一个例子。以 4 点 DFT 为例。直接计算需要 $4^2 = 16$ 次复数乘法。而按 W_N^{nk} 的周期性、对称性和可约性，利用矩阵形式，可以将 DFT 表示为

$$\begin{bmatrix} X(0) \\ X(1) \\ X(2) \\ X(3) \end{bmatrix} = \begin{bmatrix} W_4^{0\times0} & W_4^{0\times1} & W_4^{0\times2} & W_4^{0\times3} \\ W_4^{1\times0} & W_4^{1\times1} & W_4^{1\times2} & W_4^{1\times3} \\ W_4^{2\times0} & W_4^{2\times1} & W_4^{2\times2} & W_4^{2\times3} \\ W_4^{3\times0} & W_4^{3\times1} & W_4^{3\times2} & W_4^{3\times3} \end{bmatrix} \begin{bmatrix} x(0) \\ x(1) \\ x(2) \\ x(3) \end{bmatrix} = \begin{bmatrix} 1 & 1 & 1 & 1 \\ 1 & W_4^1 & -1 & -W_4^1 \\ 1 & -1 & 1 & -1 \\ 1 & -W_4^1 & -1 & W_4^1 \end{bmatrix} \begin{bmatrix} x(0) \\ x(1) \\ x(2) \\ x(3) \end{bmatrix}$$

$$X(0) = \left[x(0) + x(2)\right] + \left[x(1) + x(3)\right]$$
$$X(1) = \left[x(0) - x(2)\right] + \left[x(1) - x(3)\right]W_4^1$$
$$X(2) = \left[x(0) + x(2)\right] + \left[x(1) + x(3)\right]$$
$$X(3) = \left[x(0) - x(2)\right] + \left[x(1) - x(3)\right]W_4^1$$

运算过程可以用图 5-1 所示的信号流图来表示。

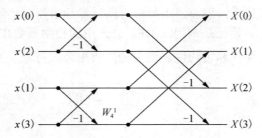

图 5-1 4 点 DFT 的计算信号流图

下面推广到一般情况。设序列 $x(n)$ 点数为 $N = 2^L$，L 为整数。如果不满足这个条件，可以通过补零使之达到这一要求。这种 N 为 2 的整数次幂的 FFT 也称为基 2-FFT。

将 $N = 2^L$=偶数的序列 $x(n)$ 按 n 的奇偶分成两个长度为 $N/2$ 的子序列 $x_1(r)$ 和 $x_2(r)$，分别对应于 $x(n)$ 中奇数下标和偶数下标的子序列，即

$$x_1(r) = x(2r)$$
$$x_2(r) = x(2r+1), \quad r = 0,1,2,\cdots,\frac{N}{2}-1 \tag{5.7}$$

所以，$x_1(r)$ 和 $x_2(r)$ 是以 2 为因子从 $x(n)$ 中抽取出来的。因此，此种 FFT 算法被称为按时间抽取算法。

现在，N 点 DFT 用抽取序列的 DFT 可表示为

$$\begin{aligned} X(k) &= \sum_{n=0}^{N-1} x(n)W_N^{nk}, n = 0,1,2,\cdots,N-1 \\ &= \sum_{n为偶} x(n)W_N^{nk} + \sum_{n奇} x(n)W_N^{nk} \\ &= \sum_{r=0}^{N/2-1} x(2r)W_N^{2rk} + \sum_{r=0}^{N/2-1} x(2r+1)W_N^{(2r+1)k} \\ &= \sum_{r=0}^{N/2-1} x_1(r)(W_N^2)^{rk} + W_N^k \sum_{r=0}^{N/2-1} x_2(r)(W_N^2)^{rk} \end{aligned} \tag{5.8}$$

根据 W_N^k 的可约性知 $W_N^2 = W_{N/2}^1$，使用这种替换后，式（5.8）可以表示为

$$x(k) = \sum_{r=0}^{N/2-1} x_1(r) W_{N/2}^{rk} + W_N^k \sum_{r=0}^{N/2-1} x_2(r) W_{N/2}^{rk} \tag{5.9}$$

$$= X_1(k) + W_N^k X_2(k), k = 0,1,2,\cdots,N-1$$

其中，$X_1(k)$ 和 $X_2(k)$ 分别是序列 $x_1(r)$ 和 $x_2(r)$ 的长度为 $N/2$ 的 DFT。

$$X_1(k) = \sum_{r=0}^{\frac{N}{2}-1} x(2r) W_{N/2}^{kr} = \sum_{r=0}^{\frac{N}{2}-1} x_1(r) W_{N/2}^{kr} \tag{5.10}$$

$$X_2(k) = \sum_{r=0}^{\frac{N}{2}-1} x(2r+1) W_{N/2}^{kr} = \sum_{r=0}^{\frac{N}{2}-1} x_2(r) W_{N/2}^{kr} \tag{5.11}$$

由式（5.9）可以看出，一个 N 点 DFT 已分解为两个 $N/2$ 点的 DFT，它们按照由式（5.9）又组合成一个 N 点 DFT，但是，$x_1(r)$、$x_2(r)$ 及 $X_1(k)$ 和 $X_2(k)$ 都是 $N/2$ 的序列，即 r、k 满足 $r,k = 0,1,\cdots,N/2-1$。而 $X(k)$ 却有 N 点，而用（5.9）式计算得到的只是 $X(k)$ 前一半项数的结果。下面来表示 $X(k)$ 后半部分 $X(k+N/2)$（$r,k = 0,1,\cdots,N/2-1$）。

因为 $X_1(k)$ 和 $X_2(k)$ 是周期性的，周期为 $N/2$，所以 $X_1(k+N/2) = X_1(k)$ 和 $X_2(k+N/2) = X_2(k)$，且 $W_N^{(k+N/2)} = -W_N^k$，所以可得到

$$X(k+N/2) = X_1(k+N/2) + W_N^{k+N/2} X_2(k+N/2) \tag{5.12}$$

$$= X_1(k) - W_N^k X_2(k), k = 0,1,\cdots,N/2-1$$

综合式（5.9）和式（5.12）可得 $X(k)$ 可以表示为

前半部分 $X(k)(k = 0,1,\cdots,\dfrac{N}{2}-1)$：

$$X(k) = X_1(k) + W_N^k X_2(k), \quad k = 0,1,\cdots,\frac{N}{2}-1 \tag{5.13}$$

后半部分 $X(k)(k = \dfrac{N}{2},\cdots,N-1)$：

$$X(k+\frac{N}{2}) = X_1(k) - W_N^k X_2(k), \quad k = 0,1,\cdots,\frac{N}{2}-1 \tag{5.14}$$

这样，只要求出 $k = 0,1,\cdots,N/2-1$ 时的所有的 $X_1(k)$ 和 $X_2(k)$ 值，即可求出 $k = 0,1,\cdots,N-1$ 的所有 $X(k)$ 值。

式（5.13）的运算可以用图 5-2 的信号流图符号表示，呈现蝴蝶形状，故称其为蝶形图。当支路上没有标出系数时，则该支路的传输系数为 1。公式中的 W_N^k，的模为 1，所以与 $X_2(k)$ 相乘后，只会改变后者的相角而不会影响其幅度，故称 W_N^k 为旋转因子。

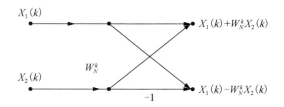

图 5-2　时间抽选法蝶形运算流图符号

采用这种方法,可将上面讨论的分解过程用图 5-3 表示。图中 $N=8$ 时,输出值 $X(0)$ 到 $X(3)$ 是由式(5.13)得出的, 而输出值 $X(4)$ 到 $X(7)$ 是由式(5.14)得出的。

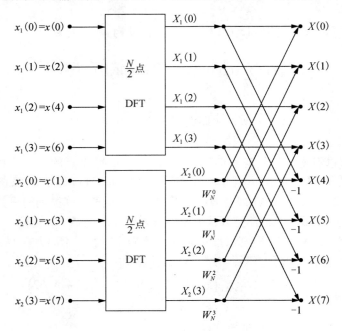

图 5-3　将一个 N 点 DFT 分解为两个 $N/2$ 点 DFT,按时间抽取,$N=8$

使用按时间抽取算法一次后,由于 $N=2^L$,因而 $N/2$ 仍是偶数,对 $x_1(r)$ 和 $x_2(r)$ 重复这个过程,从而 $x_1(r)$ 将会分成如下两个长度为 $N/4$ 的序列:

$$\begin{cases} x_1(2l)=x_3(l),\ l=0,1,\cdots,\dfrac{N}{4}-1 \\[2mm] x_1(2l+1)=x_4(l),l=0,1,\cdots,\dfrac{N}{4}-1 \end{cases}$$

而 $x_2(r)$ 将产生:

$$\begin{cases} x_2(2l)=x_5(l),\ l=0,1,\cdots,\dfrac{N}{4}-1 \\[2mm] x_2(2l+1)=x_6(l),l=0,1,\cdots,\dfrac{N}{4}-1 \end{cases}$$

通过计算 $N/4$ 点 DFT,可以从以下关系得到 $N/2$ 点 DFT $X_1(k)$ 和 $X_2(k)$:

$$X_1(k)=X_3(k)+W_{N/2}^{k}X_4(k),\quad k=0,1,\cdots,\frac{N}{4}-1$$

$$X_1\left(k+\frac{N}{4}\right)=X_3(k)-W_{N/2}^{k}X_4(k),\quad k=0,1,\cdots,\frac{N}{4}-1$$

$$X_2(k)=X_5(k)+W_{N/2}^{k}X_6(k),\quad k=0,1,\cdots,\frac{N}{4}-1$$

$$X_2\left(k+\frac{N}{4}\right)=X_5(k)-W_{N/2}^{k}X_6(k),\quad k=0,1,\cdots,\frac{N}{4}-1$$

图 5-4 给出了将一个 $N/2$ 点 DFT 分解为两个 $N/4$ 点 DFT 的分解过程，由这两个 $N/4$ 点 DFT 组合成一个 $N/2$ 点 DFT。

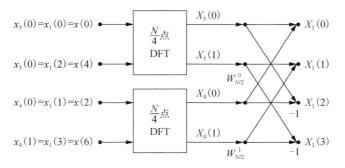

图 5-4　一个 $N/2$ 点 DFT 分解为两个 $N/4$ 点 DFT

将旋转因子统一为 $W_N/2^K = W_N2^k$，则一个 $N=8$ 点 DFT 就可以分解为 $N/4=2$ 点 DFT，这样可得到如图 5-5 所示的分解过程。如此不断分解，最后一直到 2 点 DFT，对于此例 $N=8$，就是 4 个 $N/4=2$ 点 DFT，其输出为 $X_3(k)$，$X_4(k)$，$X_5(k)$，$X_6(k)$，$k=0,1$。其中，

$$X_3(k) = \sum_{l=0}^{N/4-1} x_3(l)W_{N/4}^{lk} = \sum_{l=0}^{1} x_3(l)W_{N/4}^{lk}, \quad k=0,1$$

$$X_3(0) = x_3(0)W_2^0 + W_2^0 x_3(1) = x(0) + W_N^0 x(4) = x(0) + x(4)$$
$$X_3(1) = x_3(0)W_2^0 + W_2^1 x_3(1) = x(0) - W_N^0 x(4) = x(0) - x(4)$$

注意，上式中 $W_2^1 = \mathrm{e}^{-\mathrm{j}\frac{2\pi}{2}\times 1} = \mathrm{e}^{-\mathrm{j}\pi} = -1 = -W_N^0$，故计算上式不需要乘法。类似地可以求出 $X_4(k)$，$X_5(k)$，$X_6(k)$，这些 2 点 DFT 都可用一个蝶形结表示。这种方法的每一步分解都是按照输入序列在时间上的次序进行奇偶抽取来分解为更短的子序列，所以称为按时间抽取法（DIT）。

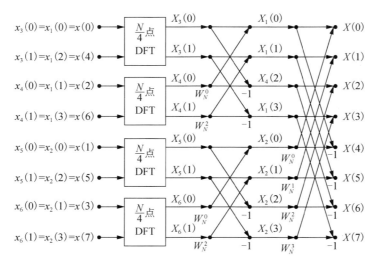

图 5-5　一个 N 点 DFT 分解为 4 个 $N/4$ 点 DFT（$N=8$）

下面以 $N=8$ 点 DFT 的计算为例来说明 FFT 算法的执行过程。图 5-6 说明了 $N=8$ 点计算分成 3 个阶段完成，称为三级，开始计算 4 次 2 点 DFT，然后计算 2 次 4 点 DFT，最后计算 1 次 8 点 DFT。

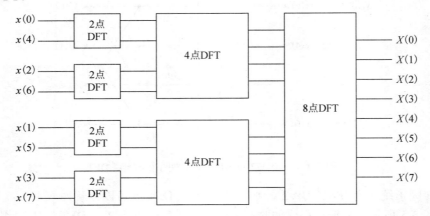

图 5-6　计算 8 点 DFT 的 3 个阶段

图 5-7 给出了 $N=8$ 点按时间抽取 FFT 算法（DIT-FFT）的详细流程图。

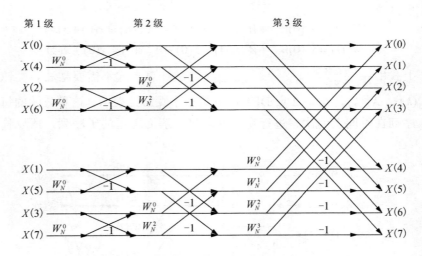

图 5-7　$N=8$ 点按时间抽取 FFT 算法（DIT-FFT）

5.3　基 2 时间抽取 FFT 算法的特点

1. "级" 和 "组" 的计算

将 N 点 DFT 先分解成两个 $N/2$ 点 DFT，再是 4 个 $N/4$ 点 DFT，进而 8 个 $N/8$ 点 DFT，直至 $N/2$ 个两点 DFT。每分解一次，称为一 "级"，每一级都有 $N/2$ 个蝶形运算单元。可以看出，要计算 N 点 DFT 需要 $L=\log_2 N$ 级运算。例如，$N=8$ 时，需要 $L=\log_2 8=3$ 级，从

左至右，依次为 $L=1$ 级、$L=2$ 级和 $L=3$ 级。

每一级的 $N/2$ 个蝶形运算单元可以分成若干组，每一组有着相同的结构及旋转因子 W_N^k 分布。如 $L=1$ 级分成了 4 组，$L=2$ 级分成了 2 组，$L=\log_2 8$ 级分成了 1 组，因此，第 L 级的组数是 $N/2^L$,$L=1,2,\cdots,\log_2 N$。

每一个蝶形运算单元的两个点的间距就是两点的序列标号之差。每一级中的 $N/2$ 个蝶形运算单元中两个点的间距都是相同的。例如，$L=1$ 级时，间距为 1；$L=2$ 级时，间距为 2；$L=3$ 级时，间距为 4。因此，第 L 级蝶形运算单元中两点之间的间距为 $B=2^{L-1}$，$L=1,2,\cdots,\log_2 N$。

2. 旋转因子 W_N^k 的变化规律

当 $N=2^L$ 时，共有 L 级，从左至右，依次为 $L=1$ 级，$L=2$ 级，$\cdots$，L 级。每级有 $N/2$ 个蝶形，每个蝶形要乘以旋转因子 W_N^k，$k=0,1,\cdots,N/2-1$。第 L 级蝶形运算中共有 2^{L-1} 个旋转因子。从图 5-4 可知，旋转因子 W_N^k 具有如下变换规律：

$L=1$ 级时，$W_2^k,k=0$，即 W_2^0；
$L=2$ 级时，$W_4^k,k=0,1$，即 W_4^0,W_4^1；
$L=3$ 级时，$W_8^k,k=0,1,2,3$ 即 W_8^0,W_8^1,W_8^2,W_8^3；
……

因此，不难总结出 W_N^k 的变换规律：
第 $L=r$ 级，$W_{2^r}^k,k=0,1,2,2^{r-1}-1$。

3. 输入序列的逆位序规律

由图 5-7 看出，FFT 的输出 $X(k)$ 为自然顺序，但其输入序列不是按照 $x(n)$ 的自然顺序排列的，这是由于不断对输入序列 $x(n)$ 进行奇偶抽取造成的，将这种排序称为逆位序。取 $N=8$ 为例，图 5-8 说明了逆位序的实现过程。如图 5-8 所示,将标号 n 用 3 位二进制数表示为 $(n_2n_1n_0)_2$（当 $N=8=2^3$ 时，二进制数为 3 位），其中最低位为 n_0，最高位为 n_2，则 n 的逆位序二进制数为 $(n_0n_1n_2)_2$，然后将其化成十进制数即可。很容易可以得到，自然顺序 $0,1,2,\cdots,7$ 的逆位序依次为 $0,4,2,6,1,5,3,7$。

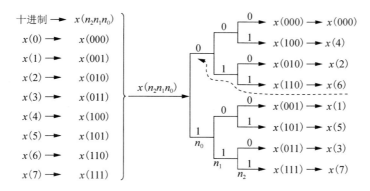

图 5-8　输入序列标号 n 的逆位序二进制数的产生过程

4. 同址（原位）运算

同一个存储单元存储蝶形运算输入、输出数据的方法。

如图 5-7 所示，N 点 DIT-FFT 算法中，每个蝶形运算的两个输入只用于本蝶形运算。蝶形运算的输出可直接存入原输入数据占用的存储单元。输入序列共需要 N 个存储单元。DIT-FFT 运算结束，N 个存储变量对应的内容全部更新成 $X(k)$，节省内存。对应硬件处理器，可降低成本。

5. DIT-FFT 和直接计算 DFT 运算量的比较

由按时间抽取法 FFT 的流图可见，当 $N = 2^L$ 时，共有 L 级蝶形，每级都有 $N/2$ 个蝶形运算组成，每个蝶形有一次复数乘法、二次复数加法，因而每级运算都需 $N/2$ 次复数乘法和 N 次复数加法，这样 L 级运算总共需要的复数乘法和复数加法的次数分别如下：

复数乘法：

$$m_F = 1 \times \frac{N}{2} \times L = \frac{N}{2} \log_2 N \tag{5.15}$$

复数加法：

$$a_F = 2 \times \frac{N}{2} \times L = N \log_2 N \tag{5.16}$$

直接进行 DFT 运算需要的复数乘法次数是 N^2，复数加法次数是 $N(N-1)$。

由于计算机上乘法运算所需时间比加法运算所需时间多得多，故以乘法为例，二者复数乘法运算量的比值为

$$\frac{m_F(\text{DFT})}{m_F(\text{FFT})} = \frac{N^2}{\frac{N}{2} \log_2 N} = \frac{2N}{\log_2 N} \tag{5.17}$$

表 5-2 说明了 FFT 算法与直接 DFT 算法中的复数乘法次数的比较。

表 5-2　直接计算 DFT 与 FFT 算法的计算复杂度比较

点数（N）	直接计算中的复数乘法次数（N^2）	FFT 算法中的复数乘法次数（$N/2$）$\log_2 N$	加速因子
4	16	4	4.0
8	64	12	5.3
16	256	32	8.0
32	1024	80	12.8
64	4096	192	21.3
128	16 384	448	36.6
256	65 536	1024	64.0
512	262 144	2304	113.8
1024	1 048 576	5120	204.8

可以直观地看出 FFT 算法的优越性，尤其是当点数 N 越大时，FFT 的优点更突出。$N = 64$ 时，FFT 运算速度是直接 DFT 算法的 21.3 倍，而当 $N = 1024$ 时，FFT 的运算速度已经提高

到直接 DFT 算法的 204.8 倍，大大提高了运算效率。图 5-9 给出了两种算法所需复数乘法次数的比较曲线。可以看出，N 越大，FFT 算法的优势越大。

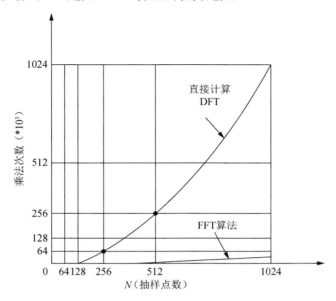

图 5-9　直接计算 DFT 与 FFT 算法所需乘法次数的比较

【例 5.1】设有限长序列 $x(n)$ 长度为 200，若用基 2 DIT-FFT 计算 $x(n)$ 的 DFT，则：

（1）有几级蝶形运算？每级有几个蝶形？

（2）第 5 级的蝶形的蝶距是多少？该级有多少个不同的旋转因子？

（3）写出第 3 级蝶形运算中不同的旋转因子 W_N^r。

（4）共需要计算多少次复数乘法和复数加法？

解：由于采用基 2 DIT-FFT，所以 DFT 点数 $N = 2^L \geqslant 200$，取 $L = 8, N = 256$。

（1）因为 $L = 8$，所以有 8 级蝶形运算，每级有 $N/2 = 128$ 个蝶形。

（2）第 5 级蝶形的蝶距是 $B = 2^{L-1} = 2^{5-1} = 16$，有 $2^{L-1} = 2^{5-1} = 16$ 个旋转因子。

（3）第 3 级蝶形运算中有 $2^{L-1} = 2^{3-1} = 4$ 个旋转因子 W_N^r，因为第 $L = r$ 级的旋转因子为 $W_{2^r}^k (k = 0,1,2,2^{r-1} - 1)$，所以第 3 级蝶形运算中的旋转因子为 $W_{2^3}^0 = W_8^0, W_8^1, W_8^2, W_8^3$。

（4）共需要：

复数乘法：

$$m_F = \frac{N}{2}\log_2 N = \frac{256}{2}\log_2(256) = 1024(\text{次})$$

复数加法：

$$a_F = N\log_2 N = 256\log_2(256) = 2048(\text{次})$$

【例 5.2】采用基 2 按时间抽取 FFT 算法重新计算第 4 章的例 4.3，即计算序列 $x(n) = \{4,5,6,7\}$ 的 4 点 DFT。

解：要画出基 2 按时间抽取的 4 点 FFT 的运算流图，需要 4 步。

（1）首先确定蝶形运算的级数。因为 $N = 4$，所以 $\log_2 4 = 2$ 级数为。级数从左至右依次为

$m=1$，$m=2$。

——————— $m=1$ ——————— $m=2$

——————— ——————— ———————

——————— ——————— ———————

——————— ——————— ———————

（2）确定输入/输出顺序，由二进制倒序法求出逆序排列（表5-3）。

表5-3　由二进制倒序法求出逆序排序

n（十进制）	n（二进制）	n逆序（二进制）	n逆序（十进制）
0	00	00	0
1	01	10	2
2	10	01	1
3	11	11	3

DIT-FFT 输入时间序列逆序排列为 0,2,1,3，输出 DFT 序列顺序排列。

$x(0)$———————　$m=1$　———————　$m=2$　———————　$X(0)$

$x(2)$———————　　　　　———————　　　　　———————　$X(1)$

$x(1)$———————　　　　　———————　　　　　———————　$X(2)$

$x(3)$———————　　　　　———————　　　　　———————　$X(3)$

（3）确定蝶形图形（图5-10）。每级中 $N/2^{m-1}$ 组，每组中蝶形数目为 2^{m-1} 个。第 m 级中的两个节点之间的间距为 2^{m-1} 即：

$m=1$ 级中有 2 组蝶形，每组中蝶形数目为 1，两个节点之间的间距为 1；

$m=2$ 级中有 1 组蝶形，每组中蝶形数目为 2，两个节点之间的间距为 2。

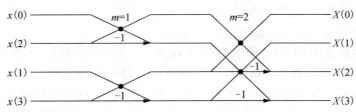

图 5-10　确定蝶形图形

（4）确定旋转因子 W_N^r（图5-11）。第 m 级的旋转因子为 $W_{2^m}^k$，$k=0,1,2,2^{m-1}-1$，即：

$m=1$ 级中的旋转因子从上至下为 W_2^0 和 W_2^0；$m=2$ 级中的旋转因子从上至下依次为 W_4^0 和 W_4^1。

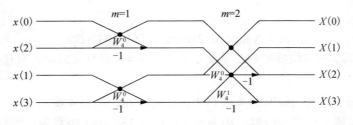

图 5-11　确定旋转因子

最后可以得到所求的基 2 按时间抽取的 4 点 FFT 的运算流程图，如图 5-12 所示。

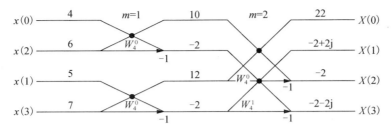

图 5-12　基 2 按时间抽取的 4 点 FFT 的运算流程图

由流程图得 $x(n)=\{4,5,6,7\}$ 的 4 点 DFT 为

$$X(k)=\{22,-2+2j,-2,-2-2j\}$$

该结果与例 4.3 中用 DFT 的公式求得的结果完全相同。

5.4　基 2 频率抽取 FFT 算法（DIF–FFT）

设序列 $x(n)$ 长度为 $N=2^L$，首先将 $x(n)$ 前后对半分开，得到两个子序列，其 DFT 可表示为如下形式：

$$
\begin{aligned}
X(k)=\mathrm{DFT}[x(n)] &= \sum_{n=0}^{N-1} x(n)W_N^k \\
&= \sum_{n=0}^{N/2-1} x(n)W_N^{kn} + \sum_{n=N/2}^{N-1} x(n)W_N^{kn} \\
&= \sum_{n=0}^{N/2-1} x(n)W_N^{kn} + \sum_{n=0}^{N/2-1} x\left(n+\frac{N}{2}\right)W_N^{k(n+N/2)} \\
&= \sum_{n=0}^{N/2-1} \left[x(n)+W_N^{kN/2}x\left(n+\frac{N}{2}\right)\right]W_N^{kn}
\end{aligned}
$$

$$
W_N^{kN/2}=(-1)^k=
\begin{cases}
1, & k=\text{偶} \\
-1, & k=\text{奇}
\end{cases}
$$

将 $X(k)$ 分解成偶数组与奇数组。

当 k 取偶数($k=2r, r=0,1,2,\cdots,N/2-1$)时，有

$$X(2r)=\sum_{n=0}^{N/2-1}\left[x(n)+x\left(n+\frac{N}{2}\right)\right]W_N^{2rn}=\sum_{n=0}^{N/2-1}\left[x(n)+x\left(n+\frac{N}{2}\right)\right]W_{N/2}^{2rn} \tag{5.18}$$

当 k 取奇数($k=2r+1, r=0,1,2\cdots,N/2-1$)时，即

$$X(2r+1)=\sum_{n=0}^{N/2-1}\left[x(n)-x\left(n+\frac{N}{2}\right)\right]W_N^{n(2r+1)}=\sum_{n=0}^{N/2-1}\left[x(n)-x\left(n+\frac{N}{2}\right)\right]W_N^n\cdot W_{N/2}^{nr} \tag{5.19}$$

令

$$\begin{cases} x_1(n) = x(n) + x\left(n + \dfrac{N}{2}\right) \\ x_2(n) = x(n) - x\left(n + \dfrac{N}{2}\right) \end{cases}$$

将 $x_1(n)$ 和 $x_2(n)$ 分别代入式（5.18）和式（5.19），可得

$$\begin{cases} X(2r) = \displaystyle\sum_{n=0}^{N/2-1} x_1(n) W_{N/2}^{rn} \\ X(2r+1) = \displaystyle\sum_{n=0}^{N/2-1} x_2(n) W_{N/2}^{rn} \end{cases}, \quad r = 0,1,2,\cdots,N/2-1 \qquad (5.20)$$

式（5.20）所表示的运算关系可以用图 5-13 所示的蝶形运算来表示。

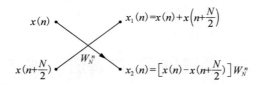

图 5-13　按频率抽取蝶形运算流图

这样就把一个 N 点 DFT 按 k 的奇、偶分解为两个 $N/2$ 点的 DFT（如式（5.20）所示），$N=8$ 时，上述分解过程如图 5-14 所示。

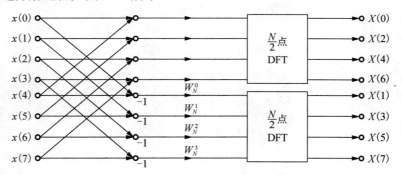

图 5-14　DIF-FFT 一次分解运算流图（$N=8$）

与时间抽选法的推导过程一样，由于 $N=2^L$，$N/2$ 仍是一个偶数，因而可以将每个 $N/2$ 点 DFT 的输出再分解为偶数组与奇数组，这就将 $N/2$ 点 DFT 进一步分解为两个 $N/4$ 点 DFT。这两个 $N/2$ 点 DFT 的输入也是先将 $N/2$ 点 DFT 的输入上下对半分开后通过蝶形运算而形成，图 5-15 给出了这一步分解的过程。这样的分解可以一直进行到第 L 次（$N=2^L$），第 L 次实际上是做两点 DFT，它只有加减运算。图 5-16 表示一个 $N=8$ 的完整的按频率抽取的 FFT 结构。

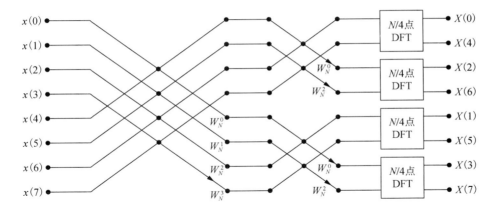

图 5-15　DIF-FFT 二次分解运算流图（$N = 8$）

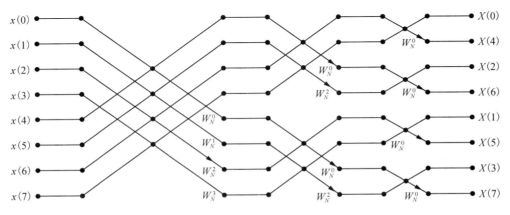

图 5-16　DIF-FFT 运算流图（$N = 8$）

5.5　快速离散傅里叶反变换（IFFT）

由于 IDFT 的公式为

$$x(n) = \text{IDFT}[x(n)] = \frac{1}{N} \sum_{k=0}^{N-1} X(k) W_N^{-kn}$$

将此式两边取共轭得

$$x^*(n) = \frac{1}{N} \sum_{k=0}^{N-1} [X(k) W_N^{-kn}]^* = \frac{1}{N} \sum_{k=0}^{N-1} X^*(k) W_N^{kn} = \frac{1}{N} \{\text{DFT}[X^*(k)]\}$$

则 $x(n) = \frac{1}{N} \{\text{DFT}[X^*(k)]\}^*$。

所以 IFFT 可以共用 FFT 程序，步骤如下：

（1）将 $X(k)$ 取共轭，得到 $X^*(k)$。

（2）利用 FFT 程序。

（3）将所得结果取共轭。

（4）乘以 $1/N$ 得到 $x(n)$ 。

此种方法多用了两次共轭运算，还乘以 $1/N$ ，但是可以共用 FFT，较为方便。

FFT 在实际应用中应注意以下几个方面：

（1）抽样频率要足够高，以确保采集足够多的输入数据。当输入信号是模拟信号时，为了防止频域产生混叠失真，抽样频率必须高于信号的频带宽度的 2 倍，通常取为带宽的 2.5～4 倍。在抽样频率 f_s 确定后，根据要求的频率分辨率 Δf 确定输入数据的个数 N 和采集数据的时间长度 $N = t_{\text{data}} f_s = f_s / \Delta f$ 。

（2）用补零的方法延长输入数据的长度，使长度等于 2 的整数次幂。为了提高基 2-FFT 算法的效率，最好采用补零的方式延长输入数据的长度，使输入序列的长度等于 2 的整数次幂，而不是采用将输入序列截短到等于 2 的整数次幂，因为截短的方式会降低 FFT 的频率分辨率。序列补零可以增加 DFT 的分析频率点数，减小分析频率间隔，从而提高 DFT 描述信号频谱的精细程度。

（3）输入序列加窗以减小 FFT 的频谱泄露。DFT 分析的频谱泄露是由矩形窗谱的旁瓣引起的，因此为了减小频谱泄露，应该降低窗谱的旁瓣幅度。矩形窗的前后沿的剧烈跳变造成了矩形窗谱的旁瓣，因此，可以选择前后沿变化比较缓慢的非矩形窗。但是，非矩形窗的频谱主瓣比矩形窗谱的宽，因而分辨率比矩形窗低。也就是说，用非矩形窗减小频谱将付出降低频率分辨率的代价。加窗应在补零前进行，因为这不会改变窗函数的形状。另外，为了避免可能发生大幅度频谱分量掩盖附近的小幅度频谱分量的现象，在输入信号中含有较大直流分量的情况下，在加窗之前最好先减去直流成分。

5.6 利用 FFT 计算两个实序列的 DFT

由于 FFT 算法可以接收复数输入，可以利用这一潜力来计算两个实序列的 DFT。

设 $x_1(n)$ 和 $x_2(n)$ 是长度为 N 的实值序列，则复序列 $x(n)$ 可被定义为

$$x(n) = x_1(n) + jx_2(n), 0 \leq n \leq N-1 \tag{5.21}$$

DFT 是线性的，所以 $x(n)$ 的 DFT 可以表示为

$$X(k) = X_1(k) + jX_2(k) \tag{5.22}$$

序列 $x_1(n)$ 和 $x_2(n)$ 可以用 $x(n)$ 表示为

$$x_1(n) = \frac{x(n) + x^*(n)}{2}, \ x_2(n) = \frac{x(n) - x^*(n)}{2j} \tag{5.23}$$

所以 $x_1(n)$ 和 $x_2(n)$ 的 DFT 为

$$X_1(k) = \frac{1}{2}\left\{\text{DFT}[x(n)] + \text{DFT}[x^*(n)]\right\}$$
$$X_2(k) = \frac{1}{2j}\left\{\text{DFT}[x(n)] - \text{DFT}[x^*(n)]\right\} \tag{5.24}$$

因为 $\text{DFT}[x^*(n)] = X^*(N-k)$ ，所以

$$X_1(k) = \frac{1}{2}\left\{X(k) + X^*(N-k)\right\}$$
$$X_2(k) = \frac{1}{2\mathrm{j}}\left\{X(k) - X^*(N-k)\right\}$$

（5.25）

所以，对复序列 $x(n)$ 使用单次 DFT 就能够计算两个实序列的 DFT，只是在使用式（5.25）从 $X(k)$ 计算 $X_1(k)$ 和 $X_2(k)$ 时，引入了额外运算。

5.7　FFT/IFFT 的应用实例——正交频分复用（OFDM）技术

1971 年，Weinstein 和 Ebert 应用离散傅里叶变换（DFT）和快速傅里叶变换（FFT）设计了一个完整的多载波传输系统，叫做正交频分复用（Orthogonal Frequency Division Multiplex-ing）系统。近 20 年以来，随着大规模集成电路和 DSP 芯片的迅速发展，FFT 技术硬件实现的困难得到了解决，OFDM 技术从而获得了广泛的应用，包括非对称数字用户环路（ADSL）、数字音频广播（DAB）、数字视频广播（DVB）、高清晰度电视（HDTV）、无线局域网（WLAN）等，Wi-Fi 和 WiMAX 技术的兴起更是使得 OFDM 成为一种"时髦"的技术。3GPP 在 LTE 标准的制定过程中，最终选用了 OFDM 技术，OFDM 从而走向高速数字移动通信的领域。

OFDM 的基本原理可以叙述为：把一路高速的数据流通过串并变换，分配到传输速率相对较低的若干子信道中进行传输。在频域内将信道划分为若干相互正交的子信道，每个子信道均拥有自己的载波分别进行调制，信号通过各个子信道独立地进行传输，如图 5-17 所示。OFDM 信号的基带形式为 $x(t) = \sum_{i=0}^{N-1} d_i \mathrm{e}^{\mathrm{j}t 2\pi i / T}$，OFDM 实质上就是一种多载波调制技术，对每一路子载波都要配备一套完整的调制解调器，当子载波数量 N 较大时，系统的复杂度将无法接受，因此提出后迟迟没有得到广泛应用，直到 1971 年，Weinstein 等人将 FFT 应用于 OFDM，圆满地解决了这个问题。

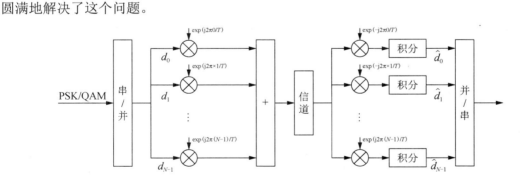

图 5-17　OFDM 系统调制解调框图

使用 FFT/IFFT 实现 OFDM 的方法如图 5-18 所示。通过 N 点 IFFT 运算，将频域数据符号 $d(k)$ 变换为时域数据信号 $D(n)$，经过多载波调试后，发送到信道。在接收端，将接收信号进行相干解调，然后将基带信号进行 N 点 FFT 运算，就可获得发送的数据符号 $d(k)$。

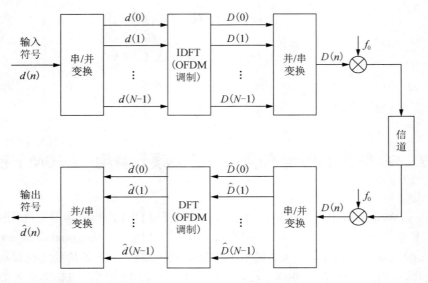

图 5-18　OFDM 的 IFFT/FFT 实现

习　　题

5.1　如果某通用单片计算机的速度为平均每次复数乘法需要 4μs，每次复数加法需要 1μs，用来计算 N=1024 点 DFT，则直接计算需要多少时间？用 FFT 计算呢？照这样计算，用 FFT 做 128 点的快速卷积运算对信号进行处理时，估计所需的计算时间应该是多少？

5.2　如果将通用单片机换成数字信号处理专用单片机 TMS320 系列，计算复数乘法和复数加法各需要 10ns。请重复做 5.1 题。

5.3　设有限长序列 $x(n)$ 长度为 40，若用基 2 DIT-FFT 计算有限长序列 $x(n)$ 的 64 点 DFT，则：

（1）有几级蝶形运算？每级有几个蝶形？

（2）第 3 级的蝶形的蝶距是多少？该级有多少个不同的旋转因子？

（3）写出第 3 级蝶形运算中不同的旋转因子 W_N^r。

（4）共需要计算多少次复数乘法和复数加法？

5.4　采用基 2 按时间抽取 FFT 算法计算序列 $x(n)=2n(n=0,1,2,3)$ 的 4 点 DFT。

5.5　采用基 2 按时间抽取 FFT 算法计算序列 $x(n)=\{1,2,3,4,5,6,7,8\}$ 的 8 点 DFT。

5.6　设有一个离散信号 $x(n)=\{3,0,-2,1\}$。

（1）直接利用公式计算出 $x(n)$ 的 4 点 DFT　$X(k)$；

（2）画出上述 4 点 FFT 按时间抽选法的蝶形运算流程图，并在每个节点上标注每一级计算结果。

5.7　采用基 2 按频率抽取 FFT 算法（输入自然顺序，输出倒位序），计算序列 $x(n)=4\cos(n\pi/2)(0\leqslant n\leqslant15)$ 的 16 点 DFT。

5.8　设有一数字信号，其最高频率为 $f_h = 2.5\text{kHz}$，用 FFT 方法对它进行谱分析，抽样点数取为 2 的整数次幂，要求频率分辨率为 $\Delta f \leqslant 5\text{Hz}$，试问如何选取以下 FFT 的参量？

（1）最低抽样频率 f_{smin}；

（2）最小记录长度 t_{min}；

（3）在一个记录中的最少抽样点数 N_{min}；

（4）在抽样频率不变的情况下，如何将频率分辨率提高 1 倍，使 $\Delta f = 2.5\,\text{Hz}$？

5.9　设 $x(n)$ 是长度为 $2N$ 的有限长实序列，$X(k)$ 为 $x(n)$ 的 $2N$ 点 DFT。试设计用一次 N 点 FFT 完成计算 $X(k)$ 的高效算法。

第 6 章

数字滤波器设计——IIR 滤波器的设计

滤波在数字信号处理中的使用相当广泛，如从有用的信号中去除不想要的噪声，类似于通信信道均衡的频率整形，在雷达、声呐、通信中的信号检测，以及信号频谱分析等。

数字滤波器是数字信号处理的一个重要支柱，不仅具有重要的理论意义，而且具有广泛的应用价值。例如，在电源端常使用滤波器降低电压波动，音频电路中常使用滤波器控制高音和低音，模拟信号数字化的过程中使用预滤波器限制信号带宽，等等。本书中将用三章来讨论数字滤波器的内容。本章将首先介绍数字滤波器的一些基本概念和数字滤波器的性能指标和设计步骤，然后重点介绍无限长冲激响应（IIR）数字滤波器的有关理论和设计方法。IIR数字滤波器以较低的滤波器阶数就能获得较好的幅频特性，在不要求严格线性相位的情况下可以大大降低实现的复杂度。

6.1 数字滤波器的表示方法和分类

数字滤波器是完成信号滤波处理功能的，用有限精度算法实现的线性移不变离散时间系统，它的作用是利用线性移不变离散时间系统的特性对输入序列的波形或频谱进行加工处理，将输入数字序列通过一定的运算后转变为输出数字序列，从而达到改变信号频谱的目的。

6.1.1 数字滤波器的表示方法

作为一种线性移不变离散时间系统，数字滤波器可以用差分方程、单位冲激响应及系统函数等来描述，每一种描述从不同角度指出了数字滤波器的特性。

（1）差分方程：

$$y(n) = \sum_{k=0}^{M} b_k x(n-k) + \sum_{k=1}^{N} a_k y(n-k) \tag{6.1}$$

（2）单位冲激响应：

$$h(n) = \{h(0), h(1), \cdots, h(M), \cdots\} \tag{6.2}$$

（3）系统函数：

$$H(z) = \frac{Y(z)}{X(z)} = \frac{\sum\limits_{k=0}^{M} b_k z^{-k}}{1 - \sum\limits_{k=1}^{N} a_k z^{-k}} \qquad (6.3)$$

（4）频率响应：

$$H(\mathrm{e}^{\mathrm{j}\omega}) = \sum_{n=-\infty}^{\infty} h(n)\mathrm{e}^{-\mathrm{j}\omega n} = \frac{\sum\limits_{k=0}^{M} b_k \mathrm{e}^{-\mathrm{j}\omega k}}{1 - \sum\limits_{k=1}^{N} a_k \mathrm{e}^{-\mathrm{j}\omega k}} \qquad (6.4)$$

6.1.2 数字滤波器的分类

在滤波器中，能使信号通过的频带称为滤波器的通带，抑制信号或噪声通过的频带称为滤波器的阻带，而从通带到阻带的过渡频率范围称为过渡带。

从不同的角度出发，滤波器可以分成不同的种类。

从滤波器处理的信号类型分类，滤波器分为模拟滤波器和数字滤波器。当其输入/输出都是模拟信号时，这类滤波器称为模拟滤波器（Analog Filter，AF），模拟滤波器通常包括由基本电子元件组成的谐振电路及由特殊材料形成的谐振回路。基本电子元件谐振电路通常是由电容、电感、电阻、运算放大器组成的。而当输入/输出都是数字信号时，这类滤波器称为数字滤波器（Digital Filter，DF），数字滤波器通过数值运算的方法改变信号的频谱分布，从而实现滤波，可以用软件实现，也可以采用数字电路实现，或者二者相结合实现。一般情况下，数字滤波器就是一个线性移不变的离散时间系统。

从滤波器的通频带情况分类，数字滤波器分为低通滤波器（Low Pass Filter，LPF）、高通滤波器（High Pass Filter，HPF）、带通滤波器（Band Pass Filter，BPF）、带阻滤波器（Band Stop Filter，BSF）和全通滤波器。低通滤波器只允许低频信号通过而抑制高频信号；高通滤波器只允许高频信号通过而抑制低频信号；带通滤波器允许某一频带的信号通过；带阻滤波器抑制某一频带的信号。

从单位冲激响应 $h(n)$ 的时间特性情况分类，数字滤波器分为无限长冲激响应（IIR）滤波器和有限长冲激响应（FIR）滤波器。IIR 滤波器的单位冲激响应 $h(n)$ 包含无限多个非零值，即持续时间为无限长；FIR 滤波器的单位冲激响应 $h(n)$ 包含有限多个非零值，即持续有限长时间。

IIR 滤波器的差分方程（或系统函数）分母中至少有一个系数 a_k 不为零，因此这类滤波器存在着输出到输入的反馈，需要使用递归计算方法实现。若 IIR 滤波器的差分方程（或系统函数）分母项系数 $a_k = 0(k = 1, 2, \cdots, N)$，则 IIR 滤波器演化为 FIR 滤波器，一般结构中没有输出到输入的反馈，主要为非递归结构，其表示如下：

$$y(n) = \sum_{k=0}^{M} b_k x(n-k) \qquad (6.5)$$

$$H(z) = \sum_{k=0}^{M} b_k z^{-k} \qquad (6.6)$$

在实际应用中，先由给定所需的频率响应 $H(\mathrm{e}^{\mathrm{j}\omega})$ 得出滤波器设计的目标：对 IIR 滤波器常求出系统函数 $H(z)$，对 FIR 滤波器常求出单位冲激响应 $h(n)$。然后，由 $H(z)$ 或 $h(n)$ 可得合适的网络结构，即滤波器的时域实现。

6.2 理想滤波器特性

根据频域特性，常常将滤波器分为低通、高通、带通、带阻、全通滤波器。这些类型的滤波器的理想幅频响应特性如图 6-1 所示（只表示了正频率部分）。从图 6-1 可以看出，这些理想滤波器有一个常数增益（通常视为单位增益）的带通特性，而在带阻部分的增益为零。按照奈奎斯特抽样定理，频率特性只能限于折叠频率以内，设采样频率为 f_{s}，则能无失真处理的信号的最高频率为折叠频率 $f_{\mathrm{h}} = f_{\mathrm{s}} / 2$，最高模拟角频率为 $\varOmega_{\mathrm{h}} = 2\pi f_{\mathrm{h}}$。由模拟角频率与数字角频率的关系 $\omega_{\mathrm{s}} = \varOmega T = \varOmega_{\mathrm{s}} / f_{\mathrm{s}}$ 知，模拟角频率为 $0 \sim 2\pi f_{\mathrm{h}}$ 的信号对应的数字角频率的范围为 $0 \sim \pi$，因此，图 6-1 中横坐标的 0 代表最低频，π 代表最高频率，根据离散时间傅里叶变换的性质，$h(n)$ 为实序列时，对应的幅频特性图是偶对称且以 2π 为周期的周期函数，因此对于图 6-1 中数字滤波器的理想幅频特性图一般只看 $-\pi \sim \pi$ 或 $0 \sim 2\pi$，甚至只看 $0 \sim \pi$ 的半个周期。如图 6-1 中所示的低通滤波器，从最低频到最高频的 $0 \sim \pi$ 范围内，有一个在 $0 \sim \omega_{\mathrm{c}}$（截止频率）为幅频响应函数恒等于 1 的通带，一个在 $\omega_{\mathrm{c}} \sim \pi$ 内幅频响应函数恒等于 0 的阻带。从频率分量看，在 $0 \sim f_{\mathrm{h}}\,\mathrm{Hz}$ 的频率范围内，输入信号中 $(\omega_{\mathrm{c}} \sim \pi) f_{\mathrm{s}} / 2\pi\,\mathrm{Hz}$ 的频率分量被完全滤除掉，$(0 \sim \omega_{\mathrm{c}}) f_{\mathrm{s}} / 2\pi\,\mathrm{Hz}$ 的频率分量保持原封不动地输出。

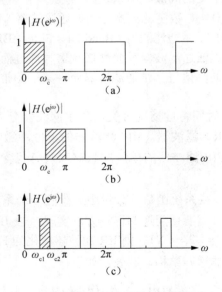

图 6-1 各种数字滤波器的理想幅频响应

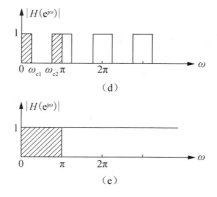

图 6-1 各种数字滤波器的理想幅频响应（续）

（a）低通；（b）高通；（c）带通；（d）带阻；（e）全通

理想滤波器的另外一个特性是线性相频响应。为了说明这一点，假设一个信号序列 $x(n)$ 的频率分量限制在频率范围 $\omega_1 < \omega < \omega_2$ 内，这个信号通过具有以下频率响应的滤波器：

$$H(\mathrm{e}^{\mathrm{j}\omega}) = \begin{cases} Ce^{-\mathrm{j}\omega n_0}, & \omega_1 < \omega < \omega_2 \\ 0, & \text{其他} \end{cases} \tag{6.7}$$

其中，C 和 n_0 是常数。滤波器输出端的信号频谱为

$$Y(\mathrm{e}^{\mathrm{j}\omega}) = H(\mathrm{e}^{\mathrm{j}\omega})X(\mathrm{e}^{\mathrm{j}\omega}) = CX(\mathrm{e}^{\mathrm{j}\omega})\mathrm{e}^{-\mathrm{j}\omega n_0}, \quad \omega_1 < \omega < \omega_2 \tag{6.8}$$

利用傅里叶变换的尺度变换与时移特性，得到时域输出为

$$y(n) = Cx(n - n_0) \tag{6.9}$$

因此，滤波器输出仅仅是延时和幅度缩放的输入信号的另一种形式。纯延时是可以忍受的，这并不认为是信号的失真，抽样幅度缩放也不认为是信号失真。所以，理想滤波器在其带通范围内，具有线性相频特性，即

$$\varphi(\omega) = -\omega n_0 \tag{6.10}$$

相位对频率的导数为单位延迟，所以可以将信号延时定义成频率的函数

$$\tau_{\mathrm{g}}(\omega) = -\frac{\mathrm{d}\varphi(\omega)}{\mathrm{d}\omega} \tag{6.11}$$

$\tau_{\mathrm{g}}(\omega)$ 称为滤波器的包络时延或群时延，通常把 $\tau_{\mathrm{g}}(\omega)$ 解释为信号频率为 ω 的信号分量从输入到输出通过系统后所经历的延时。当 $\varphi(\omega)$ 为线性时，$\tau_{\mathrm{g}}(\omega) = n_0$ 为一常数。在这种情况下，输入信号的所有频率分量都经过相同的延时。

总之，理想滤波器在它的通频带内，具有常数的幅频特性和线性的相频特性。在所有情况下，这些滤波器都是物理上不可实现的，它们只能作为实际滤波器的数学理想化模型。例如，理想低通滤波器的冲激响应为

$$h_{\mathrm{lp}}(n) = \frac{\sin(\omega_{\mathrm{c}}n)}{\pi n}, \quad -\infty < n < \infty \tag{6.12}$$

注意到这个滤波器不是因果的，也不是绝对可和的，因此它也是不稳定的。所以，这个理想滤波器是物理上不可实现的。然而，物理可实现的滤波器的频率响应特性在实际上可以非常接近理想滤波器，这将是本章的主要内容。

6.3 全通滤波器和最小、最大相位滤波器

具有有理系统函数的任何数字滤波器都可以用一个最小相位滤波器和一个全通滤波器级联来实现，因此这两类滤波器具有重要地位。

6.3.1 全通滤波器

全通滤波器定义为幅频响应等于常数（通常等于 1）的滤波器，表示为

$$|H_{ap}(e^{j\omega})| = 1, 0 \leq \omega < 2\pi \tag{6.13}$$

设全通滤波器系统函数的分子、分母多项式的系数相同但排列顺序相反，即

$$H_{ap}(z) = \frac{a_N + a_{N-1}z^{-1} + \cdots + z^{-N}}{1 + a_1 z^{-1} + \cdots + a_N z^{-N}} = \frac{\prod_{i=0}^{N} a_i z^{-N+i}}{\prod_{i=0}^{N} a_i z^{-i}}, \quad a_0 = 1 \tag{6.14}$$

其中，a_i 为实数。设 $A(z)$ 表示分母多项式，则分子多项式为 $z^{-N}A(z^{-1})$，因此，式（6.14）可写成

$$H_{ap}(z) = \frac{z^{-N}A(z^{-1})}{A(z)} \tag{6.15}$$

当 $z = e^{j\omega}$ 时，$A(z^{-1}) = A(e^{-j\omega}) = A^*(e^{j\omega})$，因而

$$|H_{ap}(e^{j\omega})| = \left| e^{-Nj\omega} \frac{A(e^{-j\omega})}{A(e^{j\omega})} \right| = \left| e^{-Nj\omega} \frac{A^*(e^{j\omega})}{A(e^{j\omega})} \right| = 1$$

满足式（6.13）的全通约束条件。因此式（6.14）的有理系统函数描述的是全通滤波器。

由式（6.15）看出，若极点是 $p_i = re^{j\theta}$，则必存在零点 $z_i = p_i^{-1} = r^{-1}e^{-j\theta}$，因此，全通滤波器的零点和极点的个数是相等的。由于 a_i 为实数，所以极点为实数或成对的共轭复数，这样，每个实数极点在其倒数位置上伴随有另一个实数零点，没对共轭复数极点在它们各自的倒数位置上各另有一个复数零点，这另外两个复数零点也构成共轭关系。如果全通滤波器是因果和稳定的，则全部极点必须在单位圆内，因此全部零点必然在单位圆外。因此，N 阶全通滤波器的系统函数可以用零点和极点表示为

$$H_{ap}(z) = \prod_{i=1}^{N} \frac{z^{-1} - p_i^*}{1 - p_i z^{-1}} \tag{6.16}$$

其中，极点 $z_i = p_i$ 与零点 $z_i = (p_i^*)^{-1}$ 成对出现。若它是因果稳定的，则有 $|p_i| < 1$。

一般地，实系数全通滤波器系统函数的通用形式为

$$H_{ap}(z) = \prod_{i=1}^{K_R} \frac{z^{-1} - \alpha_i}{1 - \alpha_i z^{-1}} + \prod_{i=1}^{K_C} \frac{(z^{-1} - \beta_i^*)(z^{-1} - \beta_i)}{(1 - \beta_i z^{-1})(1 - \beta_i^* z^{-1})} \tag{6.17}$$

其中，α_i 是实数极点；β_i 是复数极点；K_R 是实数极点或实数零点的数目，K_C 是复数极点或复数零点的数目。对于因果和稳定的全通滤波器，有 $|\alpha_i| < 1$ 和 $|\beta_i| < 1$。

当 $N=1$ 和 $N=2$ 时可得到最简单的全通滤波器。

一阶全通滤波器的系统函数为

$$H_{ap}(z) = \frac{z^{-1} - \alpha_1}{1 - \alpha_1 z^{-1}}, \quad \alpha_1 \text{为实数极点，且} |\alpha_1| < 1$$

二阶全通滤波器的系统函数为

$$H_{ap}(z) = \frac{(z^{-1} - \beta_1^*)(z^{-1} - \beta_1)}{(1 - \beta_1 z^{-1})(1 - \beta_1^* z^{-1})}, \quad \beta_1 \text{为复数极点，且} |\beta_1| < 1$$

若复数极点为 $\beta_1 = re^{j\theta}$，则必有共轭极点 $\beta_i^* = re^{-j\theta}$，它们对应的零点分别为 $(\beta_1^*)^{-1} = (re^{-j\theta})^{-1} = r^{-1}e^{j\theta}$ 和 $\beta_1^{-1} = r^{-1}e^{-j\theta}$，二者也是共轭关系。

图 6-2 给出了一阶和二阶实系数全通滤波器的零极点分布图。

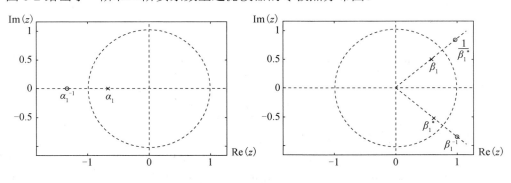

图 6-2 一阶和二阶实系数全通滤波器的零极点分布图

6.3.2 最小相位、最大相位系统

考虑两个 FIR 滤波器，它们的系统函数分别为 $H_1(z) = 1 + \frac{1}{2}z^{-1}$ 和 $H_2(z) = \frac{1}{2} + z^{-1}$，$H_1(z)$ 的零点为 $z_1 = -0.5$，位于单位圆内，$H_2(z)$ 的零点为 $z_2 = -2$，位于单位圆外，零点互为倒数。这两个系统的频率响应分别表示为

$$H_1(e^{j\omega}) = 1 + 0.5e^{-j\omega} = 1 + 0.5\cos\omega - j0.5\sin\omega$$
$$H_2(e^{j\omega}) = 0.5 + e^{-j\omega} = 0.5 + \cos\omega - j\sin\omega$$

则幅频响应和相频响应分别为

$$\left| H_1(e^{j\omega}) \right| = \left| H_2(e^{j\omega}) \right| = \sqrt{1.25 + \cos\omega}$$

和

$$\varphi_1(\omega) = -\arctan\frac{0.5\sin\omega}{1 + 0.5\cos\omega} = -\arctan\frac{\sin\omega}{2 + \cos\omega}$$
$$\varphi_2(\omega) = -\arctan\frac{\sin\omega}{0.5 + \cos\omega}$$

因为 $H_1(z)$ 和 $H_2(z)$ 的零点互为倒数，所以这两个系统的幅频响应是相同的。但是相频响应是有区别的。图 6-3 画出了这两个函数的相频响应，可以看出，对于零点位于单位圆内的系统 $H_1(z)$，当频率从 $\omega = 0$ 变到 $\omega = \pi$ 时，相位 $\varphi_1(\omega)$ 的变化为 $\varphi_1(\pi) - \varphi_1(0) = 0$，而对于零点位于单位圆外的系统 $H_2(z)$，当频率从 $\omega = 0$ 变到 $\omega = \pi$ 时，相位 $\varphi_2(\omega)$ 的变化为

$\varphi_2(\pi) - \varphi_2(0) = -\pi$。如果把 $H_2(z)$ 看成是将 $H_1(z)$ 的零点 $z_1 = -0.5$ 从单位圆内移到单位圆外倒数位置 $z_2 = -2$ 上得到的，则可看出，把零点从单位圆内移到单位圆外倒数位置上，不影响系统的幅频响应，但会使相位滞后变大。

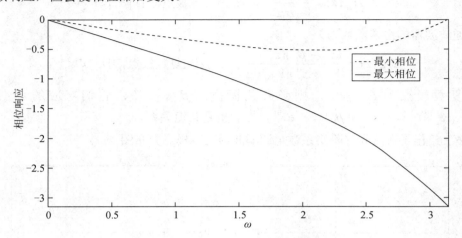

图 6-3   滤波器 $H_1(z)$ 和 $H_2(z)$ 的相频响应

扩展到 N 阶 FIR 滤波器。设 N 阶 FIR 滤波器的全部 N 个零点都在单位圆内，把它们移到单位圆外各自的倒数位置上时，共可得到 2^N 个不同的 N 阶 FIR 滤波器，它们具有相同的幅频响应和不同的相频响应。其中，有一个滤波器的所有零点都在单位圆内，且当频率从 $\omega = 0$ 变到 $\omega = \pi$ 时，其相位变化为零，具有最小的相位滞后，称为最小相位滤波器；有一个滤波器的所有零点都在单位圆外，且当频率从 $\omega = 0$ 变到 $\omega = \pi$ 时，其相位变化 $-N\pi$，具有最大的相位滞后，称为最大相位滤波器；其余 $2^N - 2$ 个滤波器在单位圆内外都有零点，它们的相位滞后介于最小相位滤波器和最大相位滤波器之间，这些滤波器称为混合相位滤波器。但是，$2^N - 2$ 个混合相位滤波器的系统函数并非都是实系数的，若要求它们都是实系数，则必须要求复数零点按照共轭复数对配置。任何一对复共轭零点具有两种可能配置方法，即都在单位圆内或都在单位圆外。但一对实数零点可以有 4 种可能配置方法。

由于群延时是相频响应对频率的导数，所以最小相位滤波器的群延时最小，最大相位滤波器的群延时最大，混合相位滤波器的群延时介于二者之间。

对于 IIR 滤波器来说，它的零点是由系统函数的分子多项式决定的，而分子多项式本身是一个 FIR 滤波器，所以以上关于 FIR 滤波器最小相位滤波器的结论完全适用于 IIR 滤波器。设 IIR 滤波器的系统函数为 $H(z) = \dfrac{B(z)}{A(z)}$，若要求它是因果稳定的，则它的全部极点必须位于单位圆内；若它的全部零点也在单位圆内，则它还是最小相位滤波器；若它的全部零点都在单位圆外，则它是最大相位滤波器；若它的部分零点在单位圆内，部分零点在单位圆外，则它是混合相位滤波器。

【例 6.1】已知滤波器的系统函数为

$$H_1(z) = \frac{1 + 0.1z^{-1} - 0.3z^{-2}}{1 - 0.64z^{-2}}$$

（1）求与它具有相同幅频响应的其他滤波器的系统函数；

（2）指出最小和最大相位滤波器。

解：（1）可求得滤波器的两个极点为 $p_1 = -0.8$ 和 $p_2 = 0.8$ 都在单位圆内，所以该滤波器是因果稳定的。滤波器有两个实数零点 $z_1 = 0.5$ 和 $z_2 = -0.6$。因此，得到

$$H_1(z) = \frac{(1 - 0.5z^{-1})(1 + 0.6z^{-1})}{1 - 0.64z^{-2}}$$

两个实数零点有 4 种可能配置方案，其余 3 种方案的系统函数如下：

$$H_2(z) = \frac{(1 - 0.5z^{-1})(z^{-1} + 0.6)}{1 - 0.64z^{-2}} = \frac{0.6 + 0.7z^{-1} - 0.5z^{-2}}{1 - 0.64z^{-2}}$$

$$H_1(z) = \frac{(z^{-1} - 0.5)(1 + 0.6z^{-1})}{1 - 0.64z^{-2}} = \frac{-0.5 + 0.7z^{-1} + 0.6z^{-2}}{1 - 0.64z^{-2}}$$

$$H_1(z) = \frac{(z^{-1} - 0.5)(z^{-1} + 0.6)}{1 - 0.64z^{-2}} = \frac{-0.3 + 0.1z^{-1} + z^{-2}}{1 - 0.64z^{-2}}$$

（2）$H_1(z)$ 的全部零点在单位圆内，所以是最小相位滤波器。$H_4(z)$ 的全部零点在单位圆外，所以是最大相位滤波器。

6.4　数字滤波器的性能指标和设计步骤

虽然理想滤波器所具有的频率响应特性可能是所期望的，但是理想滤波器是物理上不可实现的，不过可以放松理想滤波器的条件，利用因果滤波器去紧密地逼近理想滤波器。特别是，幅度 $|H(e^{j\omega})|$ 没有必要在滤波器整个通带内是常数。在通带范围内，如图 6-4 所示，少量的纹波是允许的。类似地。滤波器响应 $|H(e^{j\omega})|$ 在阻带内为零也不是必要的，阻带内很小的非零值或小的纹波也是允许的。

6.4.1　数字滤波器的性能指标

从图 6-4 可看出，典型的数字低通滤波器指标是在 $\omega \sim |H(e^{j\omega})|$ 坐标中定义的，ω 的范围为 $0 \sim \pi$。频率响应从通带过渡到阻带定义为滤波器的过渡带或过渡区域。通常通带截止频率 ω_p 定义为通带边缘，同时频率 ω_s 表示阻带的起点，称为阻带截止频率。于是，过渡带宽为 $\omega_s - \omega_p$。通带宽度称为滤波器的带宽。例如，通带截止频率为 ω_p 的低通滤波器，其带宽就是 ω_p。如果通带内存在纹波，那么用 δ_1 表示其值，幅度 $|H(e^{j\omega})|$ 在范围 $1 \pm \delta_1$ 之间变化，阻带内纹波表示为 δ_2。

无论是模拟滤波器还是数字滤波器，其幅频响应函数常常做归一化处理，即将通带中的最大幅值看做 1，即 $|H(e^{j0})| = 1$。为了表征一个大的动态范围，在任何滤波器的频率响应图形中，普遍做法是利用对数尺度来表示纵轴 $|H(e^{j\omega})|$，因此相应地通带内最大衰减（纹波）A_p 和阻带内最小衰减（纹波）A_s 分别定义为用最大幅度值 1 与边界频率处的幅度值的对数来定义：

$$A_\text{p} = 20\lg\frac{\left|H(\text{e}^{\text{j}0})\right|}{\left|H(\text{e}^{\text{j}\omega_\text{p}})\right|} \tag{6.18}$$

$$A_\text{s} = 20\lg\frac{\left|H(\text{e}^{\text{j}0})\right|}{\left|H(\text{e}^{\text{j}\omega_\text{s}})\right|} \tag{6.19}$$

当$\left|H(\text{e}^{\text{j}0})\right|$归一化为 1 后，以上两式可表示为

$$A_\text{p} = 20\lg\frac{1}{\left|H(\text{e}^{\text{j}\omega_\text{p}})\right|} = -20\lg\left|H(\text{e}^{\text{j}\omega_\text{p}})\right| = -20\lg(1-\delta_1) \tag{6.20}$$

$$A_\text{s} = 20\lg\frac{1}{\left|H(\text{e}^{\text{j}\omega_\text{s}})\right|} = -20\lg\left|H(\text{e}^{\text{j}\omega_\text{s}})\right| = -20\lg\delta_2 \tag{6.21}$$

通常A_p值比较小，在 3dB 之内，而A_s比较大，一般大于 20dB。

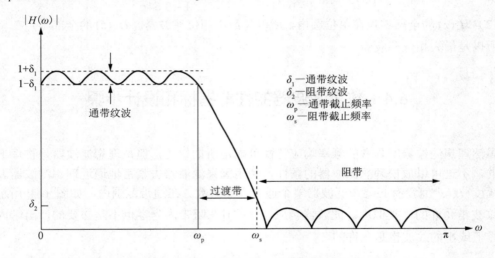

图 6-4　物理上可实现的数字低通滤波器的性能指标说明

下面以如图 6-5 所示的实际低通滤波器为例来介绍滤波器的各带内的衰减指标：

通带：$|\omega|\leqslant\omega_\text{p}$，$1-\delta_1\leqslant H(\text{e}^{\text{j}\omega})|\leqslant 1$；

阻带：$\omega_\text{s}\leqslant|\omega|\leqslant\pi$，$|H(\text{e}^{\text{j}\omega})|\leqslant\delta_2$；

过渡带：$\omega_\text{p}\leqslant|\omega|\leqslant\omega_\text{s}$。

因此，数字滤波器的性能指标包括 4 个：①通带截止频率ω_p；②阻带截止频率ω_s；③通带最大衰减A_p；④阻带最小衰减A_s。在任何滤波器设计问题中可以规定以上 4 个指标，基于上述技术指标，根据式（6.4）给出的频率响应特性选取最佳逼近所期望的技术指标的参数$\{a_k\}$和$\{b_k\}$。$|H(\text{e}^{\text{j}\omega})|$逼近技术指标的程度除取决于滤波器系数的个数（$M,N$）之外，还部分取决于滤波器系数$\{a_k\}$和$\{b_k\}$选取的准则。

实际高通、带通和带阻滤波器的幅频响应如图 6-6 所示。

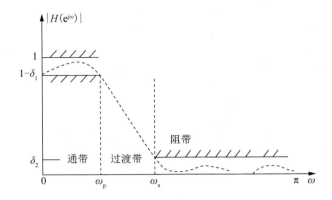

图 6-5　实际低通滤波器的幅频响应

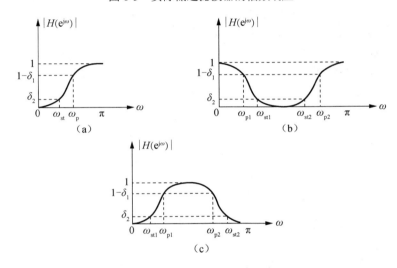

图 6-6　实际高通、带通和带阻滤波器的幅频响应

（a）高通滤波器；（b）带通滤波器；（c）带阻滤波器

图 6-6（a）中 ω_p：通带截止频率；ω_{st}：阻带截止频率；

图 6-6（b）中 ω_{p1}：通带下截止频率；ω_{p2}：通带上截止频率；ω_{st1}：阻带下截止频率 ω_{st2}：阻带上截止频率。

图 6-6（c）中 ω_{p1}：通带下截止频率；ω_{p2}：通带上截止频率；ω_{st1}：阻带下截止频率 ω_{st2}：阻带上截止频率。

滤波器其实就是利用非平坦的幅频响应函数对不同频率的信号在频域施加影响，从而改变信号中频率分布：在通带内使信号受到很小的衰减而通过；在通带到阻带之间的一段过渡带使信号受到不同程度的衰减；在阻带内使信号受到很大的衰减而起到抑制作用。

6.4.2　数字滤波器的设计步骤

一个数字滤波器的设计过程，大致可以归纳为如下 3 个步骤：

（1）性能指标确定：按需要确定滤波器的性能要求，比如确定所要设计的滤波器是低通、高通、带通还是带阻，截止频率是多少，阻带的衰减有多大，通带的波动范围是多少，等等。

（2）系统函数确定：用一个因果稳定的系统函数（或差分方程、单位冲激响应 $h(n)$）去逼近上述性能要求。此系统函数可分为两类，即 IIR 系统函数与 FIR 系统函数。

（3）算法设计：用一个有限精度的运算去实现这个系统函数（速度、开销、稳定性等）。这里包括选择算法结构，如级联型、并联型、正准型、横截型或频率取样型等；还包括选择合适的字长及选择有效的数字处理方法等。

6.5　IIR 数字滤波器的设计方法

设计 IIR 滤波器常用的方法有以下几种。

（1）直接设计法（计算机辅助设计）：主要有零极点累试法、频域直接设计（使幅频响应与要求的平方误差最小，可以在频域保证关键频点的响应）、时域直接设计（使单位冲激响应与要求的均方误差最小，在时域保证输出波形要求）。

（2）间接设计法——模拟原型法。这种方法是用模拟滤波器的理论和设计方法来设计数字滤波器。因为模拟滤波器设计方法不仅有简单而严格的设计公式，而且设计参数已经表格化，设计起来很方便、准确。数字滤波器借助于模拟滤波器的理论和设计方法可以使 IIR 数字滤波器的设计更为简便迅速。本章着重讨论这种方法。

IIR 滤波器的设计目标是寻求一个因果、物理可实现的系统函数

$$H(z) = \frac{\sum_{k=0}^{M} b_k z^{-k}}{1 - \sum_{k=1}^{N} a_k z^{-k}} = A \frac{\prod_{i=1}^{M} (z - c_i)}{\prod_{i=1}^{N} (z - d_i)} \tag{6.22}$$

也就是要确定系统函数的系数 $\{a_k\}$、$\{b_k\}$ 或者零极点 c_i、d_i，使它的频率响应满足给定的频域性能指标。

下面来讲述采用模拟原型法来设计数字低通、高通、带通和带阻 IIR 数字滤波器的流程。首先设计归一化的模拟低通滤波器，得到模拟低通滤波器的系统函数 $H_a(s)$，然后把 $H_a(s)$ 变换成所要求的数字低通、高通、带通和带阻滤波器的系统函数 $H(z)$。那么这个过程就涉及频率变换，频率变换完成低通到高通、带通和带阻的变换，可以再模拟域中实现，也可以在数字域中实现，由此引出了两种设计方法，如图 6-7 所示，其中模拟-数字滤波器变换的方法有冲激响应不变法和双线性变换方法，完成从 s 域模拟滤波器到 z 域数字滤波器的变换，冲激响应不变法和双线性变换法是本章讲述的重点。

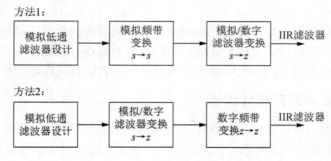

图 6-7　模拟原型法设计 IIR 数字滤波器流程

6.6　模拟滤波器的设计

6.6.1　模拟低通滤波器的设计指标及逼近方法

在模拟滤波器的设计方法中，一般用多项式去逼近所给定的模拟滤波器的平方幅频响应 $|H_a(j\Omega)|^2$。在一些应用中，模拟滤波器的平方幅频响应采用归一化的形式给出，通带幅度的最大值设定为 1。假定模拟滤波器的频率响应为 $H_a(j\Omega)$，则基于平方幅频响应的低通滤波器归一化技术指标（图 6-8）为

$$\frac{1}{1+\varepsilon^2} \leqslant |H_a(j\Omega)|^2 \leqslant 1, |\Omega| \leqslant \Omega_p$$

$$0 \leqslant |H_a(j\Omega)|^2 \leqslant \frac{1}{A^2}, |\Omega| \geqslant \Omega_s$$

其中，ε 为通带内波纹系数；$1/\sqrt{1+\varepsilon^2}$ 为通带幅度的最小值；A 为阻带衰减参数，最小阻带衰减表示为 $-20\lg(1/A)$（dB）；Ω_p 为通带截止频率；Ω_s 为阻带截止频率；Ω_c 为幅度衰减 3dB 处所对应的频率，称为 3dB 截止频率。

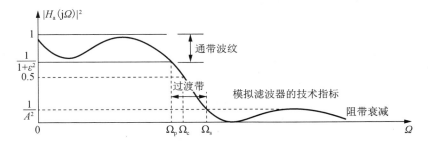

图 6-8　典型的模拟低通滤波器的性能指标说明

模拟滤波器和数字滤波器从性能指标和通频带看是相似的。但是在模拟滤波器指标中，频率 Ω 的范围是 $0\sim\infty$，覆盖整个频域范围，而在数字滤波器指标中，ω 的范围一般为 $0\sim\pi$。

设计模拟滤波器就是给定一组模拟滤波器的技术指标：通带截止频率 Ω_p、阻带截止频率 Ω_s、通带最大衰减 A_p 和阻带最小衰减 A_s，设计模拟滤波器的系统函数 $H_a(s)$ 为

$$H_a(s) = \frac{b_0 + b_1 s + \cdots + b_{N-1} s^{N-1} + b_N s^N}{a_0 + a_1 s + \cdots + a_{N-1} s^{N-1} + a_N s^N} \tag{6.23}$$

使其在 Ω_p、Ω_s 处分别达到 A_p、A_s 的要求。

通带内最大衰减（纹波）A_p 和阻带内最小衰减（纹波）A_s 分别定义为

$$A_p = 20\lg \frac{1}{|H(e^{j\Omega_p})|} = -10\lg |H(e^{j\Omega_p})|^2 \tag{6.24}$$

$$A_s = 20\lg\frac{1}{\left|H(e^{j\Omega})\right|} = -10\lg\left|H(e^{j\Omega})\right|^2 \qquad (6.25)$$

由于所设计的滤波器的单位冲激响应为实数，因而 $H_a(j\Omega)$ 满足 $H_a(j\Omega) = H_a^*(j\Omega)$，可得

$$\left|H_a(j\Omega)\right|^2 = H_a(j\Omega)H_a^*(j\Omega)\Big|_{s=j\Omega} = H_a(s)H_a(-s) \qquad (6.26)$$

可看出只要能够求出幅度平方函数，就可很容易得到所求的 $H_a(s)$。因此，幅度平方函数在模拟滤波器的设计中起着很重要的作用。

模拟滤波器的设计已经非常成熟，有多种类型的原型滤波器可供选择，常用的有 3 种 4 类：巴特沃思（Butterworth）滤波器、切比雪夫（Chebyshev）I 型滤波器、切比雪夫 II 型滤波器和椭圆（Cauer）滤波器。这 4 类滤波器的幅频响应特性在通带和阻带内各有特点，以低通滤波器为例，幅频响应特性分别为：通带、阻带均单调下降，通带等波纹波动、阻带单调下降，通带单调下降、阻带等波纹波动，通带、阻带均等波纹波动。在此基础上可以设计出具有相应通带、阻带特性的高通、带通和带阻滤波器，所以这 4 类低通形式的滤波器又被称为原型滤波器。下面将重点介绍两种经典的模拟滤波器——巴特沃思和切比雪夫两种类型的模拟低通滤波器的设计过程。

6.6.2　巴特沃思（Butterworth）模拟低通滤波器的设计

巴特沃思低通滤波器幅度平方函数定义为

$$\left|H_a(j\Omega)\right|^2 = \frac{1}{1+\left(\dfrac{\Omega}{\Omega_c}\right)^{2N}} \qquad (6.27)$$

其中，Ω_c 为 3dB 通带截止频率；N 为滤波器的阶数，N 越大，所得到的滤波器特性越逼近理想低通滤波器。图 6-9 给出了 N 取不同值时的幅度平方函数图像。

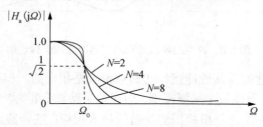

图 6-9　巴特沃思滤波器幅频特性及其与 N 的关系

可以看出，对于所有的 N，当 $\Omega = \Omega_c$ 时，$\left|H_a(j\Omega)\right|_{\Omega_c}^2 = 1/2$，$\left|H_a(j\Omega)\right|_{\Omega_c} = \sqrt{2}/2$，此时衰减为 $-20\lg(\sqrt{2}/2) = 3$（dB），也就是说，不管阶数 N 为多少，巴特沃思滤波器设计中，一般选择 Ω_c（3dB）作为频率参考点。幅度频率响应 $\left|H_a(j\Omega)\right|$ 随着 Ω 的增大而单调递减，随着 N 的增大，巴特沃思滤波器通带内越趋于平坦，过渡带和阻带越快速下降。

从巴特沃思低通滤波器的幅度平方函数来看，主要是确定滤波器的阶数 N 和 3dB 通带截止频率 Ω_c。

首先根据给定的滤波器的 4 个性能指标：Ω_p、Ω_s、A_p 和 A_s 来求出巴特沃思低通滤波器

的阶数 N 。

由

$$A_p = 20 \lg \frac{1}{\left| H(e^{j\Omega_p}) \right|} = -10 \lg \left| H(e^{j\Omega_p}) \right|^2$$

$$A_s = 20 \lg \frac{1}{\left| H(e^{j\Omega_s}) \right|} = -10 \lg \left| H(e^{j\Omega_s}) \right|^2$$

及式（6.22）可得

$$\left| H_a(j\Omega) \right|^2 = \frac{1}{1 + \left(\dfrac{\Omega}{\Omega_c} \right)^{2N}}$$

$$1 + \left(\frac{\Omega_p}{\Omega_c} \right)^{2N} = 10^{A_p/10}, \quad 1 + \left(\frac{\Omega_s}{\Omega_c} \right)^{2N} = 10^{A_s/10} \tag{6.28}$$

所以

$$\left(\frac{\Omega_p}{\Omega_s} \right)^N = \sqrt{\frac{10^{A_p/10} - 1}{10^{A_s/10} - 1}}$$

则得到巴特沃思低通滤波器阶数 N 为满足下式的最小整数：

$$N = \left\lceil \frac{\lg \left(\dfrac{10^{A_s/10} - 1}{10^{A_p/10} - 1} \right)}{2 \lg \left(\dfrac{\Omega_s}{\Omega_p} \right)} \right\rceil \tag{6.29}$$

其中，$\lceil x \rceil$ 为上取整运算，表示求大于等于 x 的最小整数。

得到了滤波器阶数 N 后，可由 A_p 和 A_s 求得相应的 3dB 通带截止频率 Ω_c，注意两者求得的结果可能不同。由通带截止频率 Ω_p 处的衰减 A_p 求出的 Ω_c 为

$$\Omega_c = \Omega_p (10^{0.1A_p} - 1)^{-\frac{1}{2N}} \tag{6.30}$$

由此式确定的滤波器通带截止频率处正好满足设计要求，但是在阻带处可能不满足设计要求。类似地，由阻带截止频率 Ω_s 衰减 A_s 求出的 Ω_c 为

$$\Omega_c = \Omega_s (10^{0.1A_s} - 1)^{-\frac{1}{2N}} \tag{6.31}$$

由此式确定的滤波器阻带截止频率处正好满足设计要求，但是在通带处可能不满足设计要求。

确定了滤波器的阶数 N 和 3dB 通带截止频率 Ω_c 后，就得到了巴特沃思滤波器的幅度平方函数 $\left| H_a(j\Omega) \right|^2$。下面由 $\left| H_a(j\Omega) \right|^2$ 设计出系统函数 $H_a(s)$。

因为

$$\left| H_a(j\Omega) \right|^2 = H_a(s) H_a(-s) \big|_{s=j\Omega} \tag{6.32}$$

所以

$$H_a(s)H_a(-s) = \frac{1}{1+\left(\dfrac{\Omega}{\Omega_c}\right)^{2N}}\Big|_{\Omega=s/j} = \frac{1}{1+(-1)^N\left(\dfrac{s}{\Omega_c}\right)^{2N}}$$

在实际应用中，由于应用场合不同，每一个滤波器的频率范围都不同，而目前已有的可查表的模拟滤波器方面的设计公式和设计参数都是归一化后的，因此在设计滤波器时需要将滤波器的参数按 3dB 通带截止频率 Ω_c 归一化处理。设复数变量 s 的归一化为 $p=s/\Omega_c$，则式（6.27）变为

$$H(p)H(-p) = \frac{1}{1+(-1)^N p^{2N}} \tag{6.33}$$

其中，$H(p)$ 称为滤波器的归一化系统函数。令式（6.28）分母多项式为零，即 $1+(-1)^N p^{2N}=0$，得

$$p_k = e^{j\pi/2}e^{j\frac{\pi}{2}\frac{2k+1}{N}}, \quad k=0.1,2,\cdots,2N-1 \tag{6.34}$$

这 $2N$ 个极点等间隔均匀分布在以 s 平面的原点为中心、半径为 1 的圆上（非归一化时半径为 Ω_c 圆），间隔是 π/N rad，一半位于 s 平面的左半平面，另一半位于 s 平面的右半平面。为了使得系统稳定，取 p_k 在 s 平面的左半平面的 N 个根作为 $H(p)$ 的极点，即

$$p_k = e^{j\pi/2}e^{j\frac{\pi}{2}\frac{2k+1}{N}}, \quad k=0.1,2,\cdots,N-1 \tag{6.35}$$

这样

$$H(p) = \frac{1}{(p-p_0)(p-p_1)\ldots(p-p_{N-1})} = \frac{1}{b_0+b_1p+b_2p^2+\cdots+b_{N-1}p^{N-1}+p^N}$$

把 $p=s/\Omega_c$ 代入 $H(p)$ 得到实际需要的 $H_a(s)$，即

$$H_a(s) = H(p)\big|_{p=\frac{s}{\Omega_c}} = \frac{\Omega_c^N}{\displaystyle\prod_{k=0}^{N-1}(s-p_k\Omega_c)} \tag{6.36}$$

【例 6.2】试设计一个模拟低通巴特沃思滤波器。要求通带截止频率 $\Omega_p=8000\pi$ rad$/s$，通带最大衰减 $A_p=3$ dB，阻带截止频率 $\Omega_s=16000\pi$，阻带最小衰减 $A_s=20$ dB。

解：（1）求滤波器的阶数 N 和 3dB 截止频率 Ω_c。模拟巴特沃思低通滤波器的幅度平方函数为

$$\left|H_a(j\Omega)\right|^2 = \frac{1}{1+\left(\dfrac{\Omega}{\Omega_c}\right)^{2N}}$$

由式（6.24）得滤波器的阶数 N 为

$$N \geqslant \left\lceil \frac{\lg\left(\dfrac{10^{A_s/10}-1}{10^{A_p/10}-1}\right)}{2\lg\left(\dfrac{\Omega_s}{\Omega_p}\right)} \right\rceil = \left\lceil \frac{\lg\left(\dfrac{10^{3/10}-1}{10^{20/10}-1}\right)}{2\lg 2} \right\rceil = \lceil 3.249 \rceil = 4$$

由已知 3dB 时的截止频率可得 $\Omega_c=8000\pi$。

（2）求归一化系统函数的极点。由式（6.30）得 $H(p)$ 的 4 个极点为

$$p_k = e^{j\pi/2}e^{j\frac{\pi}{2}\frac{2k+1}{N}}, \quad k=0,1,2,3$$

$p_0 = e^{j\pi/2}e^{j\frac{\pi}{2}\times\frac{1}{4}} = e^{j5\pi/8}$，$\quad p_1 = e^{j\pi/2}e^{j\frac{\pi}{2}\times\frac{3}{4}} = e^{j\frac{7\pi}{8}}$，$\quad p_1 = e^{j\pi/2}e^{j\frac{\pi}{2}\times\frac{5}{4}} = e^{j\frac{9\pi}{8}}$，$\quad p_1 = e^{j\pi/2}e^{j\frac{\pi}{2}\times\frac{7}{4}} = e^{j\frac{11\pi}{8}}$

（3）求归一化系统函数 $H(p)$：

$$H(p) = \frac{1}{(p-p_0)(p-p_1)(p-p_2)(p-p_3)} = \frac{1}{(p-e^{j5\pi/8})(p-e^{j7\pi/8})(p-e^{j9\pi/8})(p-e^{j11\pi/8})}$$

（4）去归一化，求得系统函数 $H_a(s)$：

$$H_a(s) = H(p)|_{p=s/\Omega_c}$$

$$= \frac{4.096\pi^4 \times 10^{15}}{(s^2 + 6.1229\pi\times10^3 s + 6.4\pi^2\times10^7)(s^2 + 1.4782\pi\times10^4 s + 6.4\pi^2\times10^7)}$$

由于模拟滤波器的设计理论已经相当成熟，相应于特定的滤波器逼近方法，很多常用滤波器的设计参数已经表格化以概括所有的逼近结果，从而简化滤波器的设计，因此，实际中人们更多的是采用查表法。

对例 6.2 中，在由步骤（1）求出滤波器的阶数 N 和 3dB 截止频率 Ω_c 后，可直接通过查表 6-1 求得归一化系统函数 $H(p)$：

$$H(p) = \frac{1}{p^4 + 2.6131259p^3 + 3.4142136p^2 + 2.6131259p + 1}$$

然后由步骤（4）将 $p = s/\Omega_c$ 代入 $H(p)$，得到实际的滤波器系统函数 $H_a(s)$，即

$$H_a(s) = H(p)|_{s/\Omega_c}$$

$$= \frac{\Omega_c^4}{s^4 + 2.6131259\Omega_c s^3 + 3.4142136\Omega_c^2 s^2 + 2.6131259\Omega_c^3 s + \Omega_c^4}$$

表 6-1　归一化的巴特沃思低通滤波器系统函数分母多项式 $s^N + a_{N-1}s^{N-1} + \cdots + a_2 s^2 + a_1 s + a_0$（$a_N = a_0 = 1$）的系数

N	a_1	a_2	a_3	a_4	a_5	a_6	a_7	a_8	a_9
1	1								
2	1.4142136								
3	2.0000000	2.0000000							
4	2.6131259	3.4142136	2.6131259						
5	3.2360680	5.2360680	5.2360680	3.2360680					
6	3.8637033	7.4641016	9.1416202	7.4641016	3.8637033				
7	4.4939592	10.0978347	14.5917939	14.5917939	10.0978347	4.4939592			
8	5.1258309	13.1370712	21.8461510	25.6883559	21.8461510	13.1370712	5.1258309		
9	5.7587705	16.5817187	31.1634375	41.9863857	41.9863857	31.1634375	16.5817187	5.7587705	
10	6.3924532	20.4317297	42.8020611	64.8823963	74.2334292	64.8823963	42.8020611	20.4317297	6.3924532

6.6.3　切比雪夫低通滤波器（Chebyshev）的设计

巴特沃思滤波器的一个重要特性是它的幅频特性随频率单调下降，而且在过渡带下降缓慢，在阻带下降较快。在滤波器中，如果想提高阻带衰减必须增加滤波器的阶数。但是，如果牺牲衰减的单调性，对于相同的滤波器的阶数，在阻带可以达到更高衰减，这种逼近的一个典型例子是切比雪夫滤波器。

切贝雪夫滤波器的幅频特性就在一个频带中（通带或阻带）具有等波纹特性。一种是在通带中是等波纹的，在阻带中是单调的，称为切比雪夫 I 型；一种是在通带内是单调的，在阻带内是等波纹的，称为切比雪夫 II 型。本章只介绍切比雪夫 I 型。

N 阶切比雪夫滤波器的幅度平方函数为

$$|H_a(j\Omega)|^2 = \frac{1}{1+\varepsilon^2 C_N^2\left(\dfrac{\Omega}{\Omega_p}\right)} \tag{6.37}$$

其中，ε 表示 $|H_a(j\Omega)|$ 波动范围的参数，ε 越大，波纹越大；Ω_p 为通带截止频率；$C_N(x)$ 为 N 阶切比雪夫函数或多项式。

$$C_N(x) = \begin{cases} \cos(N\arccos x), & |x| \leq 1, \ 等波纹幅度特征 \\ \cos h(N\operatorname{arc}\cos hx), & |x| > 1, \ 单调增加 \end{cases}$$

其中，双曲余弦函数定义为

$$\cos h\varphi = \frac{e^\varphi + e^{-\varphi}}{2}$$

如图 6-10 分别给出了阶数 N 为奇数与偶数的切比雪夫 I 型滤波器幅频特性。可以看出切比雪夫 I 型滤波器的一些特点。

（1）$\Omega = 0$ 时，若 N 为奇数，$|H_a(j0)|=1$，若 N 为偶数，$|H_a(j0)|=1/\sqrt{1+\varepsilon^2}$。

（2）$\Omega = \Omega_p$ 时，$|H_a(j\Omega)|=1/\sqrt{1+\varepsilon^2}$；

$\Omega < \Omega_p$ 时，通带内：在 1 和 $1/\sqrt{1+\varepsilon^2}$ 间等波纹起伏；

$\Omega > \Omega_p$ 时，通带外：迅速单调下降趋向 0。

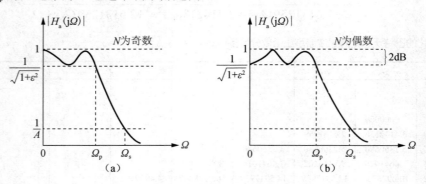

图 6-10　切比雪夫 I 型滤波器幅频特性

切比雪夫 I 型滤波器的设计过程：

（1）求波动系数 ε。

$$A_p = 20\lg\frac{|H_a(j\Omega)|_{max}}{|H_a(j\Omega)|_{min}} = 20\lg\sqrt{1+\varepsilon^2} = 10\lg(1+\varepsilon^2)$$

所以

$$\varepsilon = \sqrt{10^{0.1A_p}-1} \tag{6.38}$$

（2）求滤波器阶数 N。若 Ω_s 为阻带截止频率，则

$$\left|H_{\mathrm{a}}(\mathrm{j}\Omega_{\mathrm{s}})\right|^2 \leqslant \frac{1}{A^2}$$

阻带最小衰减为

$$A_{\mathrm{s}} = 20\lg\frac{1}{1/A} = 20\lg A$$

进而可求得 A 值为

$$A = 10^{A_{\mathrm{s}}/20} = 10^{0.05A_{\mathrm{s}}}$$

从而

$$\left|H_{\mathrm{a}}(\mathrm{j}\Omega_{\mathrm{s}})\right|^2 = \frac{1}{1+\varepsilon^2 C_N^2\left(\dfrac{\Omega_{\mathrm{s}}}{\Omega_{\mathrm{p}}}\right)} \leqslant \frac{1}{A^2}$$

由此得

$$C_N\left[\frac{\Omega_{\mathrm{s}}}{\Omega_{\mathrm{p}}}\right] \geqslant \frac{1}{\varepsilon}\sqrt{A^2-1}$$

因为 $\Omega_{\mathrm{s}}/\Omega_{\mathrm{p}} \geqslant 1$，所以

$$C_N\left[\frac{\Omega_{\mathrm{s}}}{\Omega_{\mathrm{p}}}\right] = \mathrm{ch}\left[N\,\mathrm{arcch}\left[\frac{\Omega_{\mathrm{s}}}{\Omega_{\mathrm{p}}}\right]\right]$$

综合前式得

$$C_N\left[\frac{\Omega_{\mathrm{s}}}{\Omega_{\mathrm{p}}}\right] = \mathrm{ch}\left[N\,\mathrm{arc\,ch}\left(\frac{\Omega_{\mathrm{s}}}{\Omega_{\mathrm{p}}}\right)\right] \geqslant \frac{1}{\varepsilon}\sqrt{A^2-1}$$

$$N \geqslant \frac{\mathrm{arc\,ch}\left[\dfrac{1}{\varepsilon}\sqrt{A^2-1}\right]}{\mathrm{arc\,ch}\left(\dfrac{\Omega_{\mathrm{s}}}{\Omega_{\mathrm{p}}}\right)} = \frac{\mathrm{arc\,ch}\left[\dfrac{1}{\varepsilon}\sqrt{10^{0.1A_{\mathrm{s}}}-1}\right]}{\mathrm{arc\,ch}\left(\dfrac{\Omega_{\mathrm{s}}}{\Omega_{\mathrm{p}}}\right)} \tag{6.39}$$

与前面巴特沃思滤波器类似，确定了切比雪夫滤波器的波动系数 ε 和阶数 N 后，就可以得到归一化系统函数 $H(\mathrm{j}\lambda)$ 和系统函数 $H_{\mathrm{a}}(s)$。

$$H(\mathrm{j}\lambda) = \frac{K}{\displaystyle\prod_{k=1}^{N}(\lambda - p_k)}$$

$$H_{\mathrm{a}}(s) = H(\mathrm{j}\lambda)\big|_{\lambda = s/\Omega_{\mathrm{p}}} = \frac{K\Omega_{\mathrm{p}}^N}{\displaystyle\prod_{k=1}^{N}(s - \Omega_{\mathrm{p}}p_k)}$$

归一化极点

$$p_k = \sigma_k + \mathrm{j}\Omega_k,\quad k = 1,2,\cdots,N$$

其中，

$$\sigma_k = -A\sin\left[\frac{(2k-1)\pi}{2N}\right],\quad \Omega_k = B\cos\left[\frac{(2k-1)\pi}{2N}\right] \tag{6.40a}$$

$$A = \frac{\gamma^2-1}{2\gamma},\quad B = \frac{\gamma^2+1}{2\gamma},\quad \gamma = \left(\frac{1+\sqrt{1+\varepsilon^2}}{\varepsilon}\right)^{1/N}\ddot{x} \tag{6.40b}$$

从系统函数的零、极点来看，切比雪夫 I 型滤波器的系数让人头痛，好在是这些公式都是用来查的不是用来记忆的。

综上所述，切比雪夫 I 型滤波器的设计方法和设计步骤与巴特沃思型模拟低通滤波器的设计步骤类似，都包括以下 3 个步骤：

（1）确定滤波器波纹参数 ε 和阶数 N。

（2）确定归一化系统函数 $H(j\lambda)$。

（3）去归一化确定低通滤波器的系统函数 $H_a(s)$。

6.7　由模拟滤波器系统函数到数字滤波器系统函数的转换

前面介绍了模拟低通滤波器的设计过程，得到了模拟滤波器系统函数 $H_a(s)$，现在要得到相应的数字滤波器，就是要把 s 平面映射到 z 平面，使模拟滤波器系统函数 $H_a(s)$ 变换成所需要数字滤波器的系统函数 $H(z)$。这个从 s 平面映射到 z 平面之间的映射关系，必须满足以下两个基本条件。

（1）数字滤波器的频率响应必须要能模仿模拟滤波器的频率响应，也就是说，z 平面的单位圆（$z = \mathrm{e}^{j\omega}$）上的数字滤波器的系统函数 $H(z)$ 的特性要能模仿 s 平面虚轴上模拟滤波器系统函数 $H_a(s)$ 的特性，即 $j\Omega \xrightarrow{\text{映射}} \mathrm{e}^{j\omega}$。

（2）s 平面上因果稳定的 $H_a(s)$，映射后所得到 z 平面上的 $H(z)$ 也必须是因果稳定的。也就是要求 s 平面的左半平面必须映射到 z 平面的单位圆内。

根据要保留的模拟和数字滤波器的特性不同。主要有以下映射方法：保留单位冲激响应的形状——冲激响应不变法，这种方法可以看成是一种时域变换方法，基于信号的时域抽样，适合 IIR 数字低通和带通滤波器的设计；保留从模拟到数字的系统函数表示——双线性变换法，这种方法更多的是频域变换方法，基于频带压缩，可以用于各类 IIR 数字滤波器的设计。

6.7.1　冲激响应不变法

冲激响应不变法的变换思路：从滤波器的单位冲激响应出发，使数字滤波器的单位冲激响应 $h(n)$ 逼近模拟滤波器的单位冲激响应 $h_a(t)$，使 $h(n)$ 等于 $h_a(t)$ 的抽样值。即满足

$$h(n) = Th_a(nT)，\quad T \text{ 为抽样周期} \tag{6.41}$$

模拟滤波器的系统函数可表示为

$$H_a(s) = \frac{\sum\limits_{i=0}^{M} a_i s^i}{\sum\limits_{i=0}^{N} b_i s^i} = A\frac{\prod\limits_{i=1}^{M}(s - s_{qi})}{\prod\limits_{i=1}^{N}(s - s_{pi})}（s_{qi}，s_{pi} \text{为零点和极点}） \tag{6.42}$$

一般 $M<N$，因此上式可以分解为部分分式形式：

$$H_a(s) = \sum_{i=1}^{N}\frac{A_i}{s - s_{pi}} = \sum_{i=1}^{N}\frac{A_i}{s - s_i} \tag{6.43}$$

对 $H_a(s)$ 两边进行拉氏反变换得

$$h_a(t) = L^{-1}[H_a(s)] = \sum_{i=1}^{N} A_i \mathrm{e}^{s_i t} u(t)$$

对 $h_a(t)$ 以周期 T 进行抽样，有

$$h_a(nT) = \sum_{i=1}^{N} A_i \mathrm{e}^{s_i nT} u(nT)$$

由冲激响应不变准则，可得

$$h(n) = Th_a(nT) = T\sum_{i=1}^{N} A_i \mathrm{e}^{s_i nT} u(nT)$$

对上式两边进行 z 变换，便得数字滤波器的系统函数为

$$
\begin{aligned}
H(z) &= \sum_{n=-\infty}^{\infty} h(n) z^{-n} = \sum_{n=-\infty}^{\infty} T\sum_{i=1}^{N} A_i \mathrm{e}^{s_i nT} u(nT) z^{-n} \\
&= T\sum_{i=1}^{N} A_i \sum_{n=-\infty}^{\infty} \mathrm{e}^{s_i nT} u(nT) z^{-n} = T\sum_{i=1}^{N} A_i \sum_{n=0}^{\infty} (\mathrm{e}^{s_i T} z^{-1})^n \\
&= T\sum_{i=1}^{N} \frac{A_i}{1 - \mathrm{e}^{s_i T} z^{-1}}
\end{aligned}
\qquad (6.44)
$$

由上式 $H(z)$ 可以看到，$H(z)$ 也是部分分式之和的形式，且有：

（1）$H(z)$ 的各系数 A_i 分别与 $H_a(s)$ 部分分式系数相同。

（2）$H(z)$ 的各极点分别对应于 $H_a(s)$ 的各极点 s_i。

因此，只要将 AF 的 $H_a(s)$ 分解为部分分式之和的形式，就可以立即得到相应的 DF 的系统函数 $H(z)$。

所以，对于给定数字低通滤波器技术指标 ω_p、ω_s、A_p 和 A_s，采用冲激响应不变法设计数字滤波器的过程如下：

（1）确定抽样周期 T，并计算模拟频率：

$$\Omega_p = \frac{\omega_p}{T}, \ \Omega_s = \frac{\omega_s}{T}$$

（2）根据性能指标 ω_p、Ω_s、A_p 和 A_s，设计模拟低通滤波器 $H_a(s)$。这个模拟滤波器可以是前面讲过的几种原型滤波器（巴特沃思、切比雪夫等）。

（3）把 $H_a(s)$ 展成部分分式之和的形式：

$$H_a(s) = \sum_{i=1}^{N} \frac{A_i}{s - s_i}$$

（4）把模拟极点 $\{s_i\}$ 转换成数字极点 $\{\mathrm{e}^{s_i T}\}$，得到数字滤波器的传输函数：

$$H(z) = T\sum_{i=1}^{N} \frac{A_i}{1 - \mathrm{e}^{s_i T} z^{-1}}$$

【例 6.3】试用冲激响应不变法，把下面的模拟滤波器

$$H_a(s) = \frac{2}{s^2 + 4s + 3}, \quad T = 1$$

转换成数字滤波器 $H(z)$。

解：首先把模拟滤波器展成部分分式之和的形式，即

$$H_a(s) = \frac{2}{s^2 + 4s + 3} = \frac{1}{s+1} - \frac{1}{s+3}$$

所以，极点为 $s_1 = -1$ 和 $s_2 = -3$ ，且 $T = 1$ 。

采用冲激响应不变法的数字滤波器的传输函数为

$$H(z) = T\sum_{i=1}^{N} \frac{A_i}{1 - e^{s_i T} z^{-1}} = \frac{T}{1 - e^{-T} z^{-1}} - \frac{T}{1 - e^{-3T} z^{-1}}$$

$$= \frac{\left(e^{-1} - e^{-3}\right)z^{-1}}{1 - \left(e^{-1} + e^{-3}\right)z^{-1} + e^{-4}z^{-2}} = \frac{0.318z^{-1}}{1 - 0.4177z^{-1} + 0.01831z^{-2}}$$

【例 6.4】利用冲激响应不变法设计一个数字巴特沃思低通滤波器，通带截止频率为 750Hz，通带内衰减不大于 3dB，阻带最低频率为 1600Hz，阻带内衰减不小于 7dB，给定 $T = 1/4000$s。

解：由给定的指标要求，得到模拟滤波器的技术要求为

$$\Omega_p = 2\pi f_p = 1500\pi, \quad A_p = 3\text{dB}$$

$$\Omega_s = 2\pi f_s = 3200\pi, \quad A_s = 7\text{dB}$$

由模拟滤波器设计可得巴特沃思低通模拟滤波器的阶数 N 为

$$N = \left\lceil \frac{\lg\left(\dfrac{10^{0.1A_s} - 1}{10^{0.1A_p} - 1}\right)}{2\lg\left(\dfrac{\Omega_s}{\Omega_p}\right)} \right\rceil = \left\lceil \frac{\lg(10^{0.1 \times 7} - 1)}{2\lg 2.13} \right\rceil = \lceil 0.917 \rceil = 1$$

所以，查表 6-1 后归一化的一阶巴特沃思模拟滤波器系统函数为

$$H(p) = \frac{1}{(p+1)}$$

由题意知，3dB 截止频域为 $\Omega_c = 1500\pi$ ，去归一化后得一阶巴特沃思模拟滤波器系统函数为

$$H_a(s) = H(p)\big|_{p=\frac{s}{\Omega_c}} = \frac{\Omega_c}{s + \Omega_c} = \frac{1500\pi}{s + 1500\pi}$$

根据冲激响应不变法，把 $H_a(s)$ 转换成数字滤波器的系统函数 $H(z)$ ：

$$H(z) = T\frac{A_i}{1 - e^{s_i T} z^{-1}} = \frac{T\Omega_c}{1 - e^{-\Omega_c T} z^{-1}} = \frac{1500\pi T}{1 - e^{-1500\pi T} z^{-1}}$$

下面分析冲激响应不变法中 s 平面与 z 平面之间的映射关系，并由此得到冲激响应不变法的优缺点。

根据时域抽样定理，用式（6.41）得到的数字滤波器的频率响应 $H(e^{j\omega})$ 与原模拟滤波器的频率响应 $H_a(j\Omega)$ 之间具有关系：

$$H(e^{j\omega}) = \frac{1}{T}\sum_{k=-\infty}^{\infty} H_a\left(j\left(\frac{\omega}{T} + k\frac{2\pi}{T}\right)\right) \tag{6.45}$$

其中，数字频率 ω 与模拟频率 Ω 的关系是 $\Omega = \dfrac{\omega}{T}$ 。该式说明， $H(e^{j\omega})$ 是 $H_a(j\Omega)$ 的周期延拓的结果。若模拟滤波器的频带有限，即 $H_a(j\Omega) = 0, |\Omega| \geqslant \dfrac{\omega}{T}$ ，则

$$H(\mathrm{e}^{\mathrm{j}\omega}) = \frac{1}{T_{\mathrm{s}}} \sum_{k=-\infty}^{\infty} H_{\mathrm{a}}\left(\mathrm{j}\frac{\omega}{T_{\mathrm{s}}}\right) \qquad (6.46)$$

即数字滤波器与模拟滤波器的频率响应之间只是幅度和频率进行线性尺度变换的关系，这意味着没有频率混叠失真。但是，阶数有限的任何实际模拟滤波器都不可能是真正限带的。因此式（6.45）中各项之间存在干扰，即频率混叠失真不可避免。不过，如果模拟滤波器的频率响应在高频时趋近于零，则频率混叠失真可以忽略。因此，冲激响应不变法适用于频带有限或频率响应在高频时趋近于零的模拟滤波器。

在前面的推导中，已经知道如果 s_i 是模拟滤波器的系统函数 $H_{\mathrm{a}}(s)$ 的一个极点，则 $z_i = \mathrm{e}^{s_i T}$ 就是与之逼近的数字滤波器的系统函数 $H(z)$ 的一个极点，反之亦然，即 s 平面的极点 s_i 与 z 平面的极点 $z_i = \mathrm{e}^{s_i T}$ 互相对应。将极点的映射关系推广，可得冲激响应不变法中 s 平面与 z 平面之间的映射关系，即：$z = \mathrm{e}^{sT}$。令 $z = r\mathrm{e}^{\mathrm{j}\omega}$，$s = \sigma + \mathrm{j}\Omega$，则 $z = r\mathrm{e}^{\mathrm{j}\omega} = \mathrm{e}^{sT} = \mathrm{e}^{\sigma T}\mathrm{e}^{\mathrm{j}\Omega T}$，所以

$$r = \mathrm{e}^{\sigma T}, \omega = \Omega T \qquad (6.47)$$

其中，ω 是数字角频率，也是复变量 z 的幅角；Ω 是模拟角频率，也是复变量 s 的虚部。式（6.47）表明了 z 平面的半径和幅角与 s 平面的实部与虚部之间的关系。

由式（6.47）知，对 s 平面的实部 σ，当 $\sigma = 0$ 时，$r = 1$，即 s 平面虚轴映射为 z 平面的单位圆；当 $\sigma > 0$ 时，$r > 1$，即 s 平面右半平面映射到 z 平面的单位圆之外；当 $\sigma < 0$ 时，$r < 1$，即 s 平面左半平面映射到 z 平面的单位圆之内。

对 s 平面的虚部 Ω，当 $-\pi/T \leqslant \Omega \leqslant \pi/T$ 时，因为 $\omega = \Omega T$，所以 $-\pi \leqslant \omega \leqslant \pi$，即 s 平面的虚轴 $-\pi/T \leqslant \Omega \leqslant \pi/T$ 这一段映射为 z 平面的整个单位圆弧。当 $|\Omega| > \pi/T$ 时，映射为 z 平面上圆周重复，不是单值对应，即虚轴上长为 $2\pi/T$ 的每一段都映射为单位圆，因此会产生混叠现象。冲激响应不变法中 s 平面与 z 平面之间的变量映射关系如图 6-11 所示。

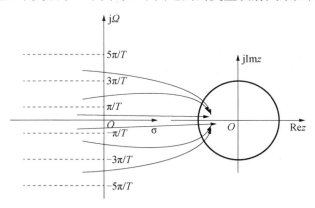

图 6-11　冲激响应不变法中 s 平面与 z 平面之间的变量映射关系

我们知道，s 平面虚轴上的拉普拉斯变换就是连续时间傅里叶变换，表示模拟滤波器的频率响应，而 z 平面单位圆上的 z 变换就是离散时间傅里叶变换，表示数字滤波器的频率响应。因此，s 平面上的虚轴映射为 z 平面单位圆，就是数字滤波器 $H(z)$ 的频率响应仿真了模拟滤波器 $H_{\mathrm{a}}(s)$ 的频率响应，保持了滤波器的频率响应特性。另外，当模拟滤波器系统函数 $H_{\mathrm{a}}(s)$

的极点都在 s 平面的左半平面时，此系统是稳定的，而此时正好映射为相应的数字滤波器的系统函数 $H(z)$ 的极点都在 z 平面单位圆内，正好与数字滤波器稳定的条件相吻合，即稳定的 $H_a(s)$ 映射到稳定的 $H(z)$，保持了滤波器的稳定性。

综上所述，可以总结出冲激响应不变法的一些优缺点。优点主要有两点：① $H(n)$ 完全模仿模拟滤波器的单位抽样响应 $h_a(t)$，时域逼近良好；②数字角频率和模拟角频率保持线性关系：$\omega = \Omega T$。因此，线性相位模拟滤波器转变为线性相位数字滤波器，不存在线性失真问题。缺点是存在频率响应混叠问题，只适用于限带的低通、带通滤波器的设计。

6.7.2 双线性变换法

冲激响应不变法会产生频率响应的混叠失真，为了克服这一缺点，可采用双线性变换法，使数字滤波器的频率响应与模拟滤波器的频率响应相似。

冲激响应不变法的映射是多值映射，导致频率响应混叠。改进思路是先将 s 平面整个变换到一个中介平面 s_1 的一个水平窄带 $\Omega:[-\pi/T,\pi/T]$ 之中，然后再经过 $z = e^{s_1 T}$ 的变换，将 s_1 平面映射到 z 平面，后一变换就是单值的变换，从而使从 s 平面到 z 平面是单值的变换关系，如图 6-12 所示。

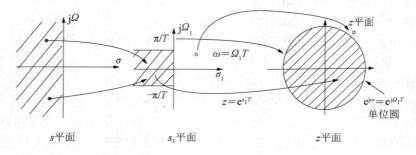

图 6-12　双线性变换法的映射关系

整个变换过程分为以下 3 个步骤：

（1）在 s 平面整个 $j\Omega$ 轴沿所到 s_1 平面 $j\Omega$ 轴上的 $[-\pi/T,\pi/T]$ 的一段横带内，可以用以下关系式

$$\Omega = \tan\frac{\Omega_1 T}{2} \tag{6.48}$$

所以 $j\Omega = j\tan(\frac{\Omega_1 T}{2}) = j\frac{\sin(\Omega_1 T/2)}{\cos(\Omega_1 T/2)} = \frac{e^{j\frac{\Omega_1 T}{2}} - e^{-j\frac{\Omega_1 T}{2}}}{e^{j\frac{\Omega_1 T}{2}} + e^{-j\frac{\Omega_1 T}{2}}} = \frac{1 - e^{-j\Omega_1 T}}{1 + e^{-j\Omega_1 T}}$ 令 $j\Omega = s$，$j\Omega_1 = s_1$ 得

$$s = \frac{1 - e^{-s_1 T}}{1 + e^{-s_1 T}} \tag{6.49}$$

（2）将 s_1 平面 $[-\pi/T,\pi/T]$ 这一横带通过以下标准的 z 变换关系映射到 z 平面

$$z = e^{s_1 T} \tag{6.50}$$

（3）综合式（6.49）和式（6.50）可得 s 平面和 z 平面的单值映射关系为

$$s = \frac{1 - z^{-1}}{1 + z^{-1}} \tag{6.51}$$

$$z = \frac{1+s}{1-s} \tag{6.52}$$

（4）为使模拟滤波器某一频率与数字滤波器的某一频率有对应关系，可引入待定常数 c，当需要在零频率附近有较确切的对应关系 $\Omega \approx \Omega_1$ 时有

$$\Omega \approx \Omega_1 = c \cdot \tan\left(\frac{\Omega_1 T}{2}\right) \approx c \cdot \frac{\Omega_1 T}{2}$$

所以应取 $c = 2/T$。

此时，式（6.51）和式（6.52）变成

$$s = \frac{2}{T}\frac{1-z^{-1}}{1+z^{-1}} \tag{6.53}$$

$$z = \frac{1+\frac{T}{2}s}{1-\frac{T}{2}s} = \frac{\frac{2}{T}+s}{\frac{2}{T}-s} \tag{6.54}$$

则式（6.48）变为

$$\Omega = \frac{2}{T}\tan\frac{\Omega_1 T}{2} \tag{6.55}$$

将 $\Omega_1 T = \omega$ 代入式（6.55）后得

$$\Omega = \frac{2}{T}\tan(\omega/2) \tag{6.56}$$

变换关系为

$$H(z) = H_a(s)\Big|_{s=\frac{2}{T}\frac{1-z^{-1}}{1+z^{-1}}} = H_a\left(\frac{2}{T}\frac{1-z^{-1}}{1+z^{-1}}\right) \tag{6.57}$$

以上的变换公式满足 6.7 节中由模拟滤波器到数字滤波器映射中需要满足的两个基本条件。

（1）将 $z = e^{j\omega}$ 代入式（6.53）得

$$s = \frac{2}{T}\frac{1-e^{-j\omega}}{1+e^{-j\omega}} = \frac{2}{T}\frac{e^{-j\omega/2}-e^{-j\omega/2}}{e^{-j\omega/2}+e^{-j\omega/2}} = j\frac{2}{T}\cdot\tan\left(\frac{\omega}{2}\right) = j\Omega \tag{6.58}$$

即 s 平面虚轴的虚轴对应 z 平面的单位圆

（2）将 $s = \sigma + j\Omega$ 代入式（6.54）得

$$z = \frac{\frac{2}{T}+s}{\frac{2}{T}-s} = \frac{\frac{2}{T}+\sigma+j\Omega}{\frac{2}{T}-\sigma-j\Omega}$$

$$|z| = \frac{\sqrt{\left(\frac{2}{T}+\sigma\right)^2+\Omega^2}}{\sqrt{\left(\frac{2}{T}-\sigma\right)^2+\Omega^2}} \tag{6.59}$$

当 $\sigma < 0 \rightarrow |z| < 1$ 时，s 左半平面映射成 z 平面的单位圆内；

当 $\sigma > 0 \rightarrow |z| > 1$ 时，s 右半平面映射成 z 平面的单位圆外；

当 $\sigma = 0 \rightarrow |z| = 1$ 时，s 平面的虚轴对应 z 平面的单位圆。

即满足因果稳定的映射要求。

从 $\Omega = 2/T \tan(\omega/2)$ 可知，双线性变换从模拟频率 Ω 变换成数字频率 ω 是非线性变换关系，如图 6-13 所示。而在冲激响应不变法中，Ω 与 ω 之间的关系是线性变换关系 $\omega = \Omega T$。

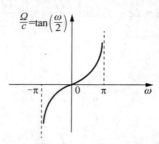

图 6-13　双线性变换的频率间非线性关系

从图 6-13 可以看出，根据正切函数的性质，当 $\Omega \rightarrow \infty$，时 $\omega \rightarrow \pi$，当 $\Omega \rightarrow -\infty$，时 $\omega \rightarrow -\pi$，因此，双线性变换把模拟滤波器在 $-\infty < \Omega < \infty$ 范围内的频率特性 $|H_a(\mathrm{j}\Omega)|$ 压缩成为数字滤波器在 $(-\pi, \pi)$ 范围内的频率特性 $|H_a(\mathrm{e}^{\mathrm{j}\omega})|$，数字频率终止于折叠频率处，所以双线性变换不会出现频率响应的混叠失真情况。这种非线性在低频段并不明显，因此对低通滤波器进行双线性变换所引起的频率失真一般很小。这种非线性可以用预失真方法补偿，即预先把给定的数字滤波器频率指标用双线性变换式（6.51）进行换算，得到

$$\Omega_p = 2/T \tan(\omega_p/2) \text{ 和 } \Omega_s = 2/T \tan(\omega_s/2)$$

因此，称式（6.56）为频率预失真函数。对于幅频响应基本上是分段常数的其他类型滤波器，如高通、带通、带阻型滤波器，采用预失真补偿方法都能取得良好的效果。但是，对于幅频响应起伏很大，如梳状滤波器、微分器和线性相频响应滤波器，双线性变换是不适用的。

【例 6.5】设计一个数字滤波器，要求 3dB 截止频率为 0.2π，频率在 $0.5\pi \sim \pi$ 的阻带衰减至少为 15dB，系统取样频率为 500Hz，用双线性变换法设计满足指标的最低阶巴特沃思滤波器的传递函数。

解：数字滤波器频率指标为

$$\omega_p = 0.2\pi, \quad \omega_s = 0.5\pi$$

经频率预失真换算后，AF 频率指标为

$$\Omega_p = 2/T \tan(\omega_p/2) = 325\mathrm{rad/s}$$

$$\Omega_s = 2/T \tan(\omega_s/2) = 999\mathrm{rad/s}$$

$$N = \left\lceil \frac{\lg\left(\dfrac{10^{0.1A_s}-1}{10^{0.1A_p}-1}\right)}{2\lg\left(\dfrac{\Omega_s}{\Omega_p}\right)} \right\rceil = \left\lceil \frac{\lg\left(\dfrac{10^{1.5}-1}{10^{0.3}-1}\right)}{2\lg(999/325)} \right\rceil = \lceil 1.5257 \rceil = 2$$

所以巴特沃思滤波器的阶数为 2。

查表得归一化巴特沃思原型低通滤波器的系统函数为

$$H(p) = \frac{1}{1 + 1.414p + p^2}$$

去归一化得巴特沃思低通滤波器的系统函数为

$$H_a(s) = H(p)\Big|_{p=\frac{s}{\Omega_p}} = \frac{1}{1 + 1.414(s/\Omega_p) + (s/\Omega_p)^2} = \frac{1}{1 + 4.35\times10^{-3}s + 9.47\times10^{-6}s^2}$$

所以，将式（6.48）代入 $H_a(s)$，经整理和化简后得到数字滤波器的系统函数为

$$H(z) = H_a(s)\Big|_{s=\frac{2}{T}\frac{1-z^{-1}}{1+z^{-1}}} = \frac{0.0679 + 0.1359z^{-1} + 0.0679z^{-2}}{1 - 1.1508z^{-1} + 0.4226z^{-2}}$$

6.8 频 率 变 换

6.7 节主要讨论了低通 IIR 滤波器的设计，通过对一个低通原型滤波器（巴特沃思、切比雪夫等）进行频率变换就可以得到高通、带通或带阻滤波器的设计。

一种方法是，首先在模拟域进行频率变换，然后利用 s 平面到 z 平面的映射，将频率变换后的模拟滤波器转换成相应的数字滤波器。另一种方法是，先将模拟低通滤波器转换成数字低通滤波器，然后利用频率变换后将低通数字滤波器转换成所需要的数字滤波器。一般来说，除了双线性变换，这两种方法会产生不同的结果，但是在双线性变换的情况下得到的滤波器是相同的。下面分别对这两种方法进行阐述。

6.8.1 模拟域频率变换

假设有一个通带截止频率为 Ω_p 的低通模拟滤波器，若希望将其转换成另一个通带截止频率为 Ω_p' 的低通滤波器，则所需变换为

$$s \rightarrow \frac{\Omega_p}{\Omega_p'}s \quad \text{（低通到低通）} \tag{6.60}$$

即可得到一个系统函数为 $H_l(s) = H_p[(\Omega_p/\Omega_p')s]$ 的低通滤波器，其中 $H_p(s)$ 是通带截止频率为 Ω_p 的原型低通滤波器的系统函数。

若希望将其转换成另一个通带截止频率为 Ω_p 的高通滤波器，则所需变换为

$$s \rightarrow \frac{\Omega_p\Omega_p'}{s} \quad \text{（低通到高通）} \tag{6.61}$$

高通滤波器的系统函数为

$$H_h(s) = H_p(\Omega_p\Omega_p'/2)$$

若希望将一个通带截止频率为 Ω_p 的低通模拟滤波器转换成频带下限截止频率为 Ω_l 和频带上限截止频率为 Ω_u 的带通滤波器，则变换可分为两步完成。首先把低通滤波器转变成另一个截止频率为 $\Omega_p' = 1$ 的低通滤波器，然后完成变换

$$s \rightarrow \frac{s^2 + \Omega_l\Omega_u}{s(\Omega_u - \Omega_l)} \quad \text{（低通到带通）} \tag{6.62}$$

或者等价地利用如下变换在单步内得到相同的结果：

$$s \to \Omega_p \frac{s^2 + \Omega_l \Omega_u}{s(\Omega_u - \Omega_l)} \quad \text{（低通到带通）} \tag{6.63}$$

于是可得，$H_b(s) = H_p \Omega_p \dfrac{s^2 + \Omega_l \Omega_u}{s(\Omega_u - \Omega_l)}$。

最后，若希望将一个通带截止频率为 Ω_p 的低通模拟滤波器转换成一个带阻滤波器，变换仅仅是式（6.61）的逆变换带上另一用于归一化低通滤波器的频带截止频率因子 Ω_p。因此该变换为

$$s \to \Omega_p \frac{s^2 + \Omega_l \Omega_u}{s(\Omega_u - \Omega_l)} \quad \text{（低通到带阻）} \tag{6.64}$$

于是可得，$H_b(s) = H_p \left(\Omega_p \dfrac{s(\Omega_l - \Omega_u)}{s^2 + \Omega_l - \Omega_u} \right)$。

【例 6.6】已知一个系统函数为

$$H(s) = \frac{\Omega_p}{s + \Omega_p}$$

的单极点巴特沃思低通滤波器，试将其变换成一个频带上限截止频率为 Ω_u 和频带下限截止频率分别为 Ω_l 的带通滤波器。

解：所需变化由式（6.63）给定，所以有

$$H(s) = \frac{1}{\dfrac{s^2 + \Omega_l \Omega_u}{s(\Omega_u - \Omega_l)} + 1} = \frac{s(\Omega_u - \Omega_l)}{s^2 + s(\Omega_u - \Omega_l) + \Omega_l \Omega_u}$$

6.8.2　数字域频率变换

对数字低通滤波器也可以实行频率转换将其转变为带通、带阻或高通滤波器。该变换涉及用一个有理函数 $f(z^{-1})$ 替代变量 z^{-1} 的过程，而有理函数 $f(z^{-1})$ 必须满足以下条件：

（1）映射 $z^{-1} \to f(z^{-1})$ 必须将 z 平面单位圆内的点映射成它自己；（2）单位圆也必须映射成 z 平面的单位圆周。条件（2）意味着对 $r = 1$，有

$$e^{-j\omega} = f(e^{-j\omega}) \Leftrightarrow f(\omega) = |f(\omega)| e^{j \arg[f(\omega)]}$$

显然，对于所有的 ω 必须有 $|f(\omega)| = 1$。也就是说，映射必须是全通的。因此，它有形式

$$f(z^{-1}) = \pm \prod_{k=1}^{n} \frac{z^{-1} - a_k}{1 - a_k z^{-1}} \tag{6.64}$$

其中，$|a_k| < 1$ 保证了将一个稳定的滤波器变换成另一个稳定的滤波器（例如，满足条件 1）。表 6-2 给出了将原型低通数字滤波器转变成带通、带阻、高通或另一个低通数字滤波器的变换。

表 6-2　数字滤波器的频率变换（原型低通滤波器的频带截止频率为 ω_p）

变换类型	所用变换	参数
低通	$z^{-1} \to \dfrac{z^{-1} - a}{1 + az^{-1}}$	$\omega_p' = $ 新滤波器的频带截至频率

变换类型	所用变换	参数
低通	$z^{-1} \to \dfrac{z^{-1}-a}{1+az^{-1}}$	$a = \dfrac{\sin\left[(\omega_p - \omega_p')/2\right]}{\sin\left[(\omega_p + \omega_p')/2\right]}$
高通	$z^{-1} \to -\dfrac{z^{-1}+a}{1+az^{-1}}$	$\omega_p' = $ 新滤波器的频带截至频率 $a = -\dfrac{\cos\left[(\omega_p + \omega_p')/2\right]}{\cos\left[(\omega_p - \omega_p')/2\right]}$
带通	$z^{-1} \to -\dfrac{z^{-2}-az^{-1}+a^2}{a_2 z^{-2}-a_1 z^{-1}+1}$	$\omega_1 = $ 下频带截至频率 $\omega_u = $ 上频带截至频率 $a_1 = 2\alpha K/(K+1)$ $a_2 = (K-1)/(K+1)$ $a = \dfrac{\cos\left[(\omega_p - \omega_1)/2\right]}{\cos\left[(\omega_p + \omega_1)/2\right]}$ $K = \cot\dfrac{(\omega_p - \omega_1)}{2}\tan\dfrac{\omega_p}{2}$
带阻	$z^{-1} \to -\dfrac{z^{-2}-az^{-1}+a^2}{a_2 z^{-1}-a_1 z^{-1}+1}$	$\omega_1 = $ 下频带截至频率 $\omega_u = $ 上频带截至频率 $a_1 = 2\alpha/(K+1)$ $a_2 = (1-K)/(1+K)$ $a = \dfrac{\cos\left[(\omega_p - \omega_1)/2\right]}{\cos\left[(\omega_p + \omega_1)/2\right]}$ $K = \tan\dfrac{(\omega_p - \omega_1)}{2}\tan\dfrac{\omega_p}{2}$

【例 6.7】已知一个系统函数为

$$H(z) = \frac{0.245(1+z^{-1})}{1-0.509z^{-1}}$$

的单极点巴特沃思低通滤波器，试将其变换成一个频带上限截止频率和频带下限截止频率分别为 Ω_u 和 Ω_l 的带通滤波器（$\omega_p = 0.2\pi$）。

解：查表 6-2 知，所需的变换为

$$z \to -\frac{z^{-2}-a_1 z^{-1}+a_2}{a_2 z^{-2}-a_1 z^{-1}+1}$$

其中，a_1 和 a_2 的定义见表 6-2，将其代入 $H(z)$ 得

$$H(z) = \frac{0.245\left(1 - \dfrac{z^{-2}-a_1 z^{-1}+a_2}{a_2 z^{-2}-a_1 z^{-1}+1}\right)}{1 + 0.509\left(\dfrac{z^{-2}-a_1 z^{-1}+a_2}{a_2 z^{-2}-a_1 z^{-1}+1}\right)}$$

$$= \frac{0.245(1-a_2)(1-z^{-2})}{(1+0.509a_2)-1.509a_1 z^{-1}+(a_2+0.509)z^{-2}}$$

频率变换虽然可以在模拟域实现也可以在数字域实现，但是滤波器设计者需要慎重做出选择。例如，由于混叠问题，利用冲激响应不变法设计高通滤波器和许多的带通滤波器是不合适的。因此就不应该选择模拟域频率变换，而应该将模拟低通滤波器映射成数字低通滤波

器，然后在数字域内完成频率变换，这样就避免了混叠问题。在双线性变换的情况下，不存在混叠问题，选择两种频率转换中的任何一种都可以，并且这两种方法产生的数字滤波器相同。

习　题

6.1　设计一个巴特沃思低通滤波器，要求通带截止频率 $f_p = 6\text{kHz}$ ，通带最大衰减 $A_p = 3\text{dB}$ ，阻带截止频率 $f_s = 12\text{kHz}$ ，阻带最小衰减 $A_s = 25\text{dB}$ 。求出滤波器归一化系统函数 $H(p)$ 及实际滤波器的 $H_a(s)$ 。

6.2　设计一个巴特沃思高通滤波器，要求其通带截止频率 $f_p = 20\text{kHz}$ ，阻带截止频率 $f_s = 10\text{kHz}$ ， f_p 处最大衰减为 3dB，阻带最小衰减为 15dB。求出该高通滤波器的系统函数 $H_a(s)$ 。

6.3　设计一个切比雪夫低通滤波器，要求通带截止频率 $f_p = 3\text{kHz}$ ，通带最大衰减 $A_p = 0.2\text{dB}$ ，阻带截止频率 $f_s = 12\text{kHz}$ ，阻带最小衰减 $A_s = 50\text{dB}$ 。求出滤波器归一化系统函数 $H(p)$ 和实际的 $H_a(s)$ 。

6.4　已知一个模拟滤波器的系统函数如下：

$$H_a(s) = \frac{s+1}{s^2 + 5s + 6}$$

试采用脉冲响应不变法将其映射为等效的数字滤波器（设 $T = 0.1\text{s}$ ）。

6.5　本题是上题的一般化。已知模拟滤波器的系统函数 $H_a(s)$ 如下：

$$H_a(s) = \frac{s+a}{(s+a)^2 + b^2}$$

其中，a、b 为常数。试采用冲激响应不变法将其转换成数字滤波器 $H(z)$ 。

（1）求数字滤波器的系统函数的表达式；

（2）数字滤波器的零点由什么确定？

6.6　设计一个满足以下指标的巴特沃思模拟低通滤波器；

$$[f_p, f_s, S_1, S_2] = [300\text{Hz}, 500\text{Hz}, 0.1, 0.05]$$

（1）求滤波器所需的最小阶数

（2）为了准确满足通带波纹的指标要求，3dB 截止频率 Ω_c 等于多少？

（3）为了准确满足阻带波纹的指标要求，3dB 截止频率 Ω_c 等于多少？

（4）为了准确满足通带和阻带波纹？3dB 截止频率 Ω_c 应如何选择？

6.7　设 $h_a(t)$ 表示一模拟滤波器的单位冲激响应，即

$$h_a(t) = \begin{cases} e^{-0.9t}, & t > 0 \\ 0, & t < 0 \end{cases}$$

用脉冲响应不变法将此模拟滤波器转换成数字滤波器,确定系统函数 $H(z)$ ，并把 T 作为参数。证明：T 为任何值时，数字滤波器是稳定的。

6.8　已知一个模拟滤波器的系统函数如下：

$$H_{a}(s) = \frac{1}{2s^{2} + 3s + 1}$$

试采用双线性变换法将其映射为等效的数字滤波器（设 $T = 2\mathrm{s}$）。

6.9　用双线性变换法设计数字巴特沃思低通滤波器。给定性能指标为 $f < 1\mathrm{kHz}$ 的通带内，幅频特性下降小于 1dB，在频率大于 1.5kHz 的阻带内，衰减大于 15dB，抽样频率为 $f_{s} = 10\mathrm{kHz}$。

6.10　某一数字低通滤波器的各种指标和参量要求如下：

（1）巴特沃思频率响应，采用双线性变换法设计；

（2）当 $0 \leqslant f \leqslant 25\mathrm{kHz}$ 时，衰减小于 3dB；

（3）当 $f \geqslant 50\mathrm{kHz}$ 时，衰减大于或等于 40dB；

（4）抽样频率为 $f_{s} = 200\mathrm{Hz}$。

确定系统函数 $H(z)$，并求每级阶数不超过二阶的级联系统函数。

6.11　设计低通数字滤波器，要求通带内频率低于 $0.2\pi\,\mathrm{rad}$ 时，容许幅度误差在 1dB 之内；频率为 $0.3\pi \sim \pi$ 的阻带衰减大于 10dB。试采用巴特沃思模拟滤波器进行设计，用冲激响应不变法和双线性变换法两种方法进行转换，采样间隔 $T = 1\mathrm{ms}$。

6.12　设计一个数字高通滤波器，要求通带截止频率 $\omega_{p} = 0.8\pi\,\mathrm{rad}$，通带衰减不大于 3dB，阻带截止频率 $\omega_{s} = 0.5\pi\,\mathrm{rad}$，阻带衰减不小于 18dB。希望采用巴特沃思型滤波器。

6.13　将一阶巴特沃思模拟原型滤波器转换成截止频率为 Ω_{p1} 和 Ω_{p2} 的模拟带通滤波器，求带通滤波器的系统函数表达式。

6.14　用一阶巴特沃思模拟滤波器作为原型滤波器，采用双线性变换的方法，设计一个满足以下技术指标的带阻数字滤波器：阻带带宽为 $\Delta\omega$，阻带中心为 ω_{0}，阻带衰减为 $A_{s1} = A_{s2} = 3\mathrm{dB}$。求模拟带阻滤波器的系统函数。

第 7 章

数字滤波器——FIR 滤波器设计

一个数字滤波器的输出 $y(n)$ ，如果仅取决于有限个过去的输入和现在的输入 $x(n)$ ， $x(n-1),\cdots,x(n-N+1)$ ，则称之为有限长冲激响应滤波器（Finite impulse Filter，FIR）。因此，输入为 $x(n)$ ，输出为 $y(n)$ 的 $N-1$ 阶 FIR 滤波器可用差分方程描述为

$$y(n) = \sum_{r=0}^{N-1} b_r x(n-r) = b_0 x(n) + b_1 x(n-1) + \cdots + b_{N-1} x(n-N+1) \tag{7.1}$$

顾名思义，FIR 滤波器的单位冲激响应是有限长的，用 $h(n),\ n=0,1,2,\cdots,N-1$ 来表示，则 FIR 滤波器的输入和输出的关系还可以表示为系统的单位冲激响应 $h(n)$ 与输入序列 $x(n)$ 的卷积：

$$y(n) = \sum_{r=0}^{N-1} h(r) x(n-r) \tag{7.2}$$

FIR 滤波器的系统函数为

$$H(z) = \sum_{r=0}^{N-1} h(r) z^{-r} = \frac{h(0) z^{N-1} + h(1) z^{N-2} + \cdots + h(N-1)}{z^{N-1}} \tag{7.3}$$

在 z 平面上有 $N-1$ 个零点；在原点处有一个（ $N-1$ ）阶极点。因此 FIR 系统永远是稳定的（极点都在单位圆内）。

FIR 滤波器的设计就是要确定式（7.1）中的系数 $\{b_r\}$ ，即确定系统的冲激响应 $h(n)$ ，力求用最少的系数得到所需的滤波器特性。在许多实际应用中，如图像处理、数据传输等，一般要求系统具有线性相频特性。和 IIR 滤波器相比，FIR 滤波器的优势在于它能够严格实现线性相位，同时由于其冲激响应为有限长，所以，可以通过使用快速傅里叶变换算法 FFT 来实现滤波运算，从而大大提高运算效率。因此，对于有线性相位要求的滤波器设计，通常采用 FIR 滤波器实现，但为取得同样滤波性能所需要的 FIR 滤波器阶数要高于 IIR 的阶数。如果没有线性相位要求，则 IIR 或 FIR 滤波器都可以。但是一般来说，IIR 滤波器比 FIR 滤波器在阻带内的旁瓣更低，因此，如果一定的相位失真可容忍或关系不大，那么 IIR 滤波器更适合，主要因为它的实现涉及更少的存储量和更低的计算复杂度。因此，本章就只对具有线性相频特性的 FIR 滤波器设计问题进行讨论。

7.1　FIR 滤波器的线性相位条件和特点

7.1.1　第一类和第二类线性相位

一般频率响应可表示成幅频响应和相频响应的乘积，即

$$H(\mathrm{e}^{\mathrm{j}\omega}) = |H(\mathrm{e}^{\mathrm{j}\omega})| \mathrm{e}^{\mathrm{j}\varphi(\omega)}$$

但是在讨论线性相位 FIR 数字滤波器设计时，则采用以下频率响应表达式：

$$H(\mathrm{e}^{\mathrm{j}\omega}) = \sum_{n=0}^{N-1} h(n) \mathrm{e}^{-\mathrm{j}\omega n} = H(\omega) \mathrm{e}^{\mathrm{j}\theta(\omega)} \tag{7.4}$$

其中，$H(\omega)$ 称为幅度函数，它是一个取值可正可负的实函数，因此 $H(\omega) \neq |H(\mathrm{e}^{\mathrm{j}\omega})|$，$\theta(\omega) = \arg\left[H(\mathrm{e}^{\mathrm{j}\omega})\right]$ 称为相位函数。

当正弦信号通过线性滤波器时，其幅度和相位都将发生改变，由于不同频率分量通过滤波器产生的相位延迟不同，最终造成了相位失真。要确保不产生相位失真，唯一的办法就是使不同频率的信号通过滤波器时有相同的延迟，即使滤波器具有线性相频特性。这种方法可通过使系统的相位函数 $\theta(\omega)$ 为频率 $\theta(\omega)$ 的线性函数来实现。在实际应用中，有两类严格的线性相位函数。

第一类：

$$\theta(\omega) = -\tau\omega \tag{7.5}$$

第二类：

$$\theta(\omega) = -\tau\omega + \beta \tag{7.6}$$

其中，τ、β 都是常数，这两类线性相位函数的群延时都是常数 $-\dfrac{\mathrm{d}\theta(\omega)}{\omega} = \tau$。

因此，线性相位系统的频率响应可以表示为

$$H(\mathrm{e}^{\mathrm{j}\omega}) = H(\omega)\mathrm{e}^{-\mathrm{j}\tau\omega} \text{ 或 } H(\mathrm{e}^{\mathrm{j}\omega}) = H(\omega)\mathrm{e}^{-\mathrm{j}(\tau\omega-\beta)}$$

7.1.2　线性相位条件对单位冲激响应的要求

（1）满足第一类线性相位（$\theta(\omega) = -\tau\omega$）的条件：$h(n)$ 是实序列且关于 $n = (N-1)/2$ 偶对称，即

$$h(n) = h(N-1-n) \quad (0 \leqslant n \leqslant N-1) \tag{7.7}$$

$$\tau = (N-1)/2 \tag{7.8}$$

（2）满足第二类线性相位的条件：$h(n)$ 是实序列且关于 $n = (N-1)/2$ 奇对称，即

$$h(n) = -h(N-1-n) \quad (0 \leqslant n \leqslant N-1) \tag{7.9}$$

$$\tau = (N-1)/2 \tag{7.10}$$

$$\beta = \pm\pi/2 \tag{7.11}$$

证明：（1）第一类线性相位的条件。按定义，$H(z) = \sum_{n=0}^{N-1} h(n)z^{-n}$，上述条件满足时，

$$H(z) = \sum_{n=0}^{N-1} h(N-n-1)z^{-n}$$

令 $m = N-n-1$，则有

$$H(z) = \sum_{m=0}^{N-1} h(m)z^{-(N-m-1)} = z^{-(N-1)} \sum_{m=0}^{N-1} h(m)z^m = z^{-(N-1)} H(z^{-1}) \quad (7.12)$$

于是

$$H(z) = \frac{1}{2}[H(z) + z^{-(N-1)} H(z^{-1})] = \frac{1}{2} \sum_{n=0}^{N-1} h(n)[z^{-n} + z^{-(N-1)}z^n]$$

$$= z^{-\left(\frac{N-1}{2}\right)} \sum_{n=0}^{N-1} h(n)\frac{1}{2}\left[z^{-n+\frac{N-1}{2}} + z^{n-\frac{N-1}{2}}\right]$$

将 $z = e^{j\omega}$ 代入上式得

$$H(e^{j\omega}) = e^{-j\left(\frac{N-1}{2}\right)\omega} \sum_{n=0}^{N-1} h(n)\cos\left[\left(n-\frac{N-1}{2}\right)\omega\right]$$

所以幅度函数为

$$H(\omega) = \sum_{n=0}^{N-1} h(n)\cos\left[\left(n-\frac{N-1}{2}\right)\omega\right] \quad (7.13)$$

相位函数为

$$\theta(\omega) = -\omega(N-1)/2 \quad (7.14)$$

因此，只要 $h(n)$ 是实序列，且满足式（7.7），该滤波器就具有第一类线性相位。这种情况下，群延时为 $\tau = (N-1)/2$。

满足式（7.7）和式（7.8）的偶对称条件的 FIR 滤波器分别称为 I 型（N 为奇数）线性相位滤波器和 II 型（N 为偶数）线性相位滤波器，如图 7-1 所示。

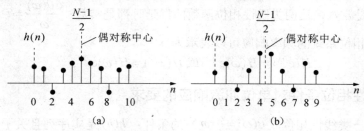

图 7-1　线性相位滤波器

（a）I 型线性相位滤波器；（b）II 型线性相位滤波器

（2）第二类线性相位的条件。按定义 $H(z) = \sum_{n=0}^{N-1} h(n)z^{-n}$，上述条件满足时，

$$H(z) = -\sum_{n=0}^{N-1} h(N-n-1)z^{-n}$$

令 $m = N-n-1$，则有

$$H(z) = -\sum_{m=0}^{N-1} h(m)z^{-(N-m-1)} = -z^{-(N-1)} \sum_{m=0}^{N-1} h(m)z^m \quad (7.15)$$

$$H(z) = -z^{-(N-1)} H(z^{-1})$$

于是

$$H(z) = \frac{1}{2}[H(z) - z^{-(N-1)}H(z^{-1})] = \frac{1}{2}\sum_{n=0}^{N-1} h(n)[z^{-n} - z^{-(N-1)}z^{n}]$$

$$= z^{-\left(\frac{N-1}{2}\right)}\sum_{n=0}^{N-1} h(n)\frac{1}{2}\left[z^{-n+\frac{N-1}{2}} - z^{n-\frac{N-1}{2}} \right]$$

将 $z = \mathrm{e}^{\mathrm{j}\omega}$ 代入上式，得

$$H(\mathrm{e}^{\mathrm{j}\omega}) = -\mathrm{j}\mathrm{e}^{-\mathrm{j}\left(\frac{N-1}{2}\right)\omega}\sum_{n=0}^{N-1} h(n)\sin\left[\left(n - \frac{N-1}{2}\right)\omega\right]$$

$$= \mathrm{e}^{\mathrm{j}\left(-\frac{\pi}{2} - \frac{N-1}{2}\omega\right)}\sum_{n=0}^{N-1} h(n)\sin\left[\left(n - \frac{N-1}{2}\right)\omega\right]$$

$$= \mathrm{e}^{\mathrm{j}\left(\frac{\pi}{2} - \frac{N-1}{2}\omega\right)}\left\{ -\sum_{n=0}^{N-1} h(n)\sin\left[\left(n - \frac{N-1}{2}\right)\omega\right] \right\}$$

所以幅度函数为

$$H(\omega) = \mp\sum_{n=0}^{N-1} h(n)\sin\left[\left(n - \frac{N-1}{2}\right)\omega\right] \tag{7.16}$$

相位函数为

$$\theta(\omega) = \pm\frac{\pi}{2} - \left(\frac{N-1}{2}\right)\omega \tag{7.17}$$

可见，

$$\tau = (N-1)/2, \quad \beta = \pm\pi/2 \tag{7.18}$$

把满足式（7.9）～式（7.11）的奇对称条件的 FIR 滤波器分别称为Ⅲ型（N 为奇数）线性相位滤波器和Ⅳ型（N 为偶数）线性相位滤波器。

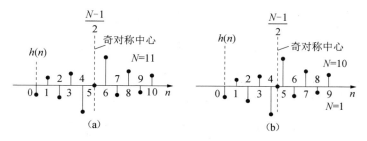

图 7-2　线性相位滤波器

（a）Ⅲ型线性相位滤波器；（b）Ⅳ型线性相位滤波器

由于 $h(n)$ 关于中心点 $(N-1)/2$ 呈奇对称，因此当 $n = (N-1)/2$ 时，有

$$h((N-1)/2) = -h[(N-1) - (N-1)/2] = -h((N-1)/2)$$

所以 $h((N-1)/2) = 0$。

综合 1 和 2 两类线性相位情况，可以看出：对于任意给定的值 N，当 FIR 滤波器的单位冲激响应 $h(n)$ 相对其中心点 $(N-1)/2$ 是对称的，不管是偶对称还是奇对称，此时 FIR 滤波器一定具有线性相位，且群延时都是 $\tau = (N-1)/2$。当 $h(n)$ 关于 $(N-1)/2$ 偶对称时，满足第一类线性相位，相位函数为 $\theta(\omega) = -\tau\omega$；当 $h(n)$ 关于 $(N-1)/2$ 奇对称时，满足第二类线性相位，

相位函数为 $\theta(\omega) = -\tau\omega + \pi/2$ 。

【例 7.1】设一个 FIR 数字滤波器的单位冲激响应 $h(n)$ 如图 7-1 所示。

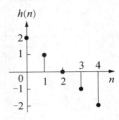

图 7-3   FIR 数字滤波器的单位冲激响应 $h(n)$

试求：（1）判断此 FIR 数字滤波器是否具有线性相位；

（2）求出该滤波器的系统函数 $H(z)$ ；

（3）记该滤波器的频率响应为 $H(e^{j\omega}) = H(\omega)e^{j\theta(\omega)}$ ，求出幅度函数 $H(\omega)$ 与相位函数 $\phi(\omega)$ 的表达式。

解：（1）由图 7-3 可知，单位冲激响应 $h(n) = (2,1,0,-1,-2)$ ，其长度 $N=5$ ，关于中心点 $n = (N-1)/2 = (5-1)/2 = 2$ 奇对称，所以该滤波器具有线性相位，并且是第二类线性相位。

（2）该滤波器的系统函数为

$$H(z) = \sum_{n=0}^{4} h(n)z^{-n} = h(0) + h(1)z^{-1} + h(2)z^{-2} + h(3)z^{-3} + h(4)z^{-4}$$

$$= 2 + z^{-1} - z^{-3} - 2z^{-4}$$

（3）记该滤波器的频率响应为

$$H(e^{j\omega}) = H(z)\big|_{z=e^{j\omega}}$$

$$= 2 + e^{-j\omega} - e^{-j3\omega} - 2e^{-j4\omega} = 2(1 - e^{-j4\omega}) + (e^{-j\omega} - e^{-j3\omega})$$

$$= 2e^{-j2\omega}(e^{-j2\omega} - e^{j2\omega}) + e^{-j2\omega}(e^{j\omega} - e^{-j\omega})$$

$$= e^{-j2\omega}[4j\sin(2\omega) + 2j\sin(\omega)] = e^{-j2\omega}e^{j\frac{\pi}{2}}[4\sin(2\omega) + 2\sin(\omega)]$$

$$= e^{j(\frac{\pi}{2} - 2\omega)}[4\sin(2\omega) + 2\sin(\omega)]$$

所以幅度函数为 $H(\omega) = 4\sin(2\omega) + 2\sin(\omega)$ ，相位函数为 $\theta(\omega) = \pi/2 - 2\omega$ 。

7.1.3   两类线性相位情况下，FIR 数字滤波器幅度函数的特点

根据单位冲激响应 $h(n)$ 是奇对称还是偶对称，阶数 N 是奇数还是偶数，把 FIR 数字滤波器分成 4 种类型：

$$\begin{cases} \text{类型 I：} & h(n) \text{偶对称，} N \text{为奇数} \\ \text{类型II：} & h(n) \text{偶对称，} N \text{为偶数} \\ \text{类型III：} & h(n) \text{奇对称，} N \text{为奇数} \\ \text{类型IV：} & h(n) \text{奇对称，} N \text{为偶数} \end{cases}$$

因幅频特性是 N 点 $h(n)$ 的加权和，长度 N 的奇偶性和 $h(n)$ 的对称性使幅度函数 $H(\omega)$ 也有相应的奇偶对称性。

当 $h(n)=h(N-1-n)$ $(0 \leqslant n \leqslant N-1)$ 时，按照式（7.13）分析幅度函数，得到 N 为奇数和偶数时两种情况的 $H(\omega)$ 表达式；当 $h(n)=-h(N-1-n)$ $(0 \leqslant n \leqslant N-1)$ 时，按照式（7.16）分析幅度函数，得到 N 为奇数和偶数时两种情况的 $H(\omega)$ 表达式。表 7-1 给出了这 4 种情况的幅频特性和相频特性。

表 7-1 4 种线性相位 FIR 滤波器的幅频特性和相频特性

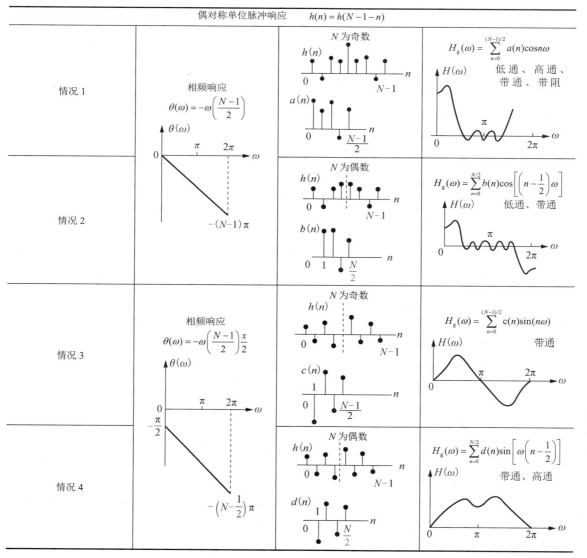

由表 7-1 可知，在 $h(n)$ 偶对称、N 为奇数的情况下，幅度函数 $H(\omega)$ 对 $\omega=0,\pi,2\pi$ 是偶对称的，这种情况可以作为低通、高通、带通、带阻中的任一种滤波器；在 $h(n)$ 偶对称、N 为偶数的情况下，幅度函数 $H(\omega)$ 对 $\omega=0,2\pi$ 呈偶对称，对 $\omega=\pi$ 呈奇对称，且在 $\omega=\pi$ 处为零，因此这种情况不能用来设计高通及带阻滤波器，只能用来设计低通及带通滤波器；在 $h(n)$ 奇对称、N 为奇数的情况下，幅度函数 $H(\omega)$ 对 $\omega=0,\pi,2\pi$ 是奇对称的，且在 $\omega=0,\pi,2\pi$ 为零，

因而这种情况只能用来设计带通滤波器，不能用在其他三种滤波器的设计中，由于有 $90°$ 相移，故主要可用于设计离散希尔伯特变换器及微分器；在 $h(n)$ 奇对称，N 为偶数的情况下，幅度函数 $H(\omega)$ 对 $\omega = 0, \pi, 2\pi$ 呈偶对称，且在 $\omega = 0, 2\pi$ 处为零，因而这种情况只能用来设计高通及带通滤波器，不能用来设计低通及带阻滤波器。

7.1.4 线性相位 FIR 滤波器的零点分布

由式（7.12）和式（7.1）知线性相位 FIR 滤波器的系统函数满足：

$$H(z) = \pm z^{-(N-1)} H(z^{-1}) \tag{7.19}$$

由此可见当 $z = z_i$ 是 $H(z)$ 的零点时，$z = 1/z_i$ 必是 $H(z)$ 的零点；$h(n)$ 是实因果序列，其系统函数的零点必为实的，或共轭对称的复数对，故 $z_i{}^*, (z_i^{-1})^*$ 也是 $H(z)$ 的零点。因此，一般地，线性相位 FIR 滤波器有 4 个零点，它们是互为倒数的共轭对： $z_i, z_i^{-1}, z_i{}^*, (z_i^{-1})^*$，但也有些以下几种特例。

（1）实零点，不在单位圆上，只有倒数对。

（2）实零点，在单位圆上，且只有一个。

（3）纯虚数零点，且在单位圆上，只有共轭对。

7.2 窗函数法设计 FIR 滤波器

FIR 滤波器的设计方法主要有 3 种：①窗函数法设计法，是时域设计法；②频域抽样法，是频域设计法；③最优化方法，是频域等波纹设计法。本节主要讨论线性相位 FIR 滤波器的窗函数法设计法。

7.2.1 窗函数法设计法的设计思路

（1）给定要求的频率响应 $H_d(e^{j\omega})$，如线性相位、低通等。一般给定分段常数的理想频率特性。

（2）用傅里叶反变换（IDFT）计算给定频率响应的理想单位冲激响应 $h_d(n)$。

$$h_d(n) = \text{IDFT}[H_d(e^{j\omega})] = \frac{1}{2\pi} \int_{-\pi}^{\pi} H_d(e^{j\omega}) e^{jn\omega} d\omega, -\infty < n < \infty \tag{7.20}$$

（3）由于 $h_d(n)$ 是无限时长的，所以要用一个有限时长的"窗函数"序列 $\omega(n)$ 将 $h_d(n)$ 截断（相乘），窗的点数是 N 点。截断后的序列为 $h(n)$，即

$$h(n) = h_d(n)\omega(n) , 0 \leqslant n \leqslant N-1 \tag{7.21}$$

窗函数的点数 N 和窗函数的形状是两个极重要的参数。

（4）由 $h(n)$ 求出加窗后实际的频率响应 $H(e^{j\omega})$（可用 FFT），即

$$H(e^{j\omega}) = \sum_{n=-\infty}^{\infty} h_d(n) e^{-jn\omega}$$

（5）检验 $H(e^{j\omega})$ 是否满足 $H_d(e^{j\omega})$ 的要求，若不满足，则需考虑改变窗的形状或改变窗

长的点数 N，重复第（3）、（4）两步，直到误差满足要求。

7.2.2 窗函数法设计法的性能分析

下面以理想线性相位低通滤波器由矩形窗截断为例来讨论。

因为理想线性相位低通滤波器频率响应为

$$H_{\mathrm{d}}(\mathrm{e}^{\mathrm{j}\omega}) = \begin{cases} \mathrm{e}^{-\mathrm{j}\omega\tau}, & 0 \leqslant |\omega| \leqslant \omega_{\mathrm{c}} \\ 0, & \omega_{\mathrm{c}} \leqslant |\omega| \leqslant \pi \end{cases}$$

则其单位抽样响应为

$$h_{\mathrm{d}}(n) = \frac{1}{2\pi}\int_{-\pi}^{\pi}\mathrm{e}^{-\mathrm{j}\omega\tau}\mathrm{e}^{\mathrm{j}\omega n}\mathrm{d}\omega = \int_{-\pi}^{\pi}\mathrm{e}^{\mathrm{j}\omega(n-\tau)}\mathrm{d}\omega = \begin{cases} \dfrac{\sin\left[\omega_{\mathrm{c}}(n-\tau)\right]}{\pi(n-\tau)}, & n \neq \tau \\ \dfrac{\omega_{\mathrm{c}}}{\pi}, & n = \tau \end{cases}$$

因为满足线性相位，所以 $\tau = (N-1)/2$，所以

$$h_{\mathrm{d}}(n) = \frac{\sin\left[\omega_{\mathrm{c}}\left(n-(N-1)/2\right)\right]}{\pi\left(n-(N-1)/2\right)}$$

又有矩形窗

$$w(n) = \omega_{\mathrm{R}}(n) = \begin{cases} 1, & 0 \leqslant n \leqslant N-1 \\ 0, & n \notin [0, N-1] \end{cases}$$

矩形窗对应的频谱为

$$W_{\mathrm{R}}(\mathrm{e}^{\mathrm{j}\omega}) = \sum_{n=0}^{N-1}\omega_{\mathrm{R}}(n)\mathrm{e}^{-\mathrm{j}n\omega} = \mathrm{e}^{-\mathrm{j}\frac{N-1}{2}\omega}\frac{\sin(N\omega/2)}{\sin(\omega/2)}$$

所以

$$h(n) = h_{\mathrm{d}}(n)\omega(n) = \begin{cases} \dfrac{\sin\left[\omega_{\mathrm{c}}\left(n-(N-1)/2\right)\right]}{\pi\left(n-(N-1)/2\right)}, & 0 \leqslant n \leqslant N-1 \\ 0, & n \notin [0, N-1] \end{cases}$$

时域相乘映射为频域卷积，得

$$H(\mathrm{e}^{\mathrm{j}\omega}) = \frac{1}{2\pi}\left[H_{\mathrm{d}}(\mathrm{e}^{\mathrm{j}\omega}) * W_{\mathrm{R}}(\mathrm{e}^{\mathrm{j}\omega})\right]$$

$$= \frac{1}{2\pi}\int_{-\pi}^{\pi}H_{\mathrm{d}}(\mathrm{e}^{\mathrm{j}\theta})W_{\mathrm{R}}\left[\mathrm{e}^{\mathrm{j}(\omega-\theta)}\right]\mathrm{d}\theta$$

其中，积分等于 θ 由 $-\omega_{\mathrm{c}}$ 到 ω_{c} 区间变化时函数 $W_{\mathrm{R}}[\mathrm{e}^{\mathrm{j}(\omega-\theta)}]$ 与 θ 轴围出的面积，随着 ω 的变化，不同正负、不同大小的旁瓣移入和移出积分区间，使得此面积值发生变化，也就是 $|H(\mathrm{e}^{\mathrm{j}\omega})|$ 的大小产生波动，因此，所得到的频率响应 $H(\mathrm{e}^{\mathrm{j}\omega})$ 其实就是 $H_{\mathrm{d}}(\mathrm{e}^{\mathrm{j}\omega})$ 经过窗函数处理后，轮廓被模糊后的表现形式，在不同 ω 点处的变化情况如图 7-4 所示。

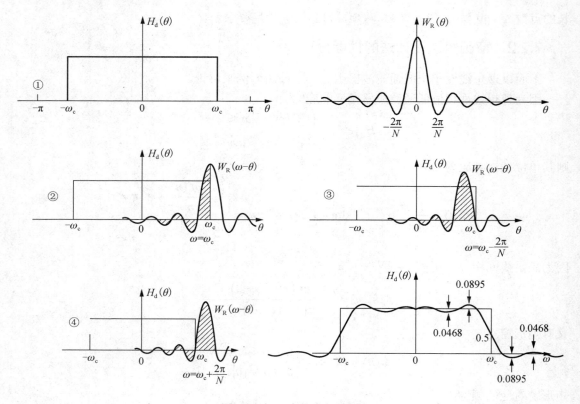

图 7-4　矩形窗的卷积过程

现在通过几个特殊的频率点，来分析窗函数对所得逼近滤波器性能影响的特点。

（1）$\omega = 0$：

$$H(e^{j0}) = \frac{1}{2\pi} \int_{-\omega_c}^{\omega_c} W_R(\theta) d\theta = H(0)$$

由于一般情况下都满足 $\omega_c \gg 2\pi/N$，因此，$H(0)$ 的值近似等于窗谱函数 $W_R(e^{j\omega})$ 与 θ 轴围出的整个面积。

（2）$\omega = \omega_c$：

$$H(e^{j\omega_c}) = \frac{1}{2\pi} \int_{-\omega_c}^{\omega_c} W_R(\omega_c - \theta) d\theta \approx \frac{H(e^{j0})}{2}$$

此时窗谱主瓣一半在积分区间内，一半在区间外，因此，窗谱曲线围出的面积近似为 $\omega = 0$ 时所围面积的一半，即

$$H(\omega_c) \approx \frac{1}{2} H(0)$$

（3）$\omega = \omega_c - 2\pi/N$，取得最大值

$$H\left(\omega_c - \frac{2\pi}{N}\right) = \frac{1}{2\pi} \int_{-\omega_c}^{\omega_c} W_R\left(\omega_c - \frac{2\pi}{N} - \theta\right) d\theta = 1.0895 H(0)$$

此时窗谱主瓣全部处于积分区间内，而其中一个最大负瓣刚好移出积分区间，这时得到

最大值，形成正肩峰。之后，随着 ω 值的不断增大，$H(e^{j\omega})$ 的值迅速减小，此时进入滤波器过渡带。

（4）$\omega = \omega_c + 2\pi / N$，取得最小值

$$H\left(\omega_c + \frac{2\pi}{N}\right) = -0.0895H(0)$$

此时窗谱主瓣刚好全部移出积分区间，而其中一个最大负瓣仍全部处于区间内，因此得到最小值，形成负肩峰。之后，随着 ω 值的继续增大，$H(e^{j\omega})$ 的值振荡并不断减小，形成滤波器阻带波动。

因此可以看出，加窗处理对理想矩形频率响应会产生以下影响：

（1）理想滤波器的不连续点演化为过渡带。过渡带指的是正负肩峰之间的频带。其宽度等于窗口频谱的主瓣宽度。对于矩形窗 $W_R(e^{j\omega})$，此宽度为 $4\pi / N$。

（2）通带与阻带内出现起伏。肩峰及波动是由窗函数的旁瓣引起的。旁瓣越多，波动越快、越多。相对值越大，波动越厉害，肩峰越强。肩峰和波动与所选窗函数的形状有关，要改善阻带的衰减特性只能通过改变窗函数的形状。

（3）Gibbs 现象。在对 $h_d(n)$ 截短时，由于窗函数的频谱具有旁瓣，这些旁瓣在与 $H_d(e^{j\omega})$ 卷积时产生了通带内与阻带内的波动。窗函数的长度 N 的改变只能改变 ω 坐标的比例及窗函数 $W_R(e^{j\omega})$ 的绝对大小，但不能改变肩峰和波动的相对大小（因为不能改变窗函数主瓣和旁瓣的相对比例，波动是由旁瓣引起的），即增加 N，只能使通、阻带内振荡加快，过渡带减小，但相对振荡幅度却不减小。这种现象被称为吉布斯（Gibbs）现象。

根据以上的分析可以得出结论：过渡带宽度与窗的宽度 N 有关，随之增减而变化。阻带最小衰减（与旁瓣的相对幅度有关）只由窗函数决定，与 N 无关，因此窗函数不仅可以影响过渡带宽度，还能影响肩峰和波动的大小，为了减小吉布斯效应，选择窗函数应使其频谱：

（1）主瓣宽度尽量小，以使过渡带尽量陡。

（2）最大旁瓣相对于主瓣尽可能地小，即能量尽可能集中于主瓣内，这样可使肩峰和波动减小。

对于窗函数，这两个要求是相互矛盾的，不可能同时达到最优，要根据需要进行折中的选择，通常是以增加主瓣的宽度来换取对旁瓣的抑制。

7.2.3　各种常用窗函数

以下介绍的窗函数均为偶对称函数，都具有线性相频特性。设窗的宽度为 N，N 可以为奇数或偶数，且窗函数的对称中心点在 $(N-1)/2$ 处，因此均为因果函数。

1. 矩形窗

长度为 N 的矩形窗定义为

$$\omega_R(n) = \begin{cases} 1, & 0 \leqslant n \leqslant N-1 \\ 0, & n \notin [0, N-1] \end{cases} \tag{7.22}$$

根据前面的分析得出此矩形窗的频谱函数为

$$W_R(e^{j\omega}) = \frac{\sin(\omega N / 2)}{\sin(\omega / 2)} e^{-j\frac{1}{2}(N-1)\omega} \tag{7.23}$$

因而，幅频函数为

$$W(\omega) = \frac{\sin(\omega N / 2)}{\sin(\omega / 2)} \tag{7.24}$$

矩形窗的主瓣宽度为$4\pi / N$，最大旁瓣衰减为13dB。图7-5为矩形窗谱和理想低通滤波器用矩形窗加窗后的幅频响应。

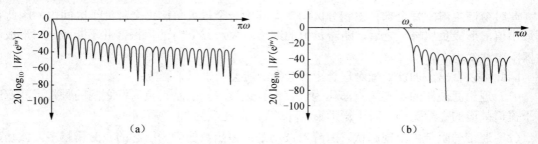

(a)   (b)

图7-5 矩形窗谱和理想低通滤波器用矩形窗加窗后的幅频响应

2. 三角形窗

为了克服矩形窗因为从0～1（或1～0）的突变造成的吉布斯现象，巴特利特（Bartlett）提出了一种逐渐过渡的三角形窗（Bartlett Window），其定义为

$$\omega_{Br}(n) = \begin{cases} \dfrac{2n}{N-1}, & 0 \leqslant n \leqslant (N-1)/2 \\ 2 - \dfrac{2n}{N-1}, & N/2 \leqslant n \leqslant N-1 \end{cases} \tag{7.25}$$

三角形窗的频谱函数为

$$W_{Br}(e^{j\omega}) = \frac{2}{N-1}\left[\frac{\sin(\frac{(N-1)}{4}\omega)}{\sin(\omega/2)}\right]^2 e^{-j\frac{N-1}{2}\omega} \approx \frac{2}{N}\left[\frac{\sin(N\omega/4)}{\sin(\omega/2)}\right]^2 e^{-j\frac{N-1}{2}\omega} \tag{7.26}$$

其中，

$$W(\omega) \approx \frac{2}{N}\left[\frac{\sin(N\omega/4)}{\sin(\omega/2)}\right]^2 \tag{7.27}$$

三角形窗主瓣宽度为$8\pi / N$，且函数值永远都是正值，最大旁瓣衰减可增加到25dB。图7-6为三角形窗谱和理想低通滤波器用三角形窗加窗后的幅频响应。

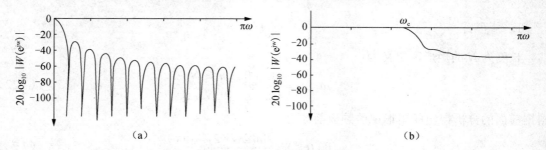

(a)   (b)

图7-6 三角形窗谱和理想低通滤波器用三角形窗加窗后的幅频响应

3. 汉宁（Hanning）窗——升余弦窗

汉宁窗的定义为

$$\omega_{\mathrm{Hn}}(n) = 0.5\left[1 - \cos\left(\frac{2\pi n}{N-1}\right)\right]R_N(n) \tag{7.28}$$

因为

$$W_{\mathrm{R}}(\mathrm{e}^{\mathrm{j}\omega}) = FT[R_N(n)] = W_{\mathrm{R}}(\omega)\mathrm{e}^{-\mathrm{j}\frac{N-1}{2}\omega}$$

$$\cos(\omega_0 n) = \frac{\mathrm{e}^{\mathrm{j}\omega_0 n} + \mathrm{e}^{-\mathrm{j}\omega_0 n}}{2}$$

且利用傅里叶变换的调制特性，有

$$\mathrm{e}^{\mathrm{j}\omega_0 n}R_N(n) = \mathrm{e}^{\mathrm{j}\omega_0 n}\omega_{\mathrm{R}}(n) \Leftrightarrow W_{\mathrm{R}}(\mathrm{e}^{\mathrm{j}(\omega-\omega_0)n})$$

再将矩形窗的频谱函数 $W_{\mathrm{R}}(\mathrm{e}^{\mathrm{j}\omega}) = \dfrac{\sin(\omega N/2)}{\sin(\omega/2)}\mathrm{e}^{-\mathrm{j}\frac{1}{2}(N-1)\omega}$ 代入可得汉宁窗的频谱函数为

$$W_{\mathrm{Hn}}(\mathrm{e}^{\mathrm{j}\omega}) = FT[W_{\mathrm{Hn}}(n)]$$

$$= \left\{0.5W_{\mathrm{R}}(\omega) + 0.25\left[W_{\mathrm{R}}\left(\omega - \frac{2\pi}{N-1}\right) + W_{\mathrm{R}}\left(\omega + \frac{2\pi}{N-1}\right)\right]\right\}\mathrm{e}^{-\mathrm{j}\frac{N-1}{2}\omega} = W_{\mathrm{Hn}}(\omega)\mathrm{e}^{-\mathrm{j}\frac{N-1}{2}\omega} \tag{7.29}$$

其中，

$$W(\omega) = 0.5W_{\mathrm{R}}(\omega) + 0.25\left[W_{\mathrm{R}}\left(\omega - \frac{2\pi}{N-1}\right) + W_{\mathrm{R}}\left(\omega + \frac{2\pi}{N-1}\right)\right]$$

$$\approx 0.5W_{\mathrm{R}}(\omega) + 0.25\left[W_{\mathrm{R}}\left(\omega - \frac{2\pi}{N}\right) + W_{\mathrm{R}}\left(\omega + \frac{2\pi}{N}\right)\right](N \gg 1) \tag{7.30}$$

由图 7-7 看出，此式中三部分之和造成旁瓣可互相抵消一部分，使能量更集中在主瓣，主瓣宽度为 $8\pi/N$，最大旁瓣衰减可增加到 31dB。图 7-8 为汉宁汉宁窗谱和理想低通滤波器用汉宁窗加窗后的幅频响应。

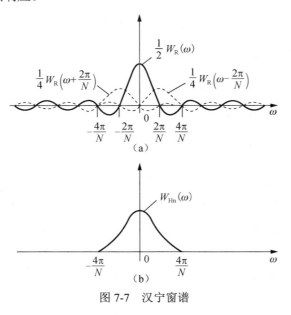

图 7-7　汉宁窗谱

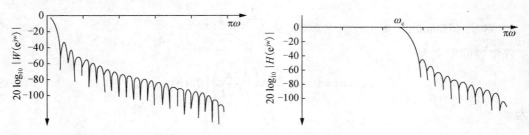

图 7-8 汉宁窗谱和理想低通滤波器用汉宁窗加窗后的幅频响应

4. 哈明（Hamming）窗——改进的升余弦窗

哈明窗的定义为

$$\omega_{Hm}(n) = \left[0.54 - 0.46\cos\left(\frac{2\pi n}{N-1}\right)\right]R_N(n) \tag{7.31}$$

同上，可导出哈明窗的频谱函数为

$$W_{Hm}(e^{j\omega}) = 0.54W_R(e^{j\omega}) - 0.23W_R\left(e^{j(\omega-\frac{2\pi}{N-1})}\right) - 0.23W_R\left(e^{j(\omega+\frac{2\pi}{N-1})}\right)$$
$$= 0.54W_R(e^{j\omega}) + 0.23W_R\left(\omega-\frac{2\pi}{N-1}\right) + 0.23W_R\left(\omega+\frac{2\pi}{N-1}\right) \tag{7.32}$$

幅度函数为

$$W_{Hm}(\omega) \approx 0.54W_R(\omega) + 0.23W_R\left(\omega-\frac{2\pi}{N}\right) + 0.23W_R\left(\omega+\frac{2\pi}{N}\right)(N \gg 1) \tag{7.33}$$

哈明窗主瓣宽度为$8\pi/N$，最大旁瓣衰减可增加到41dB。图2-9为哈明窗谱和理想低通滤波器用哈明窗加窗后的幅频响应。

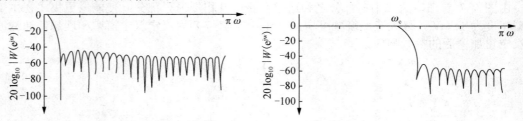

图 7-9 哈明窗谱和理想低通滤波器用哈明窗加窗后的幅频响应

5. 布莱克曼（Blackman）窗——二阶升余弦窗

布莱克曼窗的定义为

$$\omega_{Bl}(n) = \left[0.42 - 0.5\cos\frac{2\pi n}{N-1} + 0.08\cos\frac{4\pi n}{N-1}\right]R_N(n) \tag{7.34}$$

同上，可导出布莱克曼窗的频谱函数为

$$W_{Bl}(e^{j\omega}) = 0.42W_R(e^{j\omega}) - 0.25\left[W_R\left(e^{j(\omega-\frac{2\pi}{N-1})}\right) + W_R\left(e^{j(\omega+\frac{2\pi}{N-1})}\right)\right]$$
$$+ 0.04\left[W_R\left(e^{j(\omega-\frac{2\pi}{N-1})}\right) + W_R\left(e^{j(\omega+\frac{2\pi}{N-1})}\right)\right] \tag{7.35}$$

幅频函数为

$$W_{Bl}(\omega) = 0.42W_R(\omega) + 0.25\left[W_R\left(\omega - \frac{2\pi}{N-1}\right) + W_R\left(\omega + \frac{2\pi}{N-1}\right)\right]$$
$$+ 0.04\left[W_R\left(\omega - \frac{4\pi}{N-1}\right) + W_R\left(\omega + \frac{4\pi}{N-1}\right)\right] \tag{7.36}$$

布莱克曼窗主瓣宽度为 $12\pi / N$，最大旁瓣衰减可增加到 57dB。图 7-10 为布莱克曼窗谱和理想低通滤波器用布莱克曼窗加窗后的幅频响应。

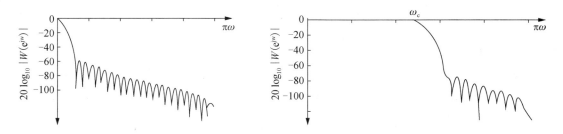

图 7-10　布莱克曼窗谱和理想低通滤波器用布莱克曼窗加窗后的幅频响应

图 7-11 给出了以上 5 种窗函数包络的形状。图 7-5～图 7-10 给出了这 5 种窗函数的幅度谱及理想低通滤波器加窗后的幅频响应（$N=51$）。可以看出，随着窗形状的变化，其旁瓣峰值衰减加大，但主瓣宽度也加宽了；采用这 5 种窗函数设计出的理想线性相位 FIR 滤波器的幅频响应也是随着窗的变化，滤波器阻带最小衰减增加，但过渡带也加大。表 7-2 列出了这 5 种窗函数的基本参数，以供设计时参考。

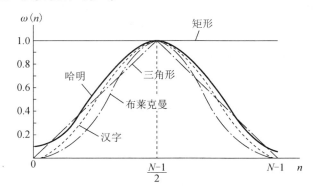

图 7-11　设计 FIR 滤波器时常用的 5 种函数的包络形状

表 7-2　5 种窗函数的基本参数

窗函数	旁瓣峰值幅度/dB	窗函数主瓣宽度	加窗后滤波器的过渡带宽	阻带最小衰减/dB
矩形窗	−13	$4\pi / N$	$1.8\pi / N$	−21
三角形窗	−25	$8\pi / N$	$6.1\pi / N$	−25
汉宁窗	−31	$8\pi / N$	$6.2\pi / N$	−44
哈明窗	−41	$8\pi / N$	$6.6\pi / N$	−53
布莱克曼窗	−57	$12\pi / N$	$11\pi / N$	−74

7.2.4 窗函数法设计线性相位 FIR 数字滤波器的步骤

根据以上分析，可总结出窗函数法设计线性相位 FIR 数字滤波器的设计步骤。

（1）由过渡带宽及阻带最小衰减的要求，通过查表 7-2 来选定窗函数 $\omega(n)$ 的类型，计算求得窗的宽度 N。

$$N = \left\lceil \frac{\text{相应的窗函数精确过渡带}}{\text{所要设计滤波器的过渡带}} \right\rceil \to \text{上取整}$$

然后，根据所要设计线性相位 FIR 滤波器的类型决定最终 N 取奇数还是偶数，一般情况下取奇数。

（2）根据所期望的频率响应 $H_d(e^{j\omega})$，经过傅里叶反变换求得单位冲激响应 $h_d(n)$，并求出截止频率 ω_c。设计中使用的截止频率 ω_c 不采用通带截止频率 ω_p 或阻带截止频率 ω_s，而是使用过渡带的中点频率（即通带截止频率和阻带截止频率之间的中点），即

$$\omega_c = \omega_p + \frac{\omega_s - \omega_p}{2} = \frac{\omega_p + \omega_s}{2}$$

（3）按所得窗函数求出 FIR 滤波器的单位冲激响应

$$h(n) = h_d(n)\omega(n)(n = 0, 1, \cdots, N-1)$$

（4）利用计算 FIR 滤波器的频率响应 $H(e^{j\omega})$，并检验各项指标，如不符合要求，则重新修改 N 和 $\omega(n)$。

【例 7.2】根据下列指标设计一个线性相位 FIR 低通滤波器，给定抽样频率 f_s 为 10kHz，通带截止频率为 2kHz，阻带截止频率为 3kHz，阻带衰减为 40dB。

解：（1）求各对应的数字频率。过渡带宽 $\Delta f = 3-2 = 1$（kHz），转换为数字频率过渡带宽

$$\Delta\omega = 2\pi \frac{\Delta f}{f_s} = \frac{2\pi \times 10^3}{10 \times 10^3} = 0.2\pi$$

截止频率为

$$f_c = \frac{f_p + f_{stop}}{2} = 2.5\text{kHz}$$

数字截止频率为

$$\omega_c = 2\pi \frac{f_c}{f_s} = 0.5\pi$$

（2）理想线性相位低通滤波器的频率响应为

$$H_d(e^{j\omega}) = \begin{cases} e^{-j\omega\tau}, & 0 \leqslant |\omega| \leqslant \omega_c \\ 0, & \omega_c \leqslant |\omega| \leqslant \pi \end{cases}$$

由此求得滤波器的单位冲激响应为

$$h_d(n) = \frac{1}{2\pi}\int_{-\pi}^{\pi} e^{-j\omega\tau} e^{j\omega n} d\omega = \int_{-\pi}^{\pi} e^{j\omega(n-\tau)} d\omega$$

$$= \frac{\sin[\omega_c(n-\tau)]}{\pi(n-\tau)} = \frac{\sin[0.5\pi(n-\tau)]}{\pi(n-\tau)}$$

（3）由阻带衰减确定窗函数。因为阻带衰减 40dB，通过查表 7-2 可知，汉宁窗即能满足性能要求。

$$\omega(n) = 0.5\left(1 - \cos\left(\frac{2\pi n}{N-1}\right)\right), n = 0,1,\cdots,N-1$$

（4）由过渡带宽确定窗口长度为

$$N = \left\lceil \frac{相应的窗函数精确过渡带}{所要设计的滤波器的过度带} \right\rceil = \left\lceil \frac{6.2\pi}{0.2\pi} \right\rceil = 31$$

则所求滤波器的单位冲激响应为

$$h(n) = h_{\mathrm{d}}(n)\omega(n) = \frac{\sin[0.5\pi(n-15)]}{\pi(n-15)} \times 0.5\left[1 - \cos\left(\frac{2\pi n}{30}\right)\right], n = 0,1,\cdots,30$$

即

$h(n)$ ={0, 0.0004, 0.0007, −0.002,1 −0.0075, −0.0068, 0.0079, 0.0277, 0.0259, −0.0152, −0.0719, −0.0790, 0.0213, 0.2175, 0.4161, 0.5000, 0.4161, 0.2175, 0.0213, −0.0790, −0.0719, −0.0152, 0.0259, 0.0277, 0.0079, −0.0068, -0.0075, −0.0021, 0.0007, 0.0004, 0}

7.2.5　数字高通、带通和带阻的线性相位数字滤波器的设计

对于数字高通、带通和带阻的线性相位数字滤波器的设计，与数字低通滤波器设计的主要区别在于对单位冲激响应 $h_{\mathrm{d}}(n)$ 的求解过程不同，只需改变求 $h_{\mathrm{d}}(n)$ 的傅里叶反变换式中的积分区间即可，其他过程与低通滤波器设计类似。

（1）理想线性相位高通滤波器的系统函数为

$$H_{\mathrm{d}}(\mathrm{e}^{\mathrm{j}\omega}) = \begin{cases} \mathrm{e}^{-\mathrm{j}\omega\tau}, & \omega_{\mathrm{c}} \leqslant |\omega| \leqslant \pi \\ 0, & 0 \leqslant |\omega| < \omega_{\mathrm{c}} \end{cases} \tag{7.37}$$

则求其傅里叶反变换可得相应的单位抽样响应为

$$h_{\mathrm{d}}(n) = \begin{cases} \dfrac{\sin[\pi(n-\tau)] - \sin[\omega_{\mathrm{c}}(n-\tau)]}{\pi(n-\tau)}, & n \neq \tau \\ 1 - \dfrac{\omega_{\mathrm{c}}}{\pi}, & n = \tau \end{cases} \tag{7.38}$$

因为满足线性相位，所以 $\tau = (N-1)/2$ 。

从上述结果可以看出，一个高通滤波器相当于一个全通滤波器（ $\omega_{\mathrm{c}} = \pi$ ）减去一个低通滤波器。

（2）理想线性相位带通滤波器的系统函数为

$$H_{\mathrm{d}}(\mathrm{e}^{\mathrm{j}\omega}) = \begin{cases} \mathrm{e}^{-\mathrm{j}\omega\tau}, & \omega_{\mathrm{l}} \leqslant |\omega| \leqslant \omega_{\mathrm{h}} \\ 0, & 其他 \end{cases} \tag{7.39}$$

则相应的单位抽样响应为

$$h_{\mathrm{d}}(n) = \begin{cases} \dfrac{\sin[\omega_{\mathrm{h}}(n-\tau)] - \sin[\omega_{\mathrm{l}}(n-\tau)]}{\pi(n-\tau)}, & n \neq \tau \\ (\omega_{\mathrm{h}} - \omega_{\mathrm{l}})/\pi, & n = \tau \end{cases} \tag{7.40}$$

同样地，从以上结果可以看出：一个带通滤波器相当于两个截止频率不同的低通滤波器相减，其中一个截止频率为 ω_{h} ，另一个为 ω_{l} 。

（3）理想线性相位带阻滤波器的系统函数为

$$H_d(e^{j\omega}) = \begin{cases} e^{-j\omega\tau}, & |\omega| \leqslant \omega_l, |\omega| \geqslant \omega_h \\ 0, & \text{其他} \end{cases} \quad (7.41)$$

则相应的单位抽样响应为

$$h_d(n) = \begin{cases} \dfrac{\sin[\omega_l(n-\tau)] + \sin[\pi(n-\tau)] - \sin[\omega_h(n-\tau)]}{\pi(n-\tau)}, & n \neq \tau \\ 1-(\omega_h-\omega_l)/\pi, & n = \tau \end{cases} \quad (7.42)$$

由此看出，一个带阻滤波器相当于一个低通滤波器加上一个高通滤波器。低通滤波器的截止频率为 ω_l，高通滤波器截止频率为 ω_h。

7.3 频率抽样法设计 FIR 滤波器

窗函数法是在时域内，以有限长 $h(n)$ 去逼近无限长单位冲激响应 $h_d(n)$，从而频率响应 $H(e^{j\omega})$ 也近似于理想的频率响应 $H_d(e^{j\omega})$，来实现 FIR 滤波器设计。

而本节讨论的频域抽样法的思路是：对理想的频率响应 $H_d(e^{j\omega})$ 加以等间隔采样，以 N 个取样值 $H(k)$ 来逼近理想的 $H_d(e^{j\omega})$，计算 $H(k)$ 的 N 点 IDFT 得到冲激响应 $h(n)$，用 $h(n)$ 作为需要设计的 FIR 滤波器。

7.3.1 设计思路

$H_d(e^{j\omega})$ 加以等间隔抽样，以抽样值来近似逼近理想的 $H_d(e^{j\omega})$，即

$$H_d(e^{j\omega})\Big|_{\omega=\frac{2\pi k}{N}} = H_d(k) \quad (7.43)$$

以此 $H_d(k)$ 作为实际 FIR 滤波器的频率特性的抽样值 $H(k)$，即

$$H(k) = H_d(k), \ k = 0,1,\cdots,N-1$$

由 DFT 定义，用有限长的序列 $H(k)$ 可得

$$h(n) = \frac{1}{N}\sum_{k=0}^{N-1} H(k)e^{j\frac{2\pi}{N}nk}, \ k = 0,1,\cdots,N-1$$

由 $h(n)$ 可求得实际设计 FIR 滤波器的系统函数为

$$\begin{aligned} H(z) &= \sum_{n=0}^{N-1} h(n)z^{-n} = \sum_{n=0}^{N-1}\left[\frac{1}{N}\sum_{k=0}^{N-1}H(k)e^{j\frac{2\pi}{N}nk}\right]z^{-n} \\ &= \frac{1}{N}\sum_{k=0}^{N-1}H(k)\sum_{n=0}^{N-1}e^{j\frac{2\pi}{N}nk}z^{-n} \\ &= \frac{1}{N}\sum_{k=0}^{N-1}H(k)\frac{1-z^{-N}}{1-e^{j\frac{2\pi}{N}k}z^{-1}} \quad (e^{j\frac{2\pi}{N}kN}z^{-N}=z^{-N}) \\ &= \frac{1-z^{-N}}{N}\sum_{k=0}^{N-1}\frac{H(k)}{1-W_N^{-k}z^{-1}} \end{aligned} \quad (7.44)$$

则该系统的频率响应为

$$H(e^{j\omega}) = H(z)\Big|_{z=e^{j\omega}} = \frac{1}{N}\sum_{k=0}^{N-1} H(k)\frac{1-e^{-j\omega N}}{1-e^{j\frac{2\pi}{N}k}e^{-j\omega}}$$

经过推导，有

$$H(e^{j\omega}) = e^{\frac{-j(N-1)\omega}{2}}\sum_{k=0}^{N-1} H(k)e^{-j\frac{k\pi}{N}}\frac{\sin\left(\frac{\omega N}{2}\right)}{N\sin\left(\frac{\omega}{2}-\frac{\pi k}{N}\right)} \qquad (7.45)$$

定义

$$\Phi(\omega) = e^{-j\frac{(N-1)}{2}\omega}\frac{\sin(\omega N/2)}{N\sin(\omega/2)}$$

为内插函数，即

$$H(e^{j\omega}) = \sum_{k=0}^{N-1} H(k)\,\Phi\left(\omega-\frac{2\pi}{N}k\right) \qquad (7.46)$$

$$\Phi\left(\omega-\frac{2\pi}{N}k\right) = \frac{1}{N}\frac{\sin\left[N\left(\frac{\omega}{2}-\frac{k\pi}{N}\right)\right]}{\sin\left(\frac{\omega}{2}-\frac{k\pi}{N}\right)}e^{-j\left(\frac{N-1}{2}\right)\omega}e^{j(N-1)\frac{k\pi}{N}}$$

　　由内插公式（7.46）可知，$H(e^{j\omega})$ 是由内插函数 $\Phi(\omega)$ 的插值所决定的。在各频率抽样点上，滤波器的实际频率响应严格地和理想频率响应值相等。但是在抽样点之间的频率响应则是由 N 个离散值 $H_d(k)$ 作为权重和插值函数 $\Phi(\omega)$ 线性组合的结果。因此，存在着逼近误差，并且误差的大小取决于理想频率响应 $H_d(e^{j\omega})$ 的曲线形状和抽样点数 N 的大小。$H_d(e^{j\omega})$ 的特性曲线变化越平坦，取样点数 N 越大，则由内插所引入的误差越小；反之，理想频率响应特性变换越陡，内插值与理想值误差就越大，因而在不连续点两边产生肩峰，在通带、阻带中产生波纹。减少逼近误差的方法是使理想频率响应的不连续点的边沿上加一些过渡的抽样点，使所需逼近的理想频率特性从通带到阻带有一个平滑缓变的变化，消除跳变形成的突变，从而使肩峰减小，减小逼近误差，但是这种做法的代价是使过渡带加宽。

　　【例 7.3】利用频率抽样法设计线性相位 FIR 低通滤波器，给定 $N=21$，通带截止频率 $\omega_c = 0.15\pi$ rad。求出 $h(n)$，为了改善其频率响应（过渡带宽度、阻带最小衰减），应采取什么措施？

　　解：（1）确定希望逼近的理想低通滤波频率响应函数 $H_d(e^{j\omega})$：

$$H_d(e^{j\omega}) = \begin{cases} e^{-j\omega\tau}, & 0<|\omega|<0.15\pi \\ 0, & 15\pi\leqslant 0|\omega|\leqslant\pi \end{cases}$$

其中，$\tau = (N-1)/2 = 10$。

　　（2）抽样：

$$H_d(k) = H_d(e^{j\frac{2\pi}{N}k})$$

$$= \begin{cases} e^{-j\frac{N-1}{N}\pi k} = e^{-j\frac{20}{21}\pi k}, & k=0,1,20 \\ 0, & 2\leqslant k\leqslant 19 \end{cases}$$

（3）求 $h(n)$：

$$h(n) = \text{IDFT}[H_{\rm d}(k)] = \frac{1}{N}\sum_{k=0}^{N-1}H_{\rm d}(k)W_N^{-kn}$$

$$= \frac{1}{21}\left[1 + {\rm e}^{-{\rm j}\frac{20}{21}\pi}W_{21}^{-n} + {\rm e}^{-{\rm j}\frac{20}{21}\pi 20 n}\right]R_{21}(n)$$

$$= \frac{1}{21}\left[1 + {\rm e}^{{\rm j}\frac{2\pi}{21}(n-10)} + {\rm e}^{-{\rm j}\frac{400\pi}{21}}{\rm e}^{{\rm j}\frac{40}{21}\pi n}\right]R_{21}(n)$$

因为

$$ {\rm e}^{-{\rm j}\frac{400\pi}{21}} = {\rm e}^{-{\rm j}\frac{20\pi}{21}},\quad {\rm e}^{{\rm j}\frac{40\pi}{21}} = {\rm e}^{{\rm j}\left(\frac{42\pi}{21}-\frac{2\pi}{21}\right)n} = {\rm e}^{-{\rm j}\frac{2\pi}{21}n} $$

所以

$$h(n) = \frac{1}{21}\left[1 + {\rm e}^{{\rm j}\frac{2\pi}{21}(n-10)} + {\rm e}^{-{\rm j}\frac{2\pi}{21}(n-10)}\right]$$

$$= \frac{1}{21}\left[1 + 2\cos\left(\frac{2\pi}{21}(n-10)\right)\right]R_{21}(n)$$

为了改善阻带衰减和通带波纹，应增加过渡带抽样点，为了使边界频率更精确，过渡带更窄，应加大抽样点数 N。

7.4 IIR 数字滤波器与 FIR 数字滤波器的比较

IIR 滤波器与 FIR 数字滤波器各有优缺点，在实际应用中，应根据具体情况来确定选用哪一种滤波器，采用什么设计方法。下面对这两种滤波器的特点进行分析比较，以便于在实际运用时选择。

（1）FIR 数字滤波器的突出优点是可以设计具有精确线性相位的滤波器，而 IIR 滤波器很难得到线性相位。因此，在对线性相位要求高的情况下，如图像处理、数据传输等，应选用 FIR 滤波器。对线性相位要求不敏感的情况下，如语音通信中，可选用 IIR 滤波器。

（2）IIR 滤波器必须采用递归结构，极点必须位于单位圆内才能保证系统的稳定，运算的舍入误差有时会引起寄振荡。FIR 滤波器主要采用非递归结构，在理论上和实际的有限运算中都不存在稳定性问题，运算误差较小。另外，由于其单位冲激响应为有限长，可以采用 FFT 算法，因此在相同阶数的条件下，运算速度要快得多。

（3）滤波器的实现复杂度一般都与滤波器用差分方程描述时的阶数成正比，通常在满足同样的幅频响应指标下，IIR 数字滤波器的阶数要远远小于 FIR 数字滤波器的阶数，前者只是后者的几十分之一，甚至更低，因此，IIR 滤波器所用存储单元少，运算次数少，容易取得较好的通带和阻带衰减特性，在相同技术指标下，FIR 需要较多存储器和较多运算，成本较高，信号延时较大。在很多系统频率响应对线性相位要求不高的情况下，IIR 因其实现复杂度低而称为首选。当严格要求线性相位时，运算复杂度的降低便显得不那么重要了，这时 FIR 就是最好的选择。

（4）IIR 滤波器设计可借助模拟滤波器现成的闭合公式、数据和表格，因而设计工作量小，对计算工具要求不高。FIR 滤波器没有现成的设计公式，计算通带和阻带衰减无显示表达式，其边界频率也不易控制。窗函数法只给出窗函数的计算公式，为满足预定的技术指标，可能还需要做一些迭代运算，频率抽样法也往往不是一次就能完成的。

（5）IIR 滤波器易于实现优异的幅频特性，如平坦的通带或窄的过渡带或大的阻带衰减，主要用于设计具有片段常数特性的选频滤波器，如低通、高通、带通、带阻等。FIR 滤波器要灵活得多，可以设计多通带或多阻带滤波器。例如，采用频率抽样法可以满足各种幅频特性及相频特性的要求，比 IIR 滤波器具有更广阔的应用场合。

综上所述，IIR 与 FIR 数字滤波器各有优缺点，在实际应用中应综合考虑技术指标要求、实现结构复杂度等各种因素，灵活选择所需的滤波器类型。

7.5 FIR 数字滤波器的应用实例——音箱

音箱是日常生活中常用的物品，也称为扬声器，一般有两个或多个喇叭，这是因为很难用单线圈扬声器做到完美覆盖大部分音频频率范围或某一特定的低频范围。因此，为了获得良好的音质，高保真音响系统通常都把全频段的音频信号按频率高低分割成两个或多个频段，分别送往相应频段的专用扬声器单元去播放，以求得到互调失真较小、音频较宽的音响效果。负责把音频信号分成若干频段的装置称为分频器，即将音频信号分成高频和低频两个频段，目前的音频播放系统大都采用数字分频器，其实质就是 FIR 数字滤波器。下面以图 7-12 所示的双频段分频器为例来说明。

输入的 $x(n)$ 是由模拟话音抽样得来的数字音频信号，$h_H(n)$ 和 $h_L(n)$ 分别是高通数字滤波器和低通数字滤波器的单位抽样响应，$x(n)$ 通过 FIR 高通滤波器 $h_H(n)$ 后得到的 $y_H(n)$ 仅包含 $x(n)$ 的高频频段，通过 FIR 低通滤波器 $h_L(n)$ 后得到的 $y_L(n)$ 仅包含 $x(n)$ 的高低频段。$y_H(n)$ 和 $y_L(n)$ 分别送往高频扬声器和低频扬声器进行播放。

本节的输入音频信号 $x(n)$ 的内容为作者录制的"数字信号处理"语音，图 7-13 给出了语音信号 $x(n)$ 的时域波形和幅度谱。由图 7-13 可以看出，信号的频率主要集中在 100～1000Hz，在设计分频器中，将频率小于 1000Hz 的音频信号看做是低频信号，大于 1000Hz 的则看做是高频信号，显然低频部分的幅度高于高频部分。

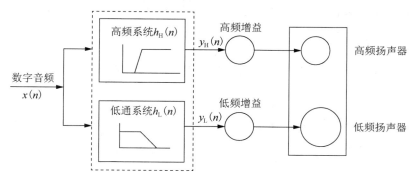

图 7-12 双频段分频器

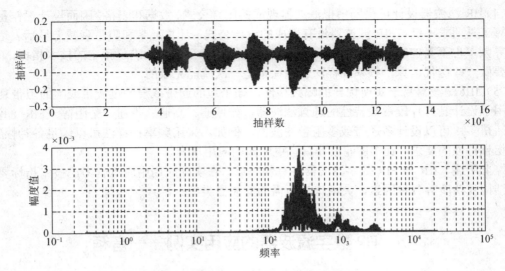

图 7-13 语音信号 $x(n)$ 的时域波形和幅度谱

取抽样频率为 $f_s = 44100\text{Hz}$ ，高通和低通 FIR 数字滤波器的截止频率均为 $f_c = 800\text{Hz}$ ，即过渡带宽为 800～1600Hz。低通滤波器的通带波纹为 0.02dB，阻带衰减为 50dB，即 0～800 Hz 范围内的起伏为 0.02dB，1600Hz 处的衰减为 50dB。高通滤波器的通带波纹和阻带衰减也分别是 0.02dB 和 50dB，即 1600～44100Hz 范围内的起伏为 0.02dB，800Hz 处的衰减为 50dB。

根据以上指标，利用 FIR 窗函数设计法可知，由过渡带宽要求可求得所需滤波器的长度为

$$N = 6.6 / \Delta\omega = 3.3 \times 44100 / (1600 - 800) \approx 182$$

用第 I 类线性相位，即 N 为奇数，所以滤波器长度为 183。

图 7-14 和图 7-15 分别给出了低通数字滤波器和高通数字滤波器的单位抽样响应和幅频响应。可以看出，所设计的滤波器是满足设计条件的。图 7-16 和图 7-17 分别给出了数字分频器输出音频信号的时域波形和幅度谱，可以看出经过分频器后，输入信号的低频和高频部分确实被分割开了。

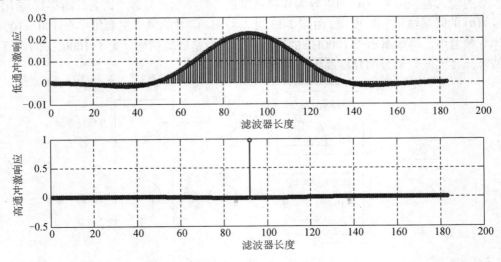

图 7-14 低通数字滤波器和高通数字滤波器的单位抽样响应

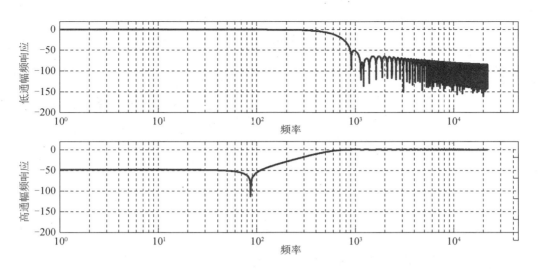

图 7-15　低通数字滤波器和高通数字滤波器的单位频率响应

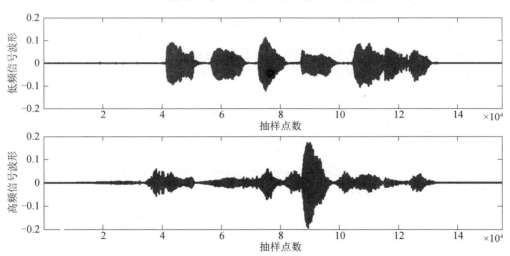

图 7-16　数字分频器输出音频信号的时域波形

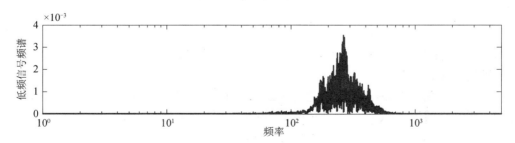

图 7-17　数字分频器输出音频信号的幅度谱

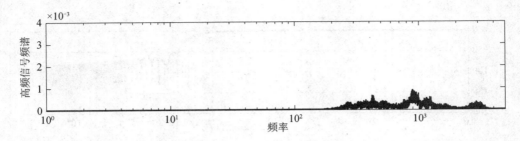

图 7-17　数字分频器输出音频信号的幅度谱（续）

习　　题

7.1　已知 FIR 滤波器的单位抽样响应 $h(n)$ 如下：

（1）长度为 $N = 6$，且 $h(n) = [1.5, 2, 3, 3, 2, 1.5]$；

（2）长度为 $N = 7$，且 $h(n) = [3, -2, 1, 0, -1, 2, -3]$。

试分别说明它们的幅频特性和相频特性各有什么特点。

7.2　设 FIR 滤波器的系统函数为

$$H(z) = \frac{1}{10}(1 + 0.9z^{-1} + 2.1z^{-2} + 0.9z^{-3} + z^{-4})$$

求出该滤波器的单位脉冲响应 $h(n)$，判断其是否具有线性相位，求出其幅频特性函数和相频特性函数。

7.3　用矩形窗设计一线性相位高通滤波器，要求过渡带宽度不超过 $\pi/10$ rad。希望逼近的理想高通滤波器频率响应函数 $H_d(e^{j\omega})$ 为

$$H_d(e^{j\omega}) = \begin{cases} e^{-j\omega\tau}, & \omega_c \leqslant |\omega| \leqslant \pi \\ 0, & \text{其他} \end{cases}$$

（1）求出该理想高通的单位脉冲响应 $h_d(n)$；

（2）求出加矩形窗设计的高通 FIR 滤波器的单位脉冲响应 $h(n)$ 表达式，确定 τ 与 N 的关系；

（3）N 的取值有什么限制？为什么？

7.4　对下面的每一种滤波器指标，选择满足线性相位 FIR 滤波器设计要求的窗函数类型和窗函数的长度。

（1）阻带衰减为 23dB，过渡带宽度为 2kHz，抽样频率为 18kHz；

（2）阻带衰减为 30dB，过渡带宽度为 4kHz，采样频率为 16kHz；

（3）阻带衰减为 20dB，过渡带宽度为 1kHz，采样频率为 10kHz；

（4）阻带衰减为 60dB，过渡带宽度为 400Hz，采样频率为 2kHz。

7.5　设计一个线性相位 FIR 数字高通滤波器，技术指标为 $\omega_p = 0.7\pi$，$\omega_s = 0.5\pi$，$A_s = 55$dB，求 $h(n)$。

7.6　设计一个线性相位 FIR 数字带通滤波器，技术指标为 $\omega_{p1} = 0.4\pi$，$\omega_{p2} = 0.5\pi$，$\omega_{s1} = 0.2\pi$，$\omega_{s2} = 0.7\pi$，$A_s = 75\text{dB}$，求 $h(n)$。

7.7　设计一个线性相位 FIR 数字带阻滤波器，技术指标为 $\omega_{p1} = 0.35\pi$，$\omega_{p2} = 0.8\pi$，$\omega_{s1} = 0.5\pi$，$\omega_{s2} = 0.65\pi$，$A_s = 80\text{dB}$，求 $h(n)$。

7.8　用频率抽样法设计一个线性相位 FIR 低通滤波器，已知滤波器的阶数 $N=15$ 和幅频响应的取样值为

$$H_d(k) = \begin{cases} 1, & 0 \leqslant k \leqslant 3 \\ 0, & 4 \leqslant k \leqslant 7 \end{cases}$$

求滤波器的冲激响应 $h(n)$。

第 8 章

数字滤波器的实现

数字滤波器可以用式（8.1）所示的线性常系数差分方程或式（8.2）所示的有理系统函数式等数学模型来描述。

$$y(n) = \sum_{k=0}^{M} b_k x(n-k) + \sum_{k=1}^{N} a_k y(n-k) \tag{8.1}$$

$$H(z) = \frac{Y(z)}{X(z)} = \frac{\sum_{k=0}^{M} b_k z^{-k}}{1 - \sum_{k=1}^{N} a_k z^{-k}} \tag{8.2}$$

同一种数学模型，具有不同的算法。数字滤波器的工程实践要用计算机的硬件和软件来完成，不同的算法会影响系统的一些实际性能。影响滤波器性能的主要有以下 3 个方面：

（1）计算复杂性。即完成整个滤波所需要的乘法和加法次数，这些都会影响计算速度。

（2）存储量。指存储系统参数、输入信号、中间计算结果及输出信号的存储。

（3）运算误差。主要是指有限字长效应，由于输入/输出信号、系统参数、运算过程都受到二进制编码长度的限制，因此会带来各种量化效应产生的误差。所以要研究不同滤波器结构对有限字长效应的敏感程度，研究需要多少位字长才能达到一定的精度。

本章将描述各种结构的数字滤波器，同时还要讨论由使用有限精度运算实现数字滤波器带来的量化效应所引起的问题及分析方法。

8.1   数字滤波器基本运算单元的信号流图表示

由式（8.1）可知，数字滤波器的实质是一个运算过程，对输入序列 $x(n)$ 进行一定的运算操作，从而得到输出序列 $y(n)$，共包含 3 种基本运算单元：加法器、数乘器和单位延时器。它们的信号流图表示和框图表示如图 8-1 所示。本章在以后的内容中使用信号流图表示方法，因为这种表示方法更加简单方便。

信号流图中的几个基本概念：

（1）输入节点或源节点，$x(n)$ 所处的节点。

（2）输出节点或阱节点，$y(n)$ 所处的节点。

（3）分支节点，一个输入节点，一个或一个以上输出的节点；将值分配到每一支路。

（4）相加器（节点）或和点，有两个或两个以上输入的节点。

注意：支路不标传输系数时，就认为其传输系数为 1；任何一节点值等于所有输入支路的信号之和。图 8-2 给出了二阶数字滤波器 $y(n) = a_1 y(n-1) + a_2 y(n-2) + b_0 x(n)$ 的信号流图，图中共有 7 个节点，其中，节点 1 和 5 为相加器节点；节点 2、3、4 为分支节点；节点 6 为输入节点；节点 7 为输出节点。

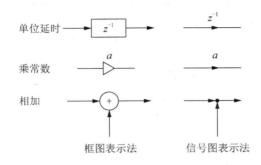

图 8-1　3 种基本运算的方框图和信号流图表示

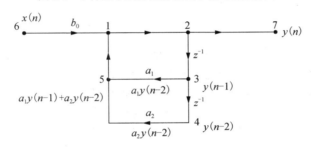

图 8-2　二阶数字滤波器的信号流图

由式（8.1）和式（8.2）可导出数字滤波器的不同实现结构。

8.2　IIR 数字滤波器的基本实现结构

由前面学过的内容可知，IIR 系统具有以下特点：

（1）IIR 系统的单位冲激响应 $h(n)$ 是无限长的。

（2）系统函数 $H(z)$ 在有限 z 平面上有极点存在。

（3）结构上存在着输出到输入的反馈，即结构是递归的。

IIR 数字滤波器的同一个 $H(z)$ 可以有直接 I 型、直接 II 型、级联型、并联型实现结构，另外还有格型等。

8.2.1　IIR 滤波器的直接型结构

由式（8.1），若先实现各 $x(n-k)$ 的加权和 $\sum_{k=0}^{M} b_k x(n-k)$，再实现各 $y(n-k)$ 的加权和

$\sum\limits_{k=1}^{N} a_k y(n-k)$，就得到直接 I 型结构，如图 8-3 所示。相当于由两个网络组成，第一个网络实现零点，第二个网络实现极点，可见，第二个网络是输出延时，即反馈网络。共需 $(M+N)$ 个存储延时单元。

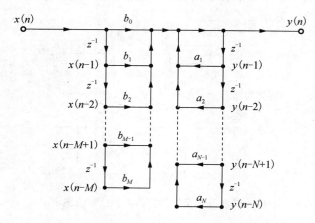

图 8-3　实现 N 阶差分方程的 IIR 直接 I 型结构

由于系统是线性系统，所以可将直接 I 型结构的两个延时链系统的顺序进行交换，并将相同输出的中间两延时链合并，就可得到直接 II 型结构，如图 8-4 所示。二阶直接 II 型结构是最有用的，因为它是级联型结构和并联型结构的基本网络单元。

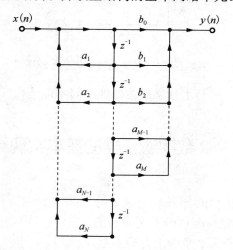

图 8-4　实现 N 阶差分方程的 IIR 直接 II 型结构

直接 II 型这种结构对于 N 阶差分方程只需 N 个延时单元（一般满足 $N \geqslant M$），因而比直接 I 型延时单元要少，这也是实现 N 阶滤波器所需的最少延时单元，因而又称典范型。

以上两种 IIR 滤波器的直接型实现结构都具有共同的缺点，系数 a_k、b_k 对滤波器的性能控制作用不明显，这是因为它们与系统函数的零、极点关系不明显，因而调整困难；此外，这种结构极点对系数的变化过于灵敏，从而使系统频率响应对系数的变化过于灵敏，也就是对有限精度运算过于灵敏，容易出现不稳定或产生较大误差。

【例 8.1】已知一个 IIR 滤波器的系统函数为

$$H(z) = \frac{0.75 + 0.15z^{-1} - 0.09z^{-2} + 0.216z^{-3}}{1 - 1.3z^{-1} + 0.91z^{-2} - 0.294z^{-3}}$$

画出它的直接 II 型结构的信号流图。

解：根据上式画出的直接 II 型结构信号流图如图 8-5 所示。

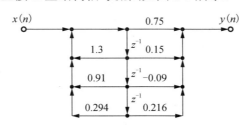

图 8-5　例 8.1 的直接 II 型结构图

注意：反馈延时链中的系数的符号应与 $H(z)$ 中分母的各响应系数的符号相反。另外，如果 $H(z)$ 的分母中的常数项不为 1，则应将常数项归一化为 1 后再画出直接 II 型结构图。

8.2.2　IIR 滤波器的级联型

先将式（8.2）中的系统函数按零、极点进行因式分解，得到

$$H(z) = \frac{\sum\limits_{k=0}^{M} b_k z^{-k}}{1 - \sum\limits_{k=1}^{N} a_k z^{-k}} A \frac{\prod\limits_{k=0}^{M_1}(1-p_k z^{-1})\prod\limits_{k=1}^{M_2}(1-q_k z^{-1})(1-q_k^* z^{-1})}{\prod\limits_{k=1}^{N_1}(1-c_k z^{-1})\prod\limits_{k=1}^{N_2}(1-d_k z^{-1})(1-d_k^* z^{-1})} \tag{8.3}$$

其中，p_k 为实零点；c_k 为实极点；q_k、q_k^* 表示复共轭零点；d_k、d_k^* 表示复共轭极点；$M = M_1 + 2M_2$，$N = N_1 + 2N_2$。

再把任意两个实数零、极点组合，每一对共轭零、极点也进行组合，这样，就得到一些实系数的二阶子系统。

例如，把两个共轭极点进行组合可得：

$$(1-d_k z^{-1})(1-d_k^* z^{-1}) = 1 - (d_k + d_k^*)z^{-1} + d_k d_k^* z^{-2}$$

设 $d_k = r_k \mathrm{e}^{\mathrm{j}\omega_k}$，则 $d_k^* = r_k \mathrm{e}^{-\mathrm{j}\omega_k}$（$r_k$ 为实数），所以

$$(1-d_k z^{-1})(1-d_k^* z^{-1}) = 1 - 2r_k \cos\omega_k z^{-1} + r_k^2 z^{-2}$$

最后分子、分母形成一阶实系数因式与二阶实系数因式的连乘形式，

$$H(z) = A\frac{\prod\limits_{k=1}^{M_1}(1-p_k z^{-1})\prod\limits_{k=1}^{M_2}(1+\beta_{1k}z^{-1}+\beta_{2k}z^{-2})}{\prod\limits_{k=1}^{N_1}(1-c_k z^{-1})\prod\limits_{k=1}^{N_2}(1-\alpha_{1k}z^{-1}-\alpha_{2k}z^{-2})}$$

再将分子、分母的一个因式组成级联系统中的一个网络。组合方式是多样的，可以采用分子、分母的二阶因式组合成级联系统的一个二阶网络，而分子、分母的一阶因式组合成级联系统的一个一阶网络，也可以分子、分母一、二阶因式交叉组合构成一个级联网络单元，这样可构成若干个二阶网络与若干个一阶网络的级联结构。所以整个级联型系统的系统函

数可以表示为

$$H(z) = A \cdot H_1(z) \cdot H_2(z) \cdot \cdots \cdot H_k(z) = A \prod_k H_k(z) \tag{8.4}$$

其中，每个 $H_k(z)$ 要么是一阶网络，要么是二阶网络，其中基本的二阶网络系统函数为

$$H_k(z) = \frac{1 + \beta_{1k} z^{-1} + \beta_{2k} z^{-2}}{1 + \alpha_{1k} z^{-1} + \alpha_{2k} z^{-2}} \tag{8.5}$$

式（8.5）中的全部系数都是实数，当级联的某些二阶基本节中 $\alpha_{2k} = \beta_{2k} = 0$ 时，就成为级联的一阶基本节，系统函数为

$$H_k(z) = \frac{1 + \beta z^{-1}}{1 + \alpha z^{-1}} \text{。} \tag{8.6}$$

式（8.6）的基本一阶基本节和式（8.5）的基本二阶基本节如图 8-6 所示。

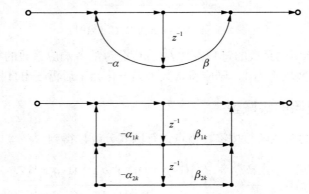

图 8-6　级联结构的一阶基本节和第 k 阶二阶基本节

一个六阶 IIR 滤波器的系统函数可分解为 3 个二阶子系统的级联：

$$H(z) = A \frac{1 + \beta_{11} z^{-1} + \beta_{21} z^{-2}}{1 - \alpha_{11} z^{-1} - \alpha_{21} z^{-2}} \cdot \frac{1 + \beta_{12} z^{-1} + \beta_{22} z^{-2}}{1 - \alpha_{12} z^{-1} - \alpha_{22} z^{-2}} \cdot \frac{1 + \beta_{13} z^{-1} + \beta_{23} z^{-2}}{1 - \alpha_{13} z^{-1} - \alpha_{23} z^{-2}}$$

其级联结构如图 8-7 所示。

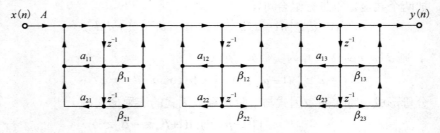

图 8-7　六阶 IIR 滤波器的级联结构

【例 8.2】画出例 8.1 滤波器的级联结构的信号流图。

解：将系统函数的分子、分母进行因式分解，得

$$H(z) = \frac{0.75 + 0.15z^{-1} - 0.09z^{-2} + 0.216z^{-3}}{1 - 1.3z^{-1} + 0.91z^{-2} - 0.294z^{-3}}$$

$$= \frac{(1 + 0.8z^{-1})(1 - 0.6z^{-1} + 0.36z^{-2})}{(1 - 0.6z^{-1})(1 - 0.7z^{-1} + 0.49z^{-2})}$$

其中，分子、分母中的二阶多项式分别为一对共轭零点和一对共轭极点。分子和分母多项式各有两个，可以搭配成两种组合。一种是将分子、分母的一阶因式组合成级联的一个网络，将分子、分母的二阶因式组合成级联的一个网络，则有

$$H(z) = \frac{1 + 0.8z^{-1}}{1 - 0.6z^{-1}} \cdot \frac{1 - 0.6z^{-1} + 0.36z^{-2}}{1 - 0.7z^{-1} + 0.49z^{-2}}$$

图 8-8 给出了此种级联型的结构图，其中每一个级联子网络都采用直接 II 型结构实现。

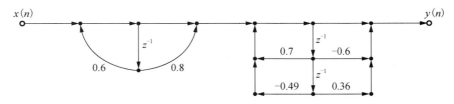

图 8-8 例 8.2 的第一种级联结构

第二种组合方式是将分子（分母）的一阶因式与分母（分子）的二阶因式组成级联型，则有

$$H(z) = \frac{1 + 0.8z^{-1}}{1 - 0.7z^{-1} + 0.49z^{-2}} \cdot \frac{1 - 0.6z^{-1} + 0.36z^{-2}}{1 - 0.6z^{-1}}$$

图 8-9 给出了第二种级联型的结构图，可以看出与图 8-8 结构相比，多了一个延时单元。

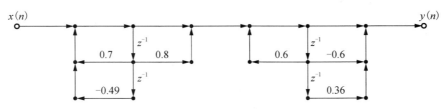

图 8-9 例 8.2 的第二种级联结构

级联型结构的特点：

（1）有多种分子、分母的二阶组合及多种级联次序，很灵活。但采用有限字长实现时，它们的误差是不同的，有最优化课题。

（2）调整一阶、二阶基本节的零、极点不影响其他基本节，便于调整滤波器频率响应特性。

（3）对系数量化效应的敏感度比直接型结构要低。

（4）由于网络的级联，使得有限字长造成的系数量化误差、运算误差等会逐级积累。

8.2.3 IIR 滤波器的并联型

将 IIR 滤波器的系统函数 $H(z)$ 展开成部分分式的形式，得到并联 IIR 的基本结构：

$$H(z) = \frac{\sum\limits_{k=0}^{M} b_k z^{-k}}{1 - \sum\limits_{k=1}^{N} a_k z^{-k}} = \sum_{k=1}^{N_1} \frac{A_k}{1 - c_k z^{-1}} + \sum_{k=1}^{N_2} \frac{B_k(1 - g_k z^{-1})}{(1 - d_k z^{-1})(1 - d_k^* z^{-1})} + \sum_{k=0}^{M-N} G_k z^{-k} \qquad (8.7)$$

式（8.7）表示系统是由 N_1 个一阶系统、N_2 个二阶系统及延时加权单元并联组合而成的，其结构实现如图 8-10 所示。这些一阶和二阶系统都采用典范型结构实现。式（8.7）中，$N = N_1 + 2N_2$，由于系数 b_k、a_k 是实数，所以 A_k、B_k、g_k、c_k、G_k 都是实数，d_k^* 是 d_k 的共轭复数。当 $M < N$ 时，不包含 $\sum\limits_{k=0}^{M-N} G_k z^{-k}$ 项；当 $M = N$ 时，$\sum\limits_{k=0}^{M-N} G_k z^{-k}$ 项变成 G_0 一项。一般 IIR 滤波器都满足 $M \leqslant N$ 的条件。

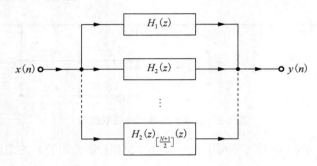

图 8-10   IIR 滤波器的并联结构（$M = N$）

当 $M = N$ 时，$H(z)$ 表示为

$$H(z) = G_0 + \sum_{k=1}^{N_1} \frac{A_k}{1 - c_k z^{-1}} + \sum_{k=1}^{N_2} \frac{\gamma_{0k} + \gamma_{1k} z^{-1}}{1 - \alpha_{1k} z^{-1} - \alpha_{2k} z^{-2}} \qquad (8.8)$$

图 8-11 画出了 $M = N = 3$ 时的并联型实现。在并联型结构中，各并联基本节间的误差相互没有影响，比级联型的误差稍小。

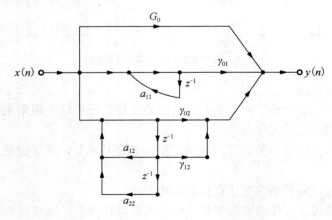

图 8-11   三阶 IIR 滤波器的并联型结构

【例 8.3】设滤波器的差分方程为

$$y(n) = x(n) + \frac{1}{3}x(n-1) + \frac{3}{4}y(n-1) - \frac{1}{8}y(n-2)$$

分别用直接 II 型、级联型和并联型结构实现此差分方程。

解：根据差分方程可得数字滤波器的系统函数为

$$H(z) = \frac{1 + \frac{1}{3}z^{-1}}{1 - \frac{3}{4}z^{-1} + \frac{1}{8}z^{-2}}$$

（1）直接 II 型结构如图 8-12 所示。

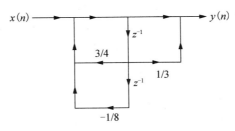

图 8-12　例 8.3 的直接 II 型结构

（2）将系统函数写成乘积形式

$$H(z) = \left(\frac{1 + \frac{1}{3}z^{-1}}{1 - \frac{1}{4}z^{-1}} \right) \left(\frac{1}{1 - \frac{1}{2}z^{-1}} \right)$$

级联型结构图如图 8-13 所示。

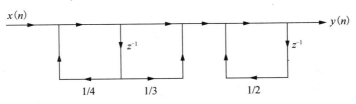

图 8-13　例 8.3 的级联型结构

（3）将系统函数分解成部分分式和的形式：

$$H(z) = \frac{-7/3}{1 - \frac{1}{4}z^{-1}} + \frac{10/3}{1 - \frac{1}{2}z^{-1}}$$

并联型结构图如图 8-14 所示。

【例 8.4】写出图 8-15 所示结构的系统函数及差分方程。

解：由图可看出这是一个滤波器的直接 II 型结构，所以滤波器的系统函数为

$$H(z) = \frac{3 + 0.3z^{-1}}{2 - 0.2z^{-1} + 0.85z^{-2}}$$

相应的差分方程为

$$y(n) = \tfrac{1}{2}[0.2y(n-1) - 0.85y(n-2) + 3x(n) + 0.3x(n-1)]$$
$$= 0.1y(n-1) - 0.425y(n-2) + 1.5x(n) + 0.15x(n-1)$$

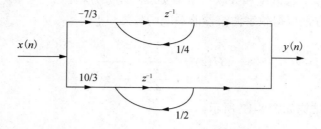

图 8-14 例 8.3 的并联型结构

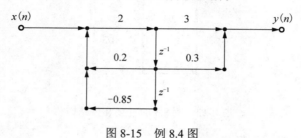

图 8-15 例 8.4 图

8.3 FIR 数字滤波器的基本实现结构

FIR 滤波器的单位冲激响应 $h(n)$ 的特点：

（1）系统的单位冲激响应 $h(n)$ 有有限个 n 值处不为零。

（2）系统函数 $H(z)$ 在 $|z| > 0$ 处收敛，在 $|z| > 0$ 处只有零点，全部极点都在 $z = 0$ 处。

（3）主要是非递归结构，没有输出到输入的反馈。

8.3.1 直接型结构

FIR 滤波器的差分方程为

$$y(n) = \sum_{m=0}^{N-1} h(m)x(n-m) \tag{8.6}$$
$$= h(0)x(n) + h(1)x(n-1) + \cdots + h(N-1)x[n-(N-1)]$$

FIR 数字滤波器的直接型实现可以直接由非递归差分方程式（8.3）得到。图 8-16 给出了 FIR 滤波器的直接型结构。

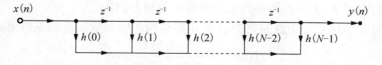

图 8-16 FIR 滤波器的直接型结构

对于长度为 N，阶数为 $N-1$ 的 FIR 数字滤波器的直接型，该结构需要 $N-1$ 个存储空间来存放 $N-1$ 个输入，每个输出需要 N 次乘法和 $N-1$ 次加法，由于输出是输入 $x(n)$ 的加权线性组合，所以直接型结构通常被称为抽头延时线结构或横向结构。

8.3.2　级联型结构

将 $H(z)$ 分解成实二阶因子的乘积形式：

$$H(z) = \sum_{n=0}^{N-1} h(n)z^{-1} = \prod_{k=1}^{\left[\frac{N}{2}\right]} (\beta_{0k} + \beta_{1k}z^{-1} + \beta_{2k}z^{-2}) \tag{8.7}$$

其中，$[N/2]$ 是取 $N/2$ 的整数部分。图 8-17 给出了 FIR 滤波器的级联型结构（N 为奇数）。

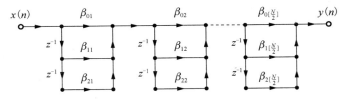

图 8-17　FIR 滤波器的级联型（N 为奇数）

【例 8.5】已知一个 FIR 滤波器的系统函数为

$H(z) = 3[(1-0.4z^{-1})^2 + 0.25z^{-2}](1+0.3z^{-1})(1-0.6z^{-1})(1+0.9z^{-1})$ 画出用二阶子系统级联结构实现的信号流图。

解：零点为 $z_{1,2} = 0.4 \pm j0.5, z_3 = -0.3, z_4 = 0.6, z_5 = -0.9$

将一对复共轭零点 $z_{1,2}$，两个实数零点 z_3 和 z_4 各组成一个二阶子系统，剩下的零点 z_5 组成一个一阶子系统，直流增益 $b_0 = 3$。3 个子系统的系统函数分别为

$$H_1(z) = (1-0.4z^{-1})^2 + 0.25z^{-2} = 1 - 0.8z^{-1} + 0.41z^{-2}$$

$H_2(z) = (1+0.3z^{-1})(1-0.6z^{-1}) = 1 - 0.3z^{-1} - 0.18z^{-2}$　$H_3(z) = 1 + 0.9z^{-1}$

所求的 FIR 滤波器的级联结构信号流图如图 8-18 所示。

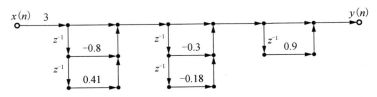

图 8-18　例 8.5 的滤波器用 3 个子系统级联实现的结构

【例 8.6】一个 FIR 滤波器的单位采样响应为

$$h(n) = \begin{cases} a^n, & 0 \leq n \leq 6 \\ 0, & \text{其他} \end{cases}$$

（1）画出该系统的直接型实现结构。

（2）计算系统函数 $H(z)$，并利用系统函数画出 FIR 系统与一个 IIR 系统级联的结构图。

解：（1）
$$H(z) = \sum_{n=0}^{6} h(n)z^{-n} = 1 + az^{-1} + \cdots + a^6 z^{-6}$$

直接型实现结构图如图 8-19 所示。

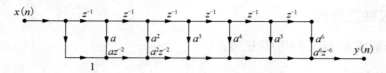

图 8-19　例 8.6 FIR 滤波器的直接型结构

（2）系统函数为
$$H(z) = \sum_{n=0}^{6} h(n)z^{-n} = \sum_{n=0}^{6} a^n z^{-n} = \frac{1-(az^{-1})^7}{1-az^{-1}}$$

其收敛域为 $|z| > 0$，$H(z)$ 可以用一个 IIR 系统与一个 FIR 系统级联来实现。

IIR 系统为
$$H_1(z) = \frac{1}{1-az^{-1}}$$

FIR 系统为
$$H_2(z) = 1 - a^7 z^{-7}$$

因此该系统的另一种实现结构如图 8-20 所示。

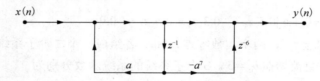

图 8-20　例 8.4 FIR 滤波器的级联型结构

8.3.3　频率抽样型结构

设 FIR 滤波器单位冲激响应 $h(n)$ 的长度为 M，系统函数为 $H(z) = Z[h(n)]$，频率响 $H(e^{j\omega})$ 的抽样值为 $H(k)$，即

$$H(k) = H(e^{j\omega})\Big|_{\omega = \frac{2\pi k}{N}} = H(z)\Big|_{z = e^{j\frac{2\pi k}{N}}}, k = 0,1,\cdots,N-1$$

由第 7 章中已经学习过用的 $H(k)$ 表示 $H(z)$ 的内插公式（7.44）得：

$$H(z) = \frac{1-z^{-N}}{N} \sum_{k=0}^{N-1} \frac{H(k)}{1-W_N^{-k}z^{-1}} \tag{8.8}$$

$$W_N^{-k} = e^{j\frac{2\pi k}{N}}$$

将式（8.8）看成两个系统函数之积

$$H(z) = H_1(z)H_2(z) \tag{8.9}$$

$$H_1(z) = \frac{1-z^{-N}}{N} \tag{8.10}$$

$$H_2(z) = \sum_{k=0}^{N-1} \frac{H(k)}{1 - W_N^{-k} z^{-1}} = \sum_{k=0}^{N-1} H'_k(z) \tag{8.11}$$

第一部分 $H_1(z)$ 是一个 FIR 子系统，是由 N 个延时单元组成的梳状滤波器，在单位圆上等间隔分布 N 个零点：

$$z_k = e^{j\frac{2\pi k}{N}} = W_N^{-k}, k = 0,1,\cdots,N-1$$

第二部分 $H_2(z)$ 是由 N 个一阶 IIR 子网络并联组成的 IIR 系统，每个一阶子网络 $H'_k(z) = \sum_{k=0}^{N-1} \frac{H(k)}{1 - W_N^{-k} z^{-1}}$ 都是一个谐振器，它们在单位圆上各有一个极点 z_k：

$$z_k = e^{j\frac{2\pi k}{N}} = W_N^{-k}, k = 0,1,\cdots,N-1$$

因此，$H(z)$ 由梳状滤波器 $H_1(z)$ 和有 N 个极点的谐振网络 $H_2(z)$ 级联而成，其信号流图如图 8-21 所示。谐振网络的极点与梳状滤波器的零点相互抵消，总的系统函数是 N 个多项式的和，仍是一个稳定的 FIR 系统。频率采样结构有两个突出优点：

（1）并联谐振网络的系数 $H(k)$ 就是 FIR 滤波器在频率采样点 ω_k 处的频率响应，因此可以通过调整，有效控制滤波器的频响特性。

（2）只要 $h(n)$ 长度 N 相同，对于任何频响形状，其梳状滤波器部分和 N 个一阶网络部分结构完全相同，只是各支路增益 $H(k)$ 不同。这样相同的部分便于标准化、模块化。

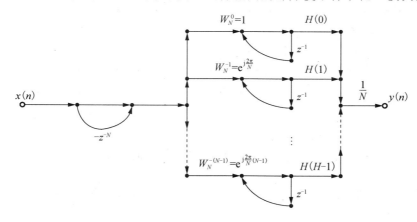

图 8-21　FIR 滤波器的频率采样结构的信号流图

然而，频率采样结构存在以下两个缺点：

（1）稳定性问题。系统的稳定是靠位于单位圆上的 N 个零、极点对消来保证的，但是由于采用有限字长之后，量化效应对零点位置没有影响，但是极点位置会移动，所以不能被零点所抵消，造成系统不稳定，因此需要加以改进。

（2）结构中，系数 $H(k)$ 和 W_N^{-k} 一般为复数，要求乘法器完成复数乘法运算，这对硬件实现是不方便的。

8.3.4　线性相位 FIR 滤波器的实现结构

若 FIR 滤波器单位冲激响应 $h(n)$ 为实数，且满足下列条件：

偶对称：

$$h(n) = h(N-1-n) \quad\quad (8.12)$$

奇对称：

$$h(n) = -h(N-1-n) \quad\quad (8.13)$$

则其对称中心在 $n=(N-1)/2$，其具有严格线性相位。这种情况下，长度为 N 的 FIR 滤波器的乘法从 N 次减少为 $N/2$（N 为偶数）或 $(N-1)/2$（N 为奇数）。

当 N 为奇数时，将式（8.12）和式（8.13）代入 $H(z)$ 表达式中，有

$$H(z) = \sum_{n=0}^{N-1} h(n)z^{-n} = \sum_{n=0}^{(N-1)/2-1} h(n)[z^{-n} \pm z^{-(N-1-n)}] + h\left(\frac{N-1}{2}\right) z^{-(N-1)/2} \quad\quad (8.14)$$

当 N 为偶数时，将式（8.12）和式（8.13）代入 $H(z)$ 表达式中，有

$$H(z) = \sum_{n=0}^{N/2-1} h(n)[z^{-n} \pm z^{-(N-1-n)}] \quad\quad (8.15)$$

式（8.14）和式（8.15）中方括号中的"+"表示 $h(n)$ 满足式（8.12）的偶对称关系，"–"表示 $h(n)$ 满足式（8.13）的奇对称关系。图 8-22 和图 8-23 所示的是具有线性相位 FIR 滤波器在奇数阶和偶数阶两种情况下的直接型结构。

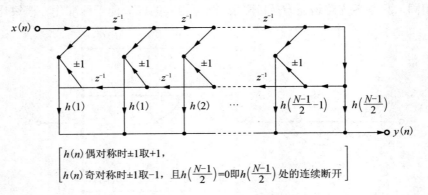

图 8-22 N 为奇数，线性相位 FIR 滤波器的直接结构的流图

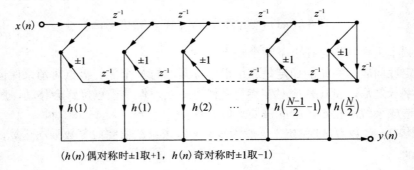

（$h(n)$ 偶对称时±1取+1，$h(n)$ 奇对称时±1取-1）

图 8-23 N 为偶数，线性相位 FIR 滤波器的直接结构的流图

8.4　滤波器的有限字长效应

用软件或硬件实现滤波器时，滤波器的参数和信号都必须量化成有限位的二进制数，这将改变滤波器的频率特性，这种现象称为有限字长效应。

在数字系统中有 3 种因有限字长的影响而引起误差的因素：

（1）变换器将模拟输入信号变为一组离散电平时产生的量化效应。

（2）把系数用有限位二进制数表示时产生的量化效应。

（3）在数字运算过程中，为限制位数而进行尾数处理，以及为防止溢出而压缩信号电平的有限字长效应，包括低电平极限环振荡效应及溢出振荡效应。上述 3 种误差与系统结构形式、数的表示方法、所采用的运算方式、字的长短及尾数的处理方式有关。

8.4.1　二进制数的表示方法引起的有限字长效应

在数字系统中所采用的二进制算法最基本的有定点制和浮点制。由于在计算机课程中已经学过二进制数的表示方法，这里就简要地复习其中的部分内容。不论是定点制还是浮点制的尾数都是将整数位用做符号位，小数位代表尾数值。m 位码的形式为

$$b = b_0 b_1 \cdots b_{m-1}, b_i \in (0,1)$$

其中，整数位 b_0 固定为符号位，$b_0 = 0$ 表示正数，$b_0 = 1$ 表示负数；小数位 $b_1 \cdots b_{m-1}$ 表示 $m-1$ 位字长的尾数值，b_i 表示第 i 位二进制码，取值可为 0 或 1。

表示实数 x 时，可以有原码、反码和补码 3 种格式。表示正数时，三者是相同的；它们的区别在于对负数的表示方法不同。归一化的二进制数通常将小数点置于 b_0 和 b_1 之间，因此实数 x 的原码表示为

$$x = (-1)^{b_0} \sum_{i=1}^{m-1} b_i 2^{-i} \tag{8.16}$$

其中，b_0 固定为符号位。反码是将正数的二进制码的每位取反。补码是将正数的二进制码的每位取反，然后在最低有效位加 1。补码的符号位的任何进位都要舍弃。

定点制在整个运算过程中，所有运算结果的绝对值都不能超过 1。为此，当数很大时，就乘一个比例因子，使整个运算中数的最大绝对值不超过 1；运算完以后，再除以同一比例因子，还原成真值输出。如果运算过程中出现绝对值超过 1，就进位到整数部分的符号位，会出现"溢出"错误，这时就应该修正比例因子。但是，在 IIR 滤波器中，分母的系数决定着极点的位置，所以不适合用比例因子。

定点制的加法运算不会增加字长，但是，若没有选择合适的比例因子，则加法运算会出现溢出的可能性。定点制的乘法运算不会产生溢出，因为绝对值小于 1 的两个数相乘后，其绝对值仍小于 1，但是相乘后尾数字长却要增加 1 倍，一般说（$b+1$）位的定点数（其中 b 位为字长，1 位为符号位）相乘后尾数字长为 $2b$ 位，因此在定点制每次相乘运算后需要进行尾数处理，使结果仍然保持 b 位尾数字长。

浮点制是将一个数表示成尾数和指数两部分，即

$$x = \pm 2^c M \tag{8.17}$$

其中，M 是数二的尾数部分；2^c 是数 x 的指数部分；c 是阶数，称为阶码。浮点数的尾数字长决定了浮点制的运算精度，而阶码字长决定了浮点制的动态范围。浮点制的动态范围远大于定点制。进行浮点运算时，常将尾数归一化为 $0.1 \leqslant M < 1$，并通过调整阶码来同时获得高精度和大动态范围。两浮点数相乘，尾数相乘，阶码相加，因而尾数的乘积需要量化。两浮点数相加，需要通过移动阶码第的数的尾数小数点位置将阶码调整到相同，然后将尾数相加，因此加法也需要引入量化。

定点制的乘法以及浮点制的加法和乘法在运算结束后都会使字长增加，因而都需要对尾数进行截尾或舍入处理，由此引入的误差取决于所用二进制数的位数 b、数的运算方式（定点制或浮点制）、负数的表示法及对尾数的处理方法（舍入或截尾）。"截尾"就是简单地去掉超过字长 b 的各尾数位，"舍入"就是在舍去超过字长的各尾数位时，若舍掉部分的值大于或等于保留部分最低位的权值的一半，则给留下部分的最低位处加 1，否则就舍掉，结果字长仍为 b 位。两种处理方法都会产生非线性关系，为了研究量化误差对数字信号处理系统精度的影响，一般把量化误差看成是随机变量，对每种误差求出其概率密度函数，并假设量化误差在整个可能出现的范围内是等概的。在这个假设下，定点制中变量为绝对误差 $E = Q(x) - x$，浮点制中变量用相对误差 $\varepsilon = [Q(x) - x] / x$ 来表示，其中 $Q(x)$ 表示截尾或舍入后的值。由此可以得到

定点制的误差范围如下：截尾误差为 $-2^{-b} < E < 2^{-b}$，舍入误差为 $-\frac{1}{2}2^{-b} < E < \frac{1}{2}2^{-b}$；

浮点制的误差范围如下：截尾误差为 $-2^{-b+1} < E < 2^{-b+1}$，舍入误差为 $-2^{-b} < E < 2^{-b}$。

8.4.2 滤波器系数量化引起的有限字长效应

通过硬件或软件实现的 IIR 和 FIR 滤波器时，滤波器的系数的精度会受到计算机字长或者存储寄存器字长的影响，其直接的主要影响是引起极点和零点从原来的设计位置移动到了其他不同的位置，导致实际的频率响应 $\tilde{H}(\mathrm{j}\omega)$ 不同于设计理想的频率响应 $H(\mathrm{j}\omega)$，严重时会由于极点有可能从单位圆内移动到单位圆外，导致所实现的滤波器是不稳定的，从而达不到设计的要求。

系数量化对滤波器性能的影响当然和字长有关，但是也和滤波器的结构形式密切相关，同样的系统函数以级联形式实现时，其量化效应要比用直接形式实现时要小，因而选择合适的结构，对减小系统量化的影响是非常重要的。

在 FIR 滤波器中，滤波器在单位圆上的零点特别重要，因为在这些频率上要求滤波器将输入信号衰减为零。由于多项式特别是高次多项式的根对多项式系数的变化很敏感，所以高阶 FIR 滤波器的系数量化误差会引起零点位置发生较大变化。同时因为 FIR 滤波器方便实现线性相位，因此系数量化对相位线性的影响是 FIR 滤波器实现中的需要考虑的重要问题。目前的研究结果表明，用零点成倒数关系的二阶子系统或成共轭倒数关系的四阶子系统的级联结构实现线性相位 FIR 滤波器，能够最大限度地减小系数量化对滤波器线性相位性质的影响。

在 IIR 滤波器中，由于系统函数既有零点也有极点，所以滤波器系数量化不仅对零点而且对极点都有影响。与 FIR 一样，由于多项式特别是高阶多项式的根对系数的变化很敏感，因此，高阶滤波器的零点和极点的位置对系数的量化误差很敏感。

设 IIR 滤波器极点都是一阶极点，系统函数为

$$H(z) = \frac{B(z)}{A(z)} = \frac{\sum\limits_{k=0}^{M} b_k z^{-k}}{1 - \sum\limits_{k=1}^{N} a_k z^{-k}} \qquad (8.18)$$

定义滤波器的极点灵敏度为

$$\frac{\partial z_i}{\partial a_k} = \frac{z_i^{N-k}}{\prod\limits_{\substack{l=1 \\ i \neq l}}^{N} (z_i - z_l)} \qquad (8.19)$$

它表示由 $H(z)$ 的分母的第 k 个系数 a_k 的偏差造成第 i 个极点的 z_i 偏差灵敏度。对于直接型结构，由于它的零点只取决于分子多项式的系数 b_k，因而对于零点可得到完全相似的结果。设 Δz_i 为极点位置的总偏差，它是由各个系数偏差 Δa_k 引起的，因此

$$\Delta z_i = \sum_{k=1}^{N} \frac{\partial z_i}{\partial a_k} \Delta a_k, \quad i = 1, 2, \cdots, N \qquad (8.20)$$

将式（8.12）代入式（8.13）可得总偏差为

$$\Delta z_i = \sum_{k=1}^{N} \frac{z_i^{N-k}}{\prod\limits_{\substack{l=1 \\ i \neq l}}^{N} (z_i - z_l)} \Delta a_k, \quad i = 1, 2, \cdots, N \qquad (8.21)$$

由式（8.14）可得出两点结论：

（1）整个分母是所有其他极点 $z_l (l \neq i)$ 与第 i 个极点 z_i 之间的距离之积。这些极点之间的距离越大，乘积越大，极点位置灵敏度就越低；极点之间的距离越小，乘积越小，即极点彼此越密集时，极点位置的灵敏度就越高。

（2）稳定的因果 IIR 滤波器的全部极点都位于单位圆内，一般情况下有 $|z_i - z_l| < 1$，因此极点数目越多，则分母越小，这意味着滤波器的阶数越高则灵敏度也越高。因此，一般采用一阶或二阶子系统组成的级联或并联结构实现高阶 IIR 滤波器，而很少采用直接型结构，极点与零点如何配对及二阶子系统的级联顺序都对输出噪声功率有重要影响，一般遵循的规则是靠近单位圆的极点与附近的零点配对，直到所有极点和零点配完为止，级联结构中的二阶子系统可以按极点与单位圆距离的远近排序，可以从最近到最远，也可以从最远到最近。

8.4.3　模拟信号抽样过程中的有限字长效应

数字系统中，对模拟信号进行数字处理之前，必须要将其转化成数字形式。

模-数（A/D）转换器就是将输入的模拟信号 $x_a(t)$ 转换为 b 位的二进制数字信号的设备。b 的位数可以是 8，12 或更高一个 A/D 转换器从功能上可以分为抽样器和量化器两部分，抽样器产生抽样序列 $x(n) = x_a(t)|_{t=nT}$，而此时 $x(n)$ 具有无限精度。量化器对每个抽样序列 $x(n)$ 进行截尾或舍入的量化处理得到 $\tilde{x}(n)$，以便适合寄存器的长度，设量化误差 $e(n) = \hat{x}(n) - x(n)$，在实际计算中，要知道所有 n 时的量化误差 $e(n)$ 几乎是不可能的，也无此必要，一般只要知道量化误差的一些统计特性就足够了，用它就可以来作为 A/D 转换器所需字长的依据.在统计

分析中，对 $e(n)$ 的统计特性做如下的一些假定：

（1）是平稳随机序列。

（2）与抽样信号 $x(n)$ 是不相关的。

（3）可看成是一个白噪声序列。

（4）在其误差范围内是均匀等概分布的。

根据这些假定，量化误差 $e(n)$ 就是一个量化白噪声，它与信号的关系是加性的，在这些假定条件下，量化过程可以看成是无限精度的信号与量化噪声的叠加，因而信噪比 SNR 是一个衡量量化效应的重要指标，用分贝数来表示就是：

$$SNR = 6.02b + 10.79 + 10\log \sigma_x^2 \text{(dB)}$$

其中，σ_x^2 是信号的平均功率，σ_x^2 越大，信噪比也就越高，而且随着寄存器位数 b 的增加，信噪比也就越大。字长 b 每增加一位，信噪比增加约 $6\,\text{dB}$。

习　　题

8.1 假设滤波器的单位脉冲响应为

$$h(n) = a^n u(n), 0 < a < 1$$

求出滤波器的系统函数，并画出它的直接型结构实现的信号流图。

8.2 设数字滤波器的差分方程为

$$y(n) = x(n) + x(n-1) + \frac{1}{3}y(n-1) + \frac{1}{4}y(n-2)$$

试画出系统的直接型结构实现的信号流图。

8.3 已知系统的单位脉冲响应为

$$h(n) = \delta(n) + 2\delta(n-1) + 0.3\delta(n-2) + 2.5\delta(n-3) + 0.5\delta(n-5)$$

试写出系统的系统函数，并画出它的直接型结构实现的信号流图。

8.4 用直接 I 型及典范型结构实现以下系统函数：

$$H(z) = \frac{3 + 4.2z^{-1} + 0.8z^{-2}}{2 + 0.6z^{-1} - 0.4z^{-2}}$$

8.5 设某 FIR 数字滤波器的系统函数为

$$L[t^n] = \frac{n!}{S^{n+1}}$$

试画出此滤波器的线性相位结构。

8.6 已知 FIR 滤波器的系统函数为

$$H(z) = \frac{1}{10}(1 + 0.9z^{-1} + 2.1z^{-2} + 0.9z^{-3} + z^{-4})$$

试画出该滤波器的直接型结构和线性相位结构实现的信号流图。

8.7 设系统的系统函数为

$$H(z) = 4\frac{(1 + z^{-1})(1 - 1.414z^{-1} + z^{-2})}{(1 - 0.5^{z^{-1}})(1 + 0.9^{z^{-1}} + 0.8 \mathbb{1} z^{-2})}$$

试画出各种可能的级联型结构实现的信号流图，并指出哪一种最好。

8.8　已知一个数字滤波器的系统函数为

$$H(z) = \frac{1 - 0.8^7 z^{-7}}{1 - 0.8 z^{-1}}$$

根据系统函数画出一个 FIR 滤波器与一个 IIR 滤波器的级联结构的信号流图。

8.9　已知一个 IIR 滤波器的差分方程

$$y(n) = \frac{3}{4} y(n-1) - \frac{1}{8} y(n-2) + x(n) + \frac{1}{3} x(n-1)$$

试画出该滤波器的直接 I 型、直接 II 型、级联型和并联型结构的信号流图，级联型和并联型结构都只采用一阶子系统。

参 考 文 献

[1] John G Proakis J G , Manolakis D G. 数字信号处理：原理、算法与应用[M]. 4 版. 方艳梅，刘永清，等译. 北京：电子工业出版社，2007.

[2] Sanjit K 数字信号处理：基于计算机的方法[M]. 3 版. 孙宏，等译. 北京：电子工业出版社，2006.

[3] 程佩青. 数字信号处理教程[M]. 4 版. 北京：清华大学出版社，2013

[4] 段艳丽，王敏，林永照，等. 数字信号处理[M]. 北京：电子工业出版社，2015.

[5] 姚天任. 数字信号处理(简明版)[M]. 北京：清华大学出版社，2012

[6] 刘泉，阙大顺，郭志强. 数字信号处理原理与实现[M]. 2 版. 北京：电子工业出版社，2009.

[7] 江志红. 深入浅出数字信号处理[M]. 北京：北京航空航天大学出版社，2012.

[8] 张维玺，等. 数字信号处理[M]. 北京：机械工业出版社，2011.

[9] 刘顺兰，吴杰. 数字信号处理[M]. 2 版. 西安：西安电子科技大学出版社，2009.

[10] 门爱东，苏菲，王雷，等数字信号处理[M]. 2 版. 北京：科学出版社，2009.

[11] 高西全，丁玉美. 数字信号处理[M]. 3 版. 西安：西安电子科技大学出版社，2008.

[12] 奥本海姆 A V，谢弗 R W，巴克 J R. 离散时间信号处理[M]. 2 版. 刘树棠，黄建国译. 西安：西安交通大学出版社，2001.

[13] 张小虹. 数字信号处理[M]. 2 版. 北京：机械工业出版社，2008.

[14] 胡广书. 数字信号处理导论[M]. 2 版. 北京：清华大学出版社，2003.

[15] Sattar A, Hassan M. Performance analysis of MIMO-OFDM Systems [M]. VDM Verlag, 2011.

[16] 赵北雁，谢伟良，孙震强，等. OFDM 在未来无线通信系统中的应用分析[J]. 中国无线电，2008（5）.

[17] Haykin S.Signals，Barry Van Veen and Systems. Second Edition[M].WILEY, 2003.

[18] 吴湘淇. 信号、系统与信号处理（上）[3]. 北京：电子工业出版社，1996.

[19] 吴湘淇. 信号、系统与信号处理（下）[M]. 北京：电子工业出版社，1996.

[20] 胡广书. 数字信号处理：理论、算法与实现[M]. 2 版. 北京：清华大学出版社，2003.

[21] 陈后金. 数字信号处理[M]. 北京：高等教育出版社，2004.

[22] 王世一. 数字信号处理（修订版）[M]. 北京：北京理工大学出版社，2016.